생명정보학

FUNDAMENTAL CONCEPTS OF

BIOINFORMATICS

생명정보학

2007년 3월 5일 인쇄
2007년 3월 15일 발행

대표역자/조재창
발행인/박선진
발행처/도서출판 월드사이언스

주소/서울특별시 동작구 사당5동 240-15
등록일자/1987년 12월 14일
등록번호/제 3-136 호
대표전화/(02) 581-5811~3
팩스/(02) 521-6418

E-mail/worldscience@hanmail.net
URL/http://www.worldscience.co.kr
http://월드사이언스.com

정가/12,000원
ISBN/978-89-5881-080-3

이 도서의 국립중앙도서관 출판시도서목록(CIP)은 e-CIP 홈페이지(http://www.nl.go.kr/cip.php)에서 이용하실 수 있습니다.(CIP제어번호: CIP2007000586)

생명정보학

FUNDAMENTAL CONCEPTS OF

BIOINFORMATICS

대표역자 **조재창**

월드사이언스

역 자 소 개

대표역자: 조재창 (한국외국어대학교 환경학과)

참여역자: 강기훈 (한국외국어대학교 정보통계학과)

김용애 (한국외국어대학교 생명화학과)

명희준 (한국외국어대학교 생명공학과)

정유진 (한국외국어대학교 컴퓨터공학과)

Contents

저자서문

이 책은 생명정보학에 관심을 갖고 있는 학부과정 학생들을 대상으로 하는 강의에서 사용될 강의교재의 필요성 때문에 만들어졌다. 생명과학자들이 자료를 분석할 때 필요한 생명정보학 도구들을 소개하는 책들도 이미 상당수 출간되었고, 전산과학자들이 보다 효율적인 알고리즘으로 생명정보학 도구들을 완성하려고 할 때 참조할만한 책들이 없는 것은 아니지만, 대브분이 앞으로 생명정보학을 다룰 학생들을 교육하는 방법에 있어서 근본적인 문제점을 가지고 있다고 생각한다. 생명과학 전공자들에게 분석 알고리즘의 원리를 이해시키거나 연구자들이 연구목적에 맞도록 분석도구를 어떻게 변형할 수 있는지를 알려 주기보다는, 대부분이 단순히 프로그램을 사용하는 방법만을 알려주는 것에 주 목적을 두고 있기 때문이다. 마찬가지로, 전산과학자들을 교육하기 위해 만들어진 책들의 대부분 역시 기존의 알고리즘을 이용하여 프로그램을 작성하는 방법만을 다루고 있으며, 분자생물학적 데이터 수집의 한계점이나 얻어진 데이터 중에서 어떤 부분이 생물학적으로 중요한 의미를 갖는지를 전산과학자들에게 이해시키지는 못하는 것 같다. 생명정보학은 생명과학과 전산과학이라는 서로 다른 학문들이 융합된 것으로 볼 수 있기에, 생명정보학을 이해하기 위해서는 두 학문 분야가 갖는 목표와 한계점을 동시에 알고 있어야만 한다. 생명과학과 전산과학 사이에는 전문용어는 물론 문제해결 방식에 있어서도 많은 차이가 있으나, 우리는 두 학문 분야를 모두 이해하고 있는 연구자들의 상호보완적인 노력에 의해서 생명정보학의 발전이 이루어질 수 있을 것으로 믿고 있다.

생명정보학 전공자들에 대한 과학계의 수요는 매우 크며, 이러한 시장수요와 학생들의 요구에 따라 생명정보학 강의는 물론 생명정보학을 전공하는 대학원 과정도 많이 개설되고 있다. 우리의 저술 목표는 본 교재를 학습한 학생들이 학문적 과제와 문제점들을 한편에서는 생명공학 전공자의 입장에서 그리고 동시에 전산과학 전공자의 입장에서 이해하고 고민하여 학문적 목표나 문제의 해결점에 도달할 수 있는 능력을 갖추도록 하기 위함이다. 우리는 이 책에서 생명정보학의 핵심 알고리즘들만을 설명함으로써, 전산과학자들과 생명과학자들이 동일한 학문 언어를 갖게 하고 동일한 지식기반을 마련하고자 하였다. 분자생물학과 화학에 관한 전반적인 개론(이는 전산과학자들과 이 분야를 접할 수 없었던 생명과학 전공자를 위해 배려하였다) 후, 비교적 단순한 계산만이 요구되는 알고리즘을 중심으로 내용을 구성하였다. 따라서 보다 양이 많고 복잡한 데이터의 분석에 컴퓨터가 어떻게 도움을 주는가를 이해하는 것도 어렵지 않을 것으로 판단된다. 새로운 알고리즘과 방법들이 지속적으로 만들어지고 있지만, 전산과학자와 생명과학자들이 데이터를 분석하는데 사용되는 기본적인 개념은 동일하다고 생각된다. 생명정보학의 근간이 되는 개념을 이해한다면, 학생들이 생명과학이나 전산과학 중 어느 분야를 전공했느냐에 관계없이 생명정보학적 지식을 심화시키는데 큰 도움을 줄 것이라 믿는다.

이 책을 구성하는 내용을 모으고 출판하는 것은 생각보다 힘든 일이었다. 우리가 생명정보학 분야의 문건들을 모아서 백과사전처럼 나열하는 것을 원치는 않았지만, 많은 훌륭한 논문들을 인용하고 참고문헌으로 사용하고 싶어 했음에도 불구하고 시간과 지면관계상 그렇게 하지는 못하였다. 우리는 많은 이들의 도움으로 이 책을 완성할 수 있었다. 예제로 사용된 알고리즘들을 고안한 David Paoletti와 Wright 주립대학교에서 저자들이 생명정보학 강의를 할 때 사용하였던 본문, 그림, 그리고 예제들의 초본에 대해 다양한 의견을 주었던 학생들에게 진심으로 감사의 뜻을 전한다. 또한 단순히 생명정보학 책을 써보았으면 하는 저자들의 생각을 구체화하고 실현할 수 있도록 격려해 주었던 Michele Sordi, 창의적인 제안과 함께 재치 있는 위트를 주었던 Peggy Williams에게도 감사의 뜻을 전한다. 최종본의 완성에는 Matrix Production사의 Merrill Peterson과 Michele Ostovar, 그리고 편집자인 Larry Lazopoulos의 큰 노력이 있었음을 밝힌다. 마지막으로 우리가 가족을 돌보아야 하는 의무에 앞서 이 책의 출판에만 전념했었어야만 함을 참고 이해하여 주었던 우리의 내조자들인 Carissa M. Krane과 Delia F. N. Raymer에게도 감사의 뜻을 전한다.

역자서문

생명정보학은 21세기에 들어서야 체계화된 학문 분야이며, 성명정보학이란 용어의 사용도 이때부터라고 하여도 무리가 없을 것이다. 생명정보학의 범위를 규정하기란 쉽지 않을 것으로 판단되지만, 역자는 생명정보학이 모든 생명현상을 관장하는 무형의 정보를 인간이 이해할 수 있는 형태로 변환하는데 필요한 모든 것을 포함하는 학문이라고 정의하고 싶다.

역자가 강의 교재로 이 책을 선정하였던 이유는 원서가 생명과학자와 전산과학자라는 두 명의 서로 다른 전공 분야를 갖는 이들에 의해서 저술된 책이라는 점과 학생들의 학문적 배경에 상관없이 생명정보학의 주요 개념과 도구의 기본 원리를 학습하는데 충분하도록 내용이 구성되었다는 점이다. 통계학이나 수학적 접근법들에 대한 설명이 다소 부족한 듯 하나, 이는 원저자의 의도에 따른 것으로 생각된다. 생명정보학을 다루는 많은 책들이 너무 난해한 논문들만으로 구성되어 교육의 효과를 볼 수 없는 것도 있었고, 어떤 책들은 기본 원리나 개념의 설명보다는 단순히 다양한 분석도구나 알고리즘의 나열에 치중한 것도 있었다. 물론 생명정보의 분석에 필요한 알고리즘을 만들어 내는 것은 생명정보학자의 몫이고 이를 컴퓨터상에서 구현하는 일은 프로그래머의 몫이지만, 사용자는 소프트웨어 사용법은 물론 소프트웨어에 전산언어로 작성된 알고리즘의 기본적인 원리에 대해서도 알고 있어야 한다.

역자는 원저자들의 저술 목표인 생명정보학의 교육과 이해라는 점에 충실한 원서를 번역서로 출판하여, 다양한 분야에서 활동하는 연구자들은 물론 학생들에게 생명정보학을 보다 쉽게 접할 수 있는 기회를 부여하고자 번역을 시작하게 되었다. 한글로 적절하게 번역되지 못한 부분도 있고, 번역서에는 부록이 포함되지 않은 점에 대해서 독자들의 이해를 구한다. 생명정보학에서 사용되는 새로운 용어들은 단순히 한글로 옮기기보다는 영문 용어가 함축하는 의미를 최대한 살리도록 번역하였으나, 다소 자의적인 부분도 있을 것이라고 생각된다. 그리고 표와 그림들은 원문을 그대로 실었는데, 이는 번역서에서는 놓칠 수 있는 원문의 정보를 독자들에게 그대로 전달해 주고자 하는 역자들의 의도 때문이다.

번역에 참여한 한국외국어대학교의 여러 교수님들에게 감사의 뜻을 전하며, 번역을 허가한 Pearson Education과 Benjamin Cummings 출판사 그리고 번역서를 출판한 월드사이언스에 감사드린다. 마지막으로 훌륭한 생명정보학 교재를 완성한 원저자인 Dan E. Krane과 Michael L. Raymer의 노력과 의지에 깊은 감사의 뜻을 전한다.

대표역자 **조 재 창**

CHAPTER

1

Molecular Biology and Biological Chemistry

Biology has at least 50 more interesting years

James D. Watson
December 31, 1984

생명정보학은 생명체가 저장하고 있는 유전정보(genetic information) 중에서 어떤 종류의 정보가 생물학적으로 중요하고, 생물체 내의 화학적 환경을 조절하기 위해 어떻게 사용되는지를 이해하고 분석하는 학문이라 할 수 있다. 1장에서는 분자생물학과 생화학의 기본적인 개념들과 함께 생명체에 의해서 유전정보가 유지되고 사용되는 방법들을 설명한다.

The Genetic Material

흔히 **DNA(deoxyribonucleic acid)**를 유전물질(genetic material)이라 하지만, 유전물질을 이렇게 단순히 정의하기는 어렵다. 유전물질에 대한 정의에는 철학자와 과학자들이 지난 수천 년 동안 고민하였던 "무엇이 생물을 무생물과 구별되게 하는가?" 그리고 "유전(inheritance)의 원리는 무엇인가?" 와 같은 심오한 질문에 대한 답을 내포하고 있다고 볼 수 있다. 간단히 말하자면, 살아있는 세포가 세포 내부의 화학적 조성을 조절하여 성장과 증식을 할 수 있도록 하는 모든 것을 관장하는 정보는 DNA에 수록되어있고, 생명정보가 수록된 DNA상의 단위를 유전자 **(gene)**라고 한다.

Nucleotides

유전정보는 DNA를 구성하는 핵산염기(nucleotide)의 서열**(sequence)** 형태로 저장된다. 핵산염기는 데옥시리보오스(deoxyribose)에 하나의 인산기(phosphate group)와 **G(guanine), A(adenine), T(thymine), C(cytosine)**로 명명된 염기(base) 중의 하나가 결합된 형태이다(그림 1.1). 따라서 결합된 염기의 종류에 따라 4종의 핵산염기들이 존재한다. 네 종류의 염기들은 화학적 구조가 서로 다르며, 효소는 염기들의 화학구조 차이를 인식하여 4종의 핵산염기를 구별할 수 있다. 영미인의 언어가 26개의 알파벳 배열로 이루어지는 것처럼, 유전자에 수록된 정보는 4종의 핵산염기 배열로 이루어진다. 또한 컴퓨터가 파일에 정보를 저장하는 방식이 0과 1만을 사용하는 2진법 체계라면, 유전자는 A, T, G, C를 사용하는 4진법 체계라고 할 수 있다. 한 개의 유전자는 보통 수백 ~ 수천 개의 핵산염기 배열로 이루어져 있으며, 한 생명체가 갖는 모든 유전정보의 총체인 유전체**(genome)**는 수백만에서 수십억 개의 핵산염기 배열로 이루어져 있다.

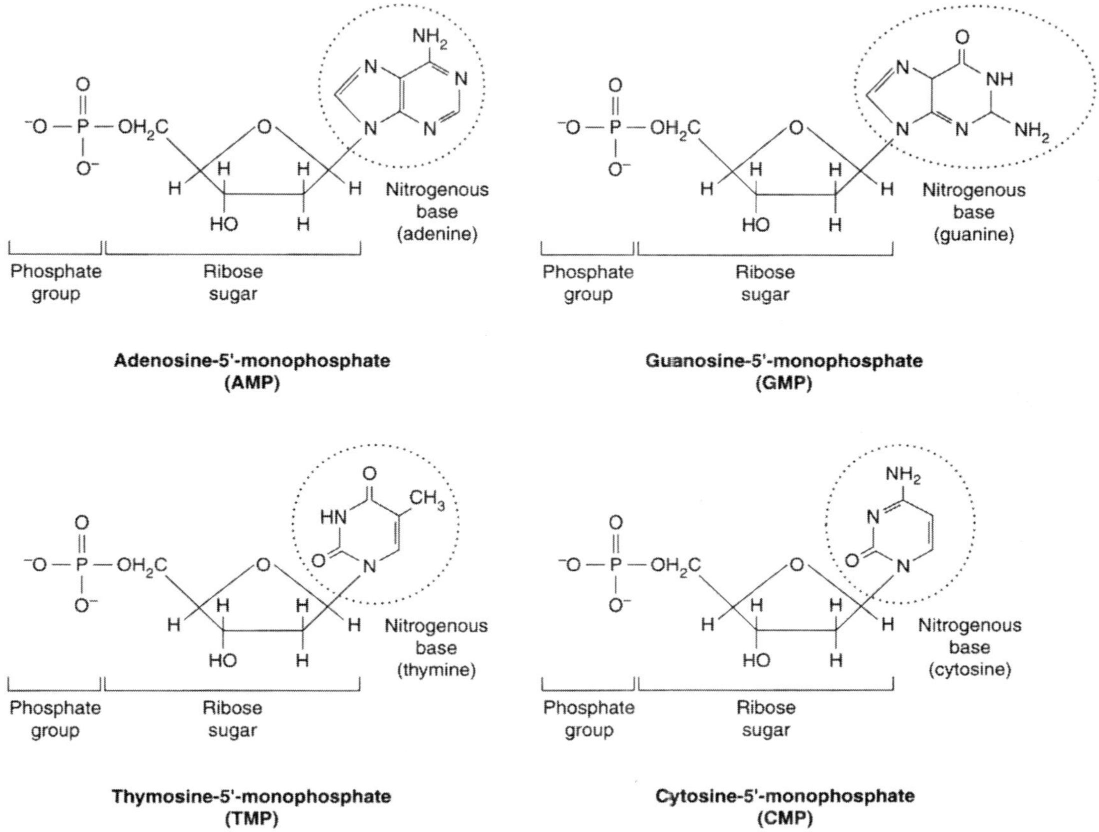

FIGURE 1.1 *Chemical structure of the four nucleotides used to make DNA. Each nucleotide can be considered to be made of three component parts: (1) a phosphate group, (2) a central deoxyribose sugar, and (3) one of four different nitrogenous bases.*

Orientation

DNA를 구성하는 핵산염기들은 한 핵산염기의 인산기가 다른 핵산염기의 데옥시리보오스와 인산에스터결합**(phosphodiester bond)**을 형성하고 있다(그림 1.2). 에스터결합이란 산소 원자를 사이에 둔 화학결합을 뜻하며, 인산에스터결합에서는 인 원자를 사이에 두고 양쪽에 에스터결합이 위치한다. 인산에스터결합에 의해서 여러 개의 핵산염기들이 연결된 형태를 핵산염기중합체**(polynucleotide)**라 하며, 염색체**(chromosome)** 역시 핵산염기중합체의 한 형태이다.

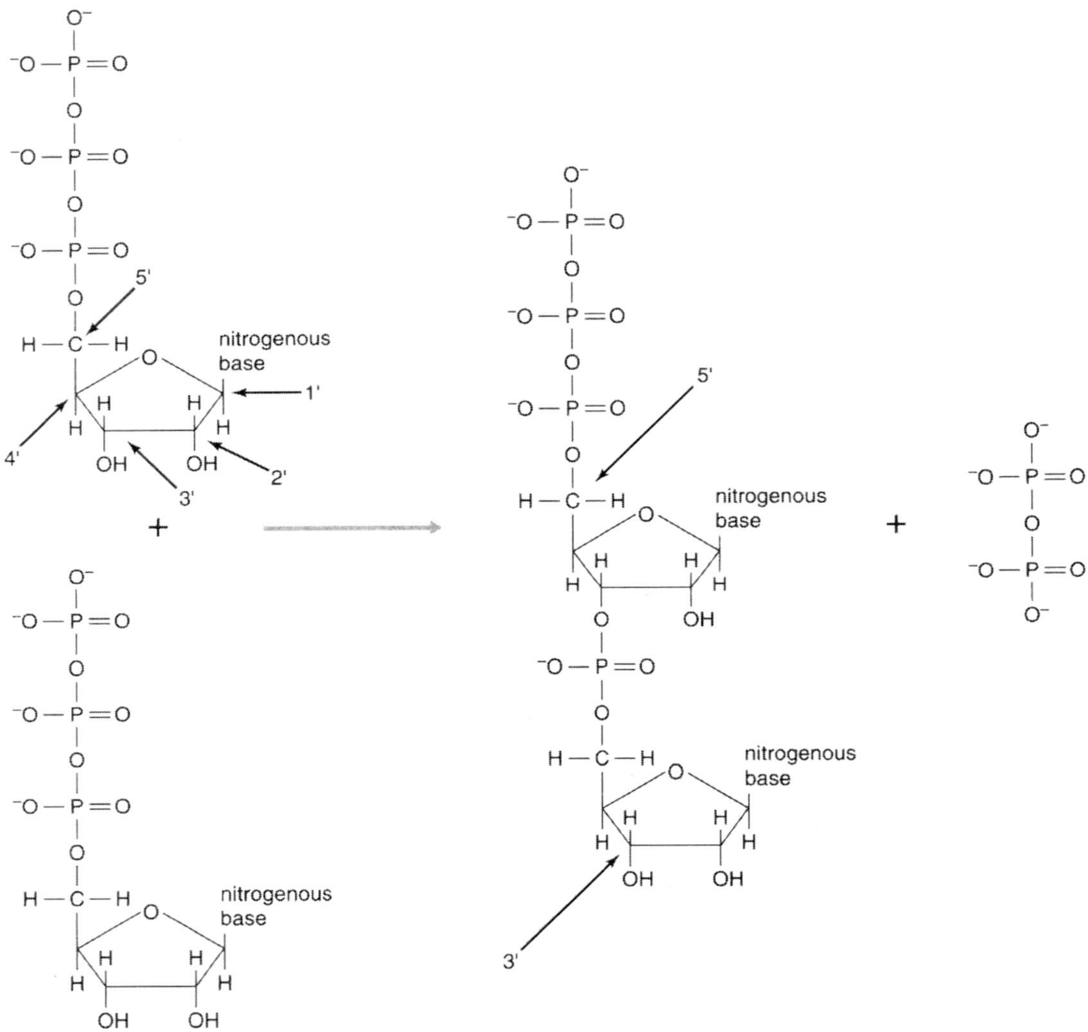

FIGURE 1.2 *The making of a phosphodiester bond. Nucleotides are added to growing DNA and RNA molecules only at their 3' ends.*

데옥시리보오스를 구성하는 다섯 개의 탄소 원자들은 위치에 따라 부여된 번호(1′~5′)로 구별하는데, 다른 핵산염기와 결합하지 않은 핵산염기의 5번 탄소는 항상 인산기를 가지며, 이 인산기가 다른 핵산염기의 3번 탄소와 인산에스터결합을 형성함으로써 핵산염기간의 결합이 완성된다. 따라서 핵산염기 문자열(string)의

한쪽 말단은 항상 다른 핵산염기와 결합하지 않은 5번 탄소이며, 반대쪽 말단은 다른 핵산염기와 결합하지 않은 3번 탄소이다. 국문이나 영문에 포함된 정보를 이해하기 위해서 알파벳 배열로 쓰인 문장을 왼쪽에서 오른쪽 방향으로 읽는 것처럼, 생명체가 유전자에 포함된 정보를 해독하기 할 때도 핵산염기 알파벳을 읽는 시작점은 핵산염기를 구성하는 탄소 원자의 위치에 의해서 결정된다.

Base Pairing

Watson과 Crick은 1953년도에 발표한 DNA의 구조를 밝힌 논문에서 "DNA 분자는 세포 내에서 두 가닥(double-stranded)의 사슬 형태로 존재하고, 한 가닥의 DNA 사슬이 가지고 있는 정보는 다른 사슬이 갖는 정보와 완벽하게 중복(redundant)되어 있다" 라고 하였다. 이들의 연구결과는 DNA가 유전물질로써 어떻게 사용되는가를 밝히는 중요한 단서가 되었는데, 중복된 정보를 갖는 두 가닥의 DNA 분자가 서로 분리되어 각각 다음 세대의 세포들로 전달된 후, 다음 세대의 세포는 전달받은 한 가닥의 DNA 분자를 주형(template)으로 삼아 다시 새로운 DNA 분자를 합성하는 DNA 복제(replication) 과정을 수행함으로써 유전정보가 다음 세대로 전달된다는 것이다. 하지만 세포 내에 존재하는 두 가닥의 DNA 사슬이 갖는 정보가 중복된다는 것이 두 사슬의 염기서열이 동일하다는 것을 의미하지는 않는다. 정확히 말하자면 상보적(complementary)인 형태로 정보가 중복되어있다. 즉, 한 사슬의 모든 G는 다른 사슬의 C와, 그리고 모든 A는 다른 사슬의 T와 쌍을 이루고 있다.

염기간의 상보적인 대응관계는 매우 특이적이며 안정적이다. 염기간 대응관계의 특이성을 간단히 설명하면 다음과 같다. 1개의 고리구조(ringed structure)를 갖는 염기(G, A)들이 대응관계를 이루기에는 염기쌍(base pair)의 구조가 너무 커서 DNA 사슬 사이의 공간에 수용되지 못하며, 반대로 1개의 고리구조를 갖는 염기(C, T)들이 결합된 염기쌍의 구조는 DNA 사슬 사이의 공간에 비해 너무 작기 때문이다. 따라서 2개의 고리구조를 갖는 염기와 1개의 고리구조를 갖는 염기 사이에서만 공간적으로 안정된 크기의 염기쌍이 형성된다. 하지만 G-T 또는 A-C의 대응관계가 만들어질 수 없는 이유는 공간적인 문제 때문이 아니라, 염기들의 화학적 특성에 기인한다. 오직 G-C와 A-T 대응관계만이 DNA 사슬 사이의 공간 내에서 염기들이 갖는 작용기간의 화학적 상호작용을 통해 안정적인 염기쌍을 형성할 수 있다(그림 1.3). 여기서 화학적 상호작용이라 함은 G와 C 사이에 형성되는 3개의 수소결합과 A와 T 사이에 형성되는 2개의 수소결합을 의미하며, 이들 사이에서만 열역학적으로 안정적인 염기쌍이 형성된다.

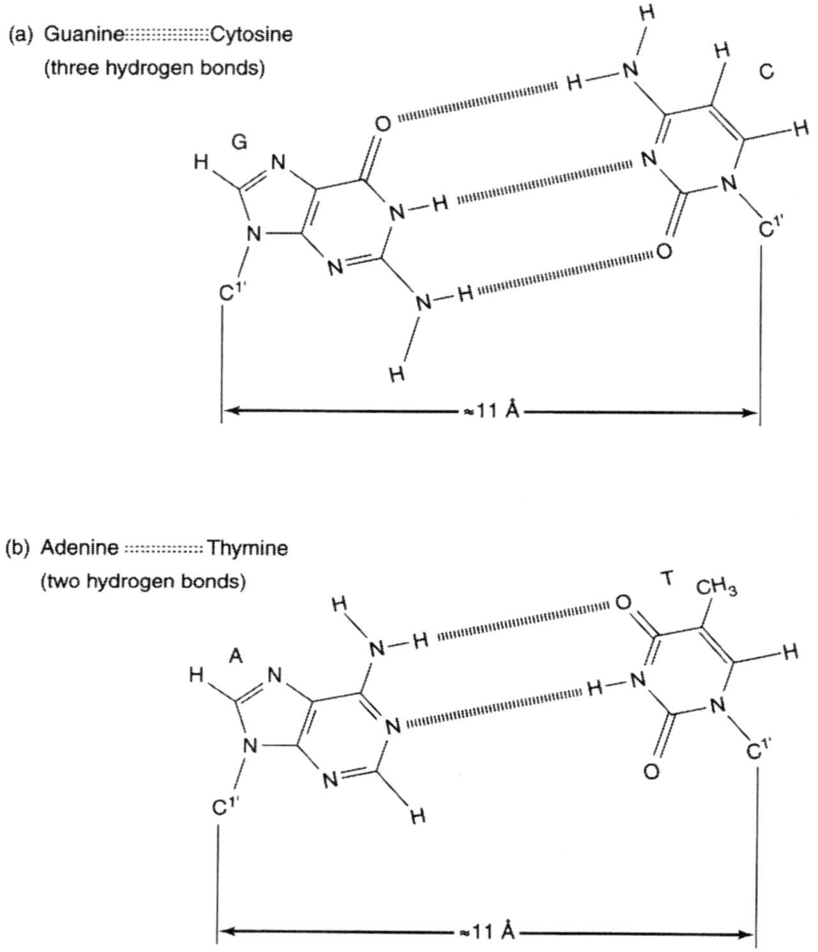

FIGURE 1.3 *Base pairing between the nitrogenous bases in DNA molecules. (a) Guanine and cytosine are capable of specifically interacting by way of three hydrogen bonds, while (b) adenine and thymine interact by way of two hydrogen bonds.*

염기 사이에 형성되는 수소결합에 의해서 2개의 상보적인 DNA 사슬은 세포 내에서 두 가닥으로 결합된 형태를 이루지만, 2개의 DNA 사슬이 같은 방향(5'->3')으로 결합하지는 않는다. DNA 사슬간의 결합은 한 사슬의 5' 말단이 다른 사슬의 3' 말단에 상응하도록 서로 반대 방향을 향하는 상반평행**(antiparallel)** 형태를 취한다. 즉, 두 가닥의 DNA 사슬은 서로 역보정(reverse complement) 관계에 있다고 할 수 있다. 결과적으로 한 사슬의 핵산염기 배열이 5'-GTATCC-3'이면,

다른 상보적 사슬의 핵산염기 배열은 3′-CATAGG-5′이다. 세포 내에서 DNA와 관련된 대부분의 반응은 DNA 사슬의 5′ 말단에서 3′ 말단 방향으로 진행되기 때문에, DNA의 염기서열을 표시할 때는 편의상 우리가 문서를 읽을 때처럼 5′ 말단을 왼쪽에 표시하는 형식을 취한다. 또한 지정된 부분으로부터 5′ 쪽을 상류(upstream), 3′ 쪽을 하류(downstream)라 표시하기도 한다.

The Central Dogma of Molecular Biology

정보의 보존은 DNA 분자를 구성하는 핵산염기의 배열에 의해서 이루어지나, 세포 내에서 실제로 기능을 발휘하는 물질은 생물학적 촉매라고 불리는 **효소(enzyme)**이다. 촉매는 촉매가 관여하지 않는 화학반응에 비해 반응속도를 증가시키며 자신은 소모되거나 변형되지 않는 물질로 정의되는데, 효소란 촉매의 기능을 수행하는 단백질의 일종이다. 따라서 유전자를 단순하게 정의하자면, 유전자는 효소라는 촉매를 만드는데 필요한 유전정보를 철자화하고 있는 것이라고 할 수 있다. 지구상에 존재하는 모든 생명체들이 유전자의 염기서열로부터 정보를 추출하고 이로부터 단백질을 합성하는 과정은 본질적으로 동일하기 때문에, 이러한 일련의 과정을 분자생물학의 중심원리**(central dogma)**라고 한다. 중심원리란 DNA에 수록된 정보가 RNA(ribonucleic acid)를 만드는데 사용되며, RNA가 다시 단백질을 만드는데 사용된다는 것이다(그림 1.4). 유전자에 대한 RNA 사본을 만드는 과정을 전사**(transcription)**라 하며, **RNA** 중합효소**(polymerase)**가 DNA를 구성하는 염기(G, A, T, C)와 RNA를 구성하는 염기(G, A, U, C)가 1:1 대응관계를 이루도록 RNA 사본을 만든다. RNA의 염기서열에 수록된 정보를 아미노산(amino acid) 서열로 변환하는 과정은 번역**(translation)**이라 하며, 번역은 단백질과 RNA의 복합체인 라이보좀**(ribosome)**에 의하여 이루어진다. 단백질의 합성과 구조에 대해서는 1장의 후반부에 설명하였다.

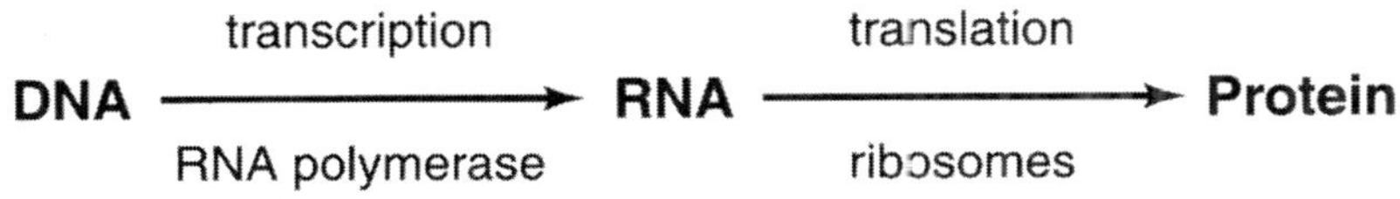

FIGURE 1.4 *The central dogma of molecular biology. Information in cells passes from DNA to RNA to proteins. RNA is made from DNA molecules during transcription by RNA polymerases. Proteins are made from the information content of RNA molecules as they are translated by ribosomes. DNA polymerases also make copies of DNA molecules during the replication process of cell division.*

Gene Structure and Information Content

모든 종류의 정보저장 시스템은 정보를 저장하는 것은 물론 저장된 정보를 추출하는데 필요한 체계화된 방법을 갖추고 있어야 한다. 다른 정보저장 시스템과 마찬가지로, 모든 세포들은 특이적인 신호를 이용하여 세포 내에 저장된 유전정보를 추출하고 해석한다. 문장의 구두점에 비유할 수 있는, DNA 언어의 해석과정에 필요한 대부분의 규칙들은 지구상에 존재하는 생명체의 역사에서 볼 때 매우 이른 시기부터 사용되었으며, 그 중요성 때문에 수십억 년의 세월 동안 거의 변하지 않았다. 결과적으로 원핵생물과 진핵생물 모두 핵산염기라는 동일한 알파벳을 사용할 뿐만 아니라, 유전정보를 저장하고 사용하기 위해 본질적으로 동일한 방법을 이용한다.

Promoter Sequences

DNA에 저장된 정보로부터 RNA와 단백질을 만드는 유전자발현(gene expression) 과정이 진행되기 위해서는 상당한 양의 에너지가 소모되기 때문에, 불필요한 단백질을 발현하는 생명체는 유전자발현을 효율적으로 조절하는 생명체들에 비해 상대적으로 생존율과 번식률이 낮을 것이다. 따라서 모든 세포들은 상황에 따라 필요한 종류의 단백질을 부호화(code)하는 유전자들이 어떤 것인지 파악하고 있어야 하며, 이 유전자들을 유전체(genome)에서 정확히 찾을 수 있어야 한다.

유전자발현의 시작이라고 할 수 있는 RNA의 합성은 RNA 중합효소에 의해서 이루어지기 때문에, RNA 중합효소가 위에 언급된 두 가지 능력을 가지고 유전자 발현이 시작되는 전사 과정을 수행한다. 정보를 전달하기 위해 작성된 문서에서 문장마다 시작점들이 정해져 있는 것처럼, 유전자의 염기서열이 시작되는 핵산염기도 정해져 있다. 하지만 RNA 중합효소가 인식하는 유전자의 시작점은 A와 같이 한 개의 핵산염기로 지정되지는 않을 것이다. 이는 4개의 핵산염기로 이루어진 DNA 염기서열에서 한 종류의 핵산염기가 무작위적으로 출현할 수 있는 확률이 매우 높기 때문이다. 반면, DNA 염기서열에서 여러 개의 핵산염기로 이루어진 조합이 무작위적으로 출현할 수 있는 확률은 낮아지며, 그 길이가 길어질수록 출현 확률은 더욱 낮아진다. 이 확률은 다음과 같은 방법으로 계산된다. 어떤 DNA 염기서열에서 모든 종류의 핵산염기들이 동일한 빈도로 존재한다고 가정할 때, n개의 핵산염기들로 이루어진 조합이 무작위적으로 발견될 확률(P)은 $(1/4)^n$이다. 실제로 원핵생물의 RNA 중합효소는 유전자의 시작점을 인식하기 위해서 13개의 핵산염기로 이루어진 조합을 사용한다. 이 중에서 1개의 핵산염기는 전사의 시작점이며, 이 곳으로부터 5'방향으로 각각 10개와 35개의 핵산염기가 떨어진 곳에 6개의 핵산염기들로 구성된 핵산염기 조합(종류와 서로간의 상대적인 위치를 포함)이 위치하는데, 이를 프로모터**(promoter)** 서열이라 한다. 원핵생물의 유전체는 수백만 개의 핵산염기로 이루어져있지만, 프로모터와 동일한 서열이 무작위적으로 나타날 확률은 약 7천만 개의 핵산염기당 1번 정도의 수준이다. 따라서 RNA 중합효소는 매우 높은 통계적 유의수준으로 유전자의 시작점을 찾을 수 있다. 진핵생물의 유전체는 원핵생물의 유전체보다 수천 또는 수십만 배 이상 크기 때문에, 진핵생물의 RNA 중합효소가 인식하는 프로모터 서열은 원핵생물의 프로모터 서열보다 길고 복잡한 핵산염기 조합으로 이루어진다.

Jacob과 Monod는 세포가 유전자의 전사 여부를 어떻게 결정하는가를 처음으로 밝혔는데, 이들은 세포의 구조나 대사에 관여하는 단백질을 부호화하는 구조유전자(structural gene)들의 발현이 조절유전자(regulatory gene)에 의해서 조절된다는 것을 밝혀 1965년도 노벨상을 받은 바 있다. 조절유전자들에 의해 부호화된 조절단백질(regulatory protein)들은 발현을 조절할 대상 유전자의 프로모터 근처에 위치한 특정한 염기서열에 결합하는데, 생명체가 외부 환경 변화에 적절하게 반응할 수 있도록 세포의 화학적 신호를 감지하여 프로모터 근처의 염기서열에 대한 결합 여부를 결정한다. 조절단백질들이 프로모터 근처의 염기서열에 결합함으로써 RNA 중합효소가 전사를 시작하도록 하는 경우를 양성조절**(positive regulation)**이라 하며, 조절단백질들이 결합함으로써 RNA 중합효소가 전사를 시작하지 못하도록 하는 경우를 음성조절**(negative regulation)**이라 한다. 원핵생물의 구조유전자에 대한 발현 여부는 대부분 1개 또는 2개의 조절단백질에 의해서 조절되나, 보다 복잡한 유전체를 갖는 진핵생물은 구조유전자의 발현을 조절하기 위해서 보통 7개 이상의 조절단백질들을 사용한다.

The Genetic Code

정보를 저장하는 DNA와 정보를 전달하는 RNA를 구성하는 단위체는 핵산염기이지만, 세포의 화학적 환경을 변화시키는 일의 대부분을 수행하는 단백질을 구성하는 단위체는 아미노산이다. DNA에 염기서열 형태로 저장된 정보가 RNA를 통해 전달되어 아미노산 서열로 이루어진 단백질이 해당 기능을 수행하는 것이지만, DNA나 RNA를 구성하는 핵산염기는 4 종류인 반면에 단백질은 20 종류의 고유한 화학적 특성을 갖는 아미노산들로 구성되는 불균형이 있다(그림 1.5a). 즉, 유전자의 핵산염기와 유전자가 부호화하는 단백질의 아미노산 사이에는 1:1 대응관계가 성립되지 않는다는 것이다(1 nt $\neq$ 1 aa; 4^1 < 20). 2개의 핵산염기로 만들 수 있는 16개의 조합 역시 20개의 아미노산과 1:1 대응관계를 이루기에는 부족하다(2 nt $\neq$ 1 aa; 4^2 < 20). 하지만 3개의 핵산염기로 만들 수 있는 가능한 조합의 수는 64이므로(4^3 = 64), 라이보좀은 DNA와 RNA에 포함된 정보를 단백질의 아미노산 서열로 번역하기 위해서 삼중부호**(triplet code)**의 형태로 정보를 읽는다. 이렇게 3개의 핵산염기가 한 조를 이룬 조합을 코돈**(codon)**이라 하며, 코돈은 3개의 예외를 제외하고는 모두 특정한 아미노산들과 대응관계를 갖는다(표 1.1). 특정한 아미노산을 지정하는 않는 나머지 3개의 코돈은 라이보좀에 의한 번역과정을 정지시키기 때문에 종결코돈**(stop codon)**이라 하며, 문장의 마지막에 있는 마침표와 같은 기능을 수행한다.

표 1.1을 보면, 20개의 아미노산 중에서 18개는 1개 이상의 코돈에 의해서 부호화됨을 알 수 있다. 유전부호가 갖는 이러한 특징을 축퇴**(degeneracy)**라고 하는데, 축퇴 때문에 DNA의 복제나 전사과정 중에 있을 수 있는 어떤 실수(특히 코돈의 마지막 자리에서 발생하는 돌연변이의 경우)들은 단백질의 아미노산 서열에 영향을 주지 않는다. 또한 아미노산들은 비극성(nonpolar), 극성(polar), 양성하전(positively charged), 음성하전(negatively charged)과 같은 화학적 특성에 따라 4가지 범주로 구분되는데(그림 1.5b), 삼중부호의 1개 핵산염기가 변화함으로써 어떤 코돈이 다른 범주에 속하는 아미노산을 지시하는 코돈으로 바뀌는 확률은 더욱 낮아진다. 이와 같이, 유전부호는 놀라울 정도로 안정적인 정보전달 체계를 갖고 있으며, 유전자의 염기서열에 있을 수 있는 실수에 의해 유전자가 부호화하는 단백질의 기능이 변화하는 것을 최소화하도록 이루어져 있다.

Open Reading Frames

라이보좀에 의한 번역과정은 RNA상에 위치한 번역시점(translation-initiation site)에서 시작하여 종결코돈까지 진행된다. 유전부호 중에서 단지 3개만이 종결코돈으로 사용되듯이, 1개의 삼중부호만이 시작코돈**(start codon)**으로 사용된다. 시작코돈으로 사용되는 AUG는 메티오닌(methionine)을 부호화함과 동시에, 원핵생물과 진핵생물 모두에서 번역의 시작점을 지시하기 위해서 사용된다. 즉, 번역은 유전자의 시작코돈과 종결코돈에 의해 지정된 번역틀(reading frame)내의 코돈들에 대해서만 이루어진다. 유전자의 번역틀이 바뀌는 변화는 변화가 일어난 지점의 뒷부분에 부호화된 모든 아미노산 서열들을 바꿔 버리고, 때로는 의미 없는 종결코돈을 만들기도 한다.

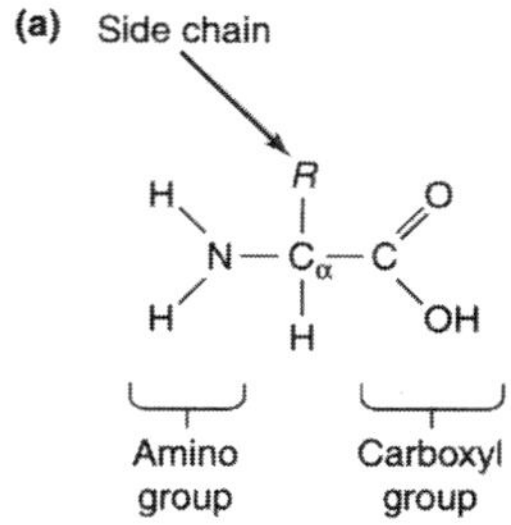

FIGURE 1.5 *(a) Chemical structure of a generic amino acid. The amino group, alpha carbon, and carboxyl groups are identical for all 20 amino acids while each has its own distinctive R group. (b) Chemical structure of the 20 different amino acids complete with their distinctive R groups. Amino acids are grouped according to the properties of their side chains, shown in black. Standard three-letter and one-letter abbreviations for each of the amino acids are shown in parentheses.*

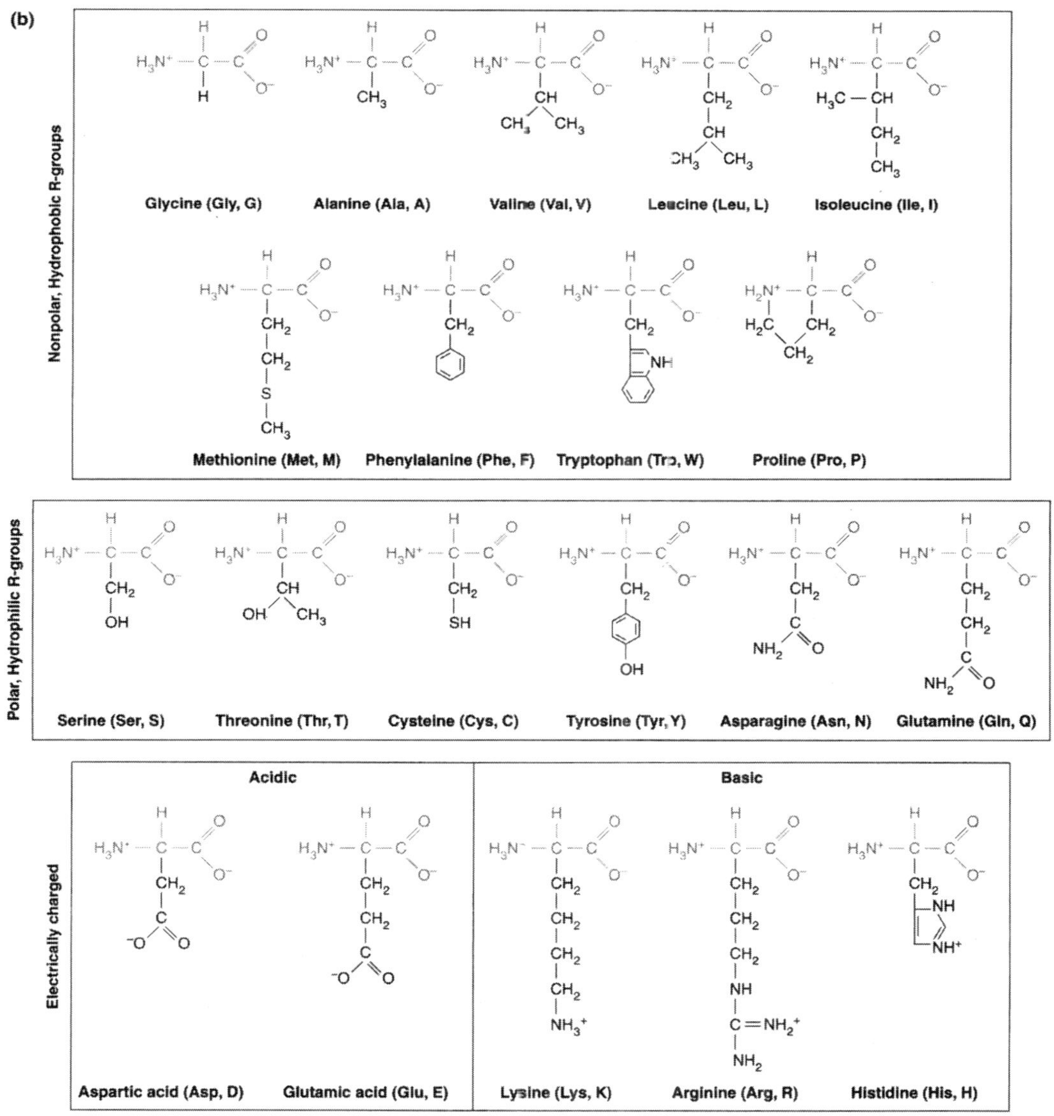

TABLE 1.1 A summary of the coding assignments of the 64 triplet codons. *Standard three-letter abbreviations for each of the most commonly used 20 amino acids are shown. The universality of the genetic code encompasses animals (including humans), plants, fungi, archaea, bacteria, and viruses. Small variations in the code exist in mitochondria and certain microbes. For instance, in a limited number of bacterial genes, a special UGA codon, normally a termination codon, is used as a codon for an unusual, 21st naturally occurring, amino acid selenocysteine. A 22nd naturally occurring amino acid, pyrrolysine, is coded for by UAG (a stop codon for most organisms) in some bacterial and eukaryotic species.*

(5′)···pNpNpN···					
Base at 5′ End of Codon ↓	**Middle Base of Codon →**				**Base at 3′ End of Codon ↓**
	U	**C**	**A**	**G**	
U	phe(UUU)	ser	tyr	cys	U
	phe	ser	tyr	cys	C
	leu	ser	termination	termination	A
	leu	ser	termination	trp	G
C	leu	pro	his	arg	U
	leu	pro	his	arg	C
	leu	pro	gln	arg	A
	leu	pro	gln	arg	G
A	ile	thr	asn	ser	U
	ile	thr	asn	ser	C
	ile	thr	lys	arg	A
	met(and initiation)	thr	lys	arg	G
G	val	ala	asp	gly	U
	val	ala	asp	gly	C
	val	ala	glu	gly	A
	val	ala	glu	gly	G

종결코돈이 무작위적으로 출현할 수 있는 확률은 약 20개 코돈당 한번 정도(64개 중 3개의 코돈이기 때문에)의 높은 수준이므로, 무작위 서열에서는 중간에 종결코돈이 없이 수백 개의 코돈이 연속될 확률은 극히 낮다. 유전자의 RNA 사본 상에 있는 번역틀 중에서 중간에 종결코돈을 포함하지 않고, 수백 개의 코돈으로 아미노산을 부호화하는 부분을 개방번역틀**(open reading frame, ORF)**이라 한다.

Introns and Exons

원핵생물과 진핵생물의 유전자 발현과정에는 큰 차이가 있다. 원핵생물 유전자는 거의 대부분의 경우 전사되는 과정 중간에 라이보좀에 의한 번역이 시작되나, 진핵생물의 유전자는 세포핵(nucleus) 내에서만 전사되며, 번역 과정은 전령(messenger) RNA(mRNA)가 세포질(cytoplasm)로 이동된 후에만 일어난다. 즉, 진핵생물의 유전자 발현과정은 핵막(nuclear membrane)에 의해 물리적으로 분리된 두 단계에 걸쳐 진행된다. 또한 진핵생물의 RNA 중합효소에 의해서 전사된 RNA 분자들은 라이보좀과 접촉하기 이전에 다양한 종류의 변형과정을 거친다.

원핵생물의 mRNA는 구성 염기로 싸이민(T) 대신 우라실(U)을 사용한다는 점을 제외하면, DNA 서열과 완벽하게 일치하도록 만들어진다. 진핵생물의 RNA 중합효소 역시 T 대신 U을 사용하지만, 진핵생물의 유전자 염기서열과 mRNA의 염기서열은 어떤 의미에서 매우 다르다고 할 수 있다. 진핵생물의 유전자로부터 만들어진 1차 RNA에 대한 가장 큰 변형은 스플라이싱**(splicing)**에 의한 것으로써, 이는 인트론**(intron)**이라는 내부서열을 잘라내고 인트론의 양측에 위치한 엑손**(exon)**이라는 서열들을 연결하는 과정을 말한다(그림 1.6). 대부분의 진핵생물 유전자는 많은 수의, 그리고 때로는 매우 큰 크기의 인트론들을 가지고 있기 때문에 스플라이싱은 매우 중요한 과정이다. 인간의 낭포성 섬유종(cystic fibrosis)과 관련된 유전자가 진핵생물 인트론에 대한 극단적인 예라고 할 수 있다. 이 유전자는 24개의 인트론을 갖는데, 유전자의 길이는 1 Mb를 초과하지만 mRNA 길이는 약 1 Kb에 불과하다. 따라서 진핵생물의 1차 RNA로부터 인트론을 제거하는 스플라이싱 과정이 정확하게 이루어지지 않으면, 번역틀이동(frame shift)이나 예기치 못한 종결코돈에 의해서 정상적인 기능을 수행할 수 없는 단백질이 생성된다.

진핵생물의 인트론 서열에는 'GT-AG 규칙(GT-AG rule)'이 있다. 이는 거의 대부분의 진핵생물 인트론 서열이 모두 GT로 시작해서 AG로 끝난다는 것이다. 하지만 GT-AC와 같은 단순한 핵산염기 서열의 조합은 인트론의 시작과 끝부분이 아닌 곳에서도 출현할 확률이 매우 높기 때문에, 진핵생물의 스플라이싱에 관여하는 효소복합체인 스플라이스오좀**(spliceosome)**은 인트론을 선택적으로 인식하기 위해 인트론의 5'과 3' 말단에 위치한 약 6개의 염기들(세포의 종류에 따라서 서열이 달라지기도 한다)을 추가적으로 탐색한다.

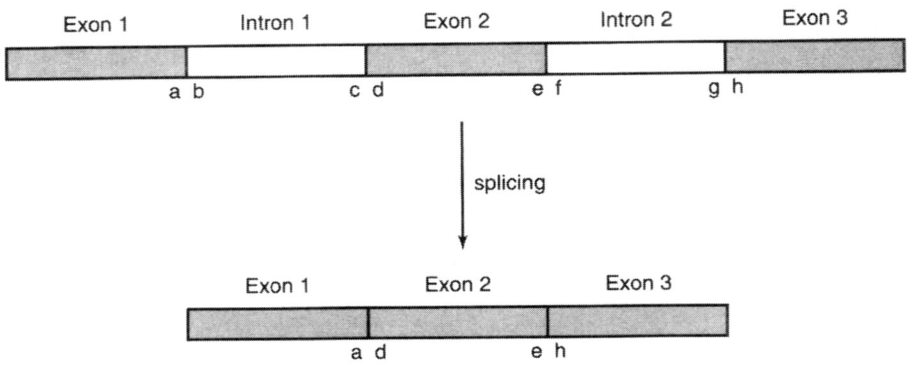

FIGURE 1.6 *Splicing of the primary transcripts of eukaryotic genes results in the removal of introns and the precise joining of exons. Intron sequences are quickly degraded once they are removed while the spliced mRNA is exported out of the nucleus for translation by ribosomes.*

Protein Structure and Function

단백질은 세포의 기능 대부분을 수행하는 분자기구라고 할 수 있는데, 세포 내에서 단백질이 수행하는 일의 종류는 상상을 초월할 정도로 다양하다. 콜라겐(collagen)과 같은 구조단백질**(structural protein)**들은 세포의 구조가 견고하게 유지될 수 있도록 해주고 골격과 연결조직(connective tissue)들을 보조하는 역할을 한다. **효소(enzyme)** 역시 단백질의 일종으로 소화효소(digestive enzyme)인 펩신(pepsin)이 음식물을 소화할 수 있도록 해주는 것처럼, 생물학적 촉매로 작용한다. 또한 단백질은 헤모글로빈(hemoglobin)과 같이 작은 분자를 수송하는 역할을 하거나, 인슐린(insulin)처럼 세포 사이의 신호전달(intercellular communication)에 관여하기도 하고, 로돕신(rhodopsin)과 같이 우리가 시력을 가질 수 있도록 광자(photon)를 탐지하기도 하기도 한다. 이외에도 수많은 종류의 기능을 단백질이 수행하고 있다.

Primary Structure

단백질은 mRNA가 전달하는 유전정보에 따라 라이보좀이 아미노산들을 사슬형태로 연결한 중합체이다. 단백질을 구성하는 20개의 아미노산들은 그림 1.5a에 예시한 바와 같이 기본적으로 유사한 화학구조로 이루어져 있고, R-위치에서만 달라지는 화학작용기(chemical group)에 따라 아미노산들의 종류가 구분된다. 모든 아미노산들이 공통적으로 가지고 있는 부분을 골격(backbone)이라 하며 아미노산의 종류마다 달라지는 R-작용기(group)를 측쇄(side chain, 側鎖)라 한다. 그리고 단백질을 구성하는 아미노산들의 결합순서를 아미노산 서열 또는 단백질의 일차구조**(primary structure)**라고 하는데, DNA 염기서열처럼 단백질의 아미노산 서열에도 방향성이 있다. 단백질 사슬의 한쪽 말단은 항상 아미노(NH)기(amino group)이며 반대쪽 말단은 항상 카복시(COOH)기(carboxylic acid group)이기 때문에, 단백질을 구성하는 아미노산들에는 **N-말단(amino terminus)**으로부터 **C-말단(carboxy terminus)** 방향으로 증가하는 번호의 순번이 부여된다.

번역이 완료된 단백질은 선형사슬(linear chain)이 중첩되어, 보다 복잡한 형태의 구형구조(globular structure)를 이룬다. 단백질 사슬이 중첩되는 형태는 기본적으로 아미노산 서열에 따라 결정된다. 따라서 단백질마다 자연구조**(native structure)** 또는 정상구조라고 하는 독특한 중첩구조를 갖게 되는데, 이러한 자연구조에 의해서 단백질의 기능이 결정된다.

단백질 골격은 내재된 화학적 특성 때문에 대부분 그림 1.7처럼 2차원 평면구조를 취하고 있다. 단백질의 골격 중에서 유동성이 있는 부분은 측쇄가 연결된 알파탄소(alpha carbon)와 질소 사이의 결합 부위, 그리고 산소가 결합된 카보닐탄소(carbonyl carbon)와 알파탄소 사이의 결합 부위뿐이다. 두 부위의 화학결합 때문에 단백질 골격의 평면들은 원형회전(circular rotation) 또는 이면회전(dihedral rotation)만이 가능하며, 두 화학결합 사이에서 일어나는 회전의 각도를 각각 ϕ(phi)와 ψ(psi)라 한다. 따라서 300개의 아미노산으로 이루어진 단백질에는 300개의 ϕ 각도와 300개의 ψ 각도가 있으며,

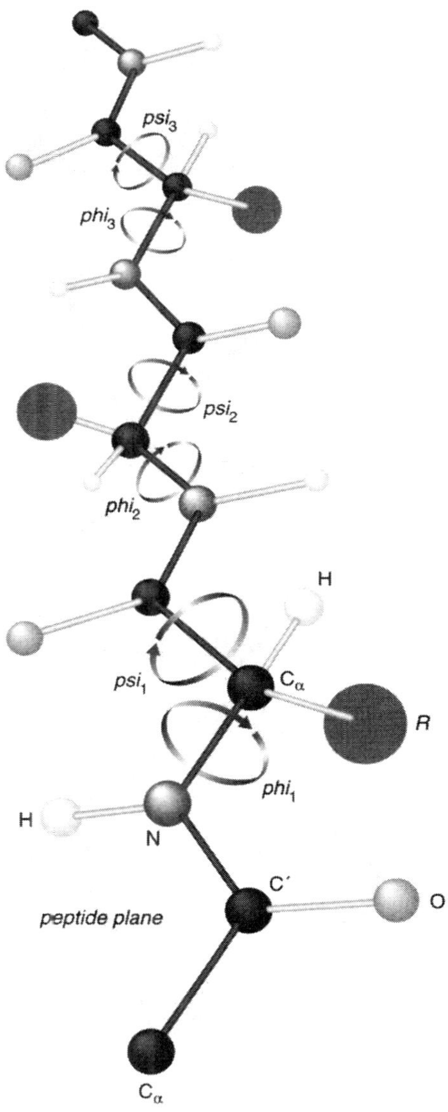

FIGURE 1.7 *Rigid and mobile regions of the protein backbone. Most of the backbone is rigid. The chemical bonds to the alpha carbons are rotatable. The angles of rotation for each alpha carbon's bonds are called phi (ϕ) and psi (ψ).*

이를 각각 ϕ_1 ~ ϕ_{300}, ψ_1 ~ ψ_{300}과 같은 식으로 표시한다. 이러한 300쌍의 화학결합이 갖는 유동성에 의해서 이 단백질이 취할 수 있는 모든 공간형태(conformation)가 결정된다.

Secondary, Tertiary, and Quaternary Structure

여러 단백질들의 구조를 자세히 관찰해 보면 부분적으로 공통된 구조가 있다는 것을 알 수 있다. 가장 일반적인 두 가지가 그림 1.8에 예시한 알파나선(α-helix)과 베타박판(β-sheet, 薄板)이다. 이는 단백질 분자 내에서 형성되는 수소결합에 의한 것으로써 지금까지 알려진 거의 모든 단백질들에서 발견되며, 번역 과정 후에 단백질 사슬이 접히게 되는 첫 번째 단계이다. 알파나선은 단백질 골격의 ϕ 각도와 ψ 각도가 약 $-60°$이고, 3.6개의 아미노산마다 360°씩 회전하는 스프링 형태이다. 베타박판을 이루는 베타사슬의 ϕ 각도와 ψ 각도는 각각 약 $-135°$와 약 $+135°$이며, 베타사슬들의 조합에 따라 두 종류의 베타박판이 존재한다(그림 1.9). 인접한 베타사슬들의 방향(N-말단에서 C-말단으로 향하는 방향)이 서로 반대인 경우를 상반평행(antiparallel) 베타박판, 그리고 인접한 β-사슬들의 방향이 같은 경우를 평행 베타박판이라 한다.

단백질의 이차구조를 형성하는 부분들이 다시 다른 골격부위들과 결합하여 3차원 구조를 형성하게 되는데, 이를 단백질의 삼차구조**(tertiary structure)**라 한다. 효소의 경우에는 종종 2개 이상의 단백질 사슬들이 결합된 복합체 형태를 볼 수 있는데, 이는 단백질간의 상호작용에 의한 결과로 나타나며 단백질의 사차구조(quaternary structure)라 한다.

The Nature of Chemical Bonds

DNA와 단백질의 구조를 이해하기 위해서는 최소한 수소결합과 같은 화학결합들에 대하여 알고 있어야 한다. 전부는 아니겠지만, 우리가 생명현상에 필수적이라고 간주하는 많은 것들은 일련의 화학반응들과 이 반응들의 속도를 조절하는 효소들의 특징으로 단순화할 수 있다. 화학의 기초 지식만을 숙지하고 있더라도 효소의 기능은 물론, 단백질이나 DNA와 같은 분자들의 상호 작용을 이해하는데도 큰 도움이 될 것이다.

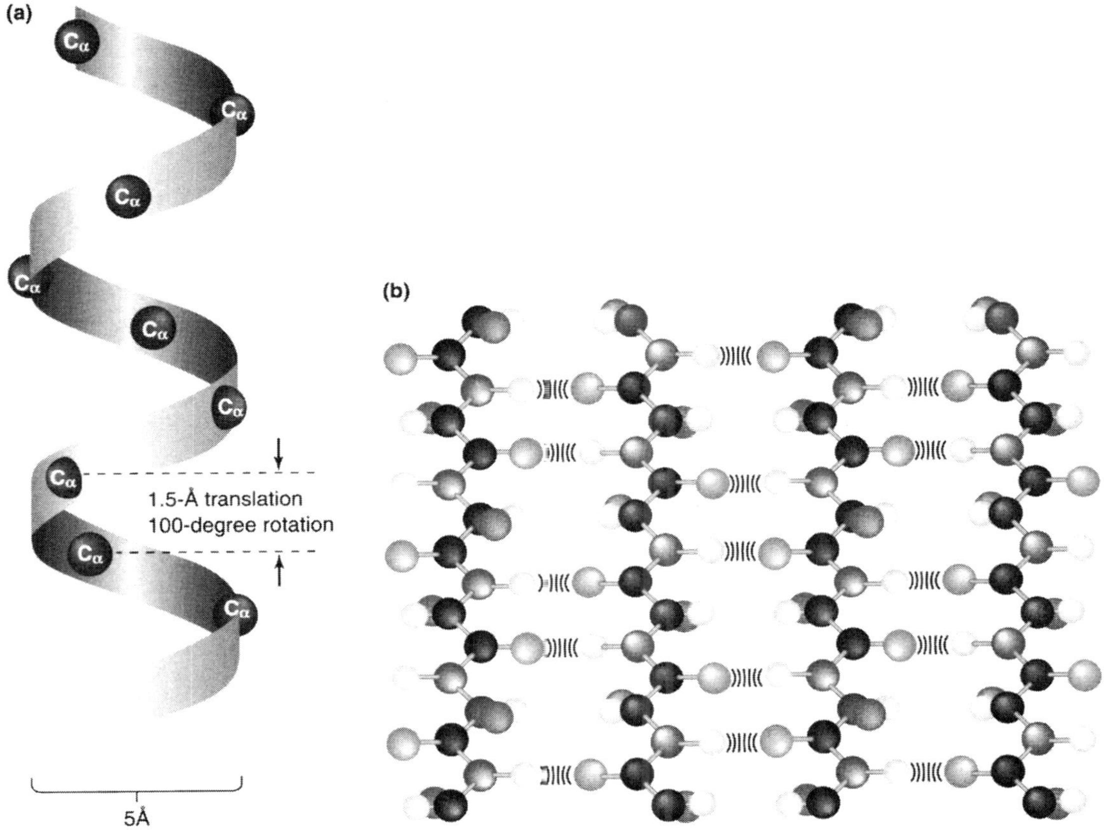

FIGURE 1.8 *Elements of secondary structure: (a) the alpha (α) helix and (b) the beta (β) sheet.*

Anatomy of an Atom

원소(element)란 화학반응으로 더 이상 나누어지지 않는 물질이다. 하지만 원소 역시 원자(atom)로 이루어져 있으며, 원자 또한 보다 작은 입자들로 이루어져 있다. 화학반응으로는 원소를 구성하는 원자들을 더 이상 작은 세부 구성요소들로 나눌 수 없으나, 물리적 반응으로는 가능하기 때문에 핵물리학자들에 의해서 원자 수준 이하의 입자들이 수백 종 발견되었다. 하지만 이들 중에서 안정적(stable)

FIGURE 1.9
Parallel and anti-parallel beta sheets. Note that the hydrogen bonds (dotted lines) give greater energetic stability in anti-parallel sheets.

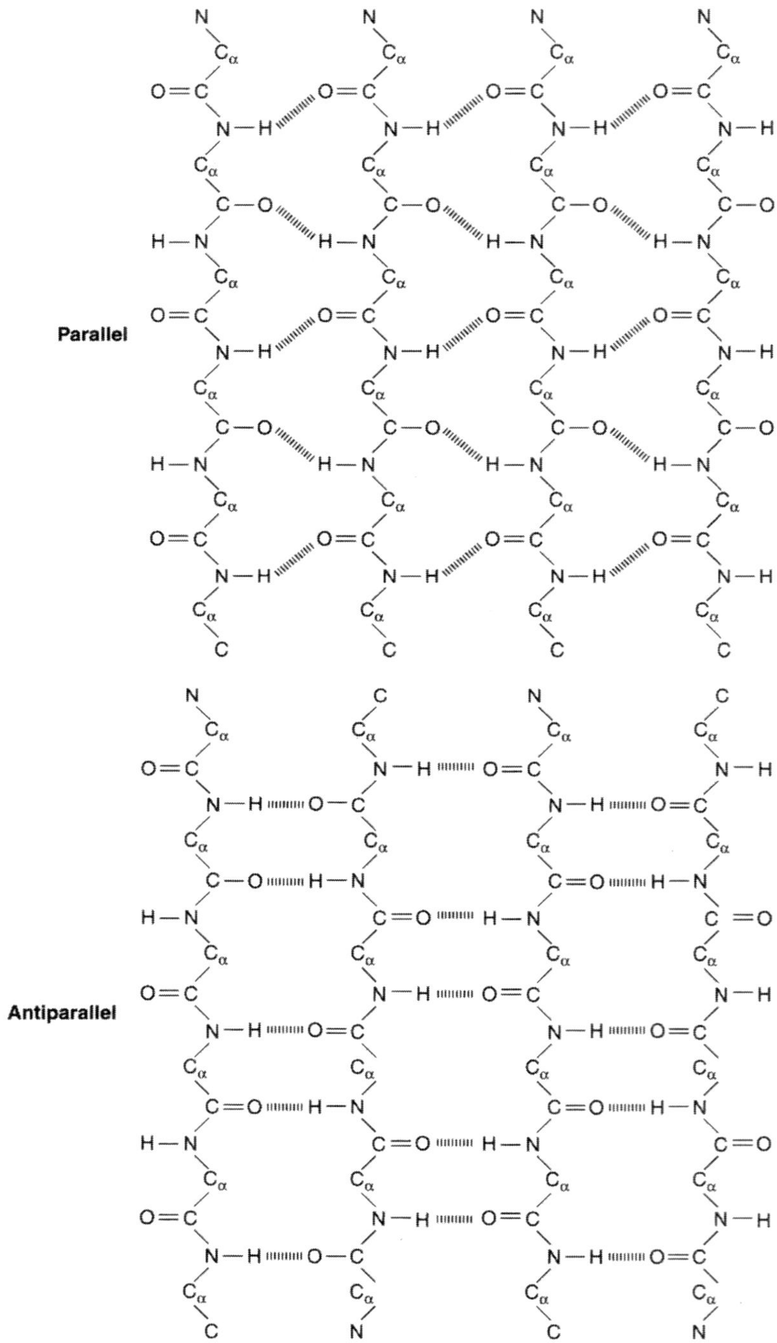

이고 생명체의 화학에 중요한 세 종류는 (1) 전하(charge)가 없는 중성자(neutron, 1.7 × 10^{-24}g), (2) 하나의 양전하(positive charge)를 갖는 양성자(proton, 1.7 × 10^{-24}g), 그리고 (3) 질량이 양성자나 중성자의 1/2000 정도이며 하나의 음전하(negative charge)를 갖는 전자(electron)이다. 원자핵에 존재하는 양성자의 숫자에 의해 원소의 종류가 결정되며, 모든 양성자는 전하의 균형을 위해서 원자핵을 중심으로 하는 궤도(orbit)에 각각 하나의 전자를 갖는다. 전자는 궤도 내에서 빛의 속도로 움직이고 있으며, 이 궤도는 원자핵과 상대적으로 먼 거리에 위치하고 있다. 따라서 원자의 내부는 대부분이 빈 공간이라고 할 수 있다.

전자가 양전하를 띄는 원자핵으로부터 멀어지기 위해서는, 멀어지려는 거리만큼 더 많은 에너지를 필요로 한다. 바위를 건물의 19층으로 옮기는 것보다 20층으로 옮기려고 할 때 더 많은 에너지가 소요되는 것에 비유할 수 있다. 즉, 전자가 원자핵으로부터 멀리 떨어져 있을수록, 전자는 더 많은 잠재에너지(potential energy)를 갖는다. 원자 수준에서 에너지를 방출하는 방법에는 여러 가지가 있으나, 일반적인 방법은 빛(광자, photon)의 형태로 에너지를 방출하는 것이다. 즉, 전자에 빛이 더해진 것이 높은 에너지 준위의 궤도에 있는 전자이며, 전자가 높은 궤도에서 낮은 궤도로 이동할 때 빛의 형태로 에너지(packet of energy)를 방출한다. 이와 같은 전자의 전이(transition)에 요구되는 에너지의 양을 양자(quantum)라 하며, 이로부터 양자도약(quantum leap)이라는 개념이 생겨났다. 전자의 궤도는 행성(planet)들의 궤도와는 달리 예측이 불가능하고, 단지 주어진 시점에서 전자가 존재할 가능성이 있는 위치에 대한 신뢰도를 바탕으로 전자의 위치에 대한 최선의 추정만이 가능하다. 따라서 전자가 90% 이상의 시간을 지내는 3차원적 공간을 전자의 궤도로 정의하고 있다.

Valence

동일한 양의 음전하를 갖는 전자들은 서로 반발(repulsive)하려 하기 때문에, 주어진 시점에서 2개의 전자만이 오직 하나의 전자궤도를 공유할 수 있다. 원자의 핵으로부터 가장 가까운 전자궤도에는 최소량의 에너지를 갖는 전자들이 존재하는데, **1*s***라 명명된 이 전자궤도는 구형(spherical)이며 앞서 언급한 바와 같이 2개의 전자를 가질 수 있다. 이보다 한 단계 높은 에너지 준위에는 모두 4개의 전자궤도가 있다. 이 전자궤도들은 **2*s***와 **2*p***로 명명되었고 구형(spherical)의 **2*s***가 1개, 아령(dumbbell) 형태의 **2*p***가 3개이다. 원자의 화학적 성질은 원자의 가장 바깥 부분에 있는 최외각(最外殼)전자에 따라 결정된다. 원자의 내부는 대부분이 빈 공간이기 때문에 원자핵은 일반적인 화학반응에는 관여하지 않으며, 오직 최외각전자들만이 화학반응에 관여한다. 따라서 원자가 가지고 있는 양성자들의 숫자는 화학반응 중에 변하지 않으나, 전자들의 상대적인 위치(때로는 숫자)는 변한다.

원자가 1개의 양성자에 1개의 전자를 할당하는 식으로 전하의 균형을 유지하는 것이 최상위의 자연원칙이지만, 원자는 최외각의 전자궤도를 전자로 완전히 채우거나 아니면 완전히 비우려는 경향을 가지고 있다. 원자는 이러한 상반되는 경향성을 원자들의 전자궤도를 중복시켜 중복된 전자궤도에 전자들을 공유하는 방법으로 해결한다. 이와 같은 방법으로 전자를 공유하는 것이 원자 간의 결합 관계를 유지하는 전형적인 방법이며, 이것이 공유결합**(covalent bond)**의 기본원리이다. 하지만 $_{2}$He(헬륨의 원자기호 앞에 위치한 아래첨자는 헬륨원자의 핵에 있는 양성자의 수를 의미한다)과 같은 원자들은 최외각 전자궤도에 쌍을 이루지 못한 전자가 없기 때문에 화학적 반응성이 없고 다른 원자와 공유결합을 하지 못한다. 마찬가지로 전자궤도 1*s*, 2*s*, 2*p*가 모두 10개의 전자로 채워진 네온($_{10}$Ne)과 아르곤($_{18}$Ar) 역시 화학적 반응성이 없다. 최외각 전자궤도에 쌍을 이루지 못한 전자의 수를 전하균형**(valence)**이라 하며, 화학반응이 일어나기 위해 필요한 매우 중요한 요소이다. 전하균형은 원자가 형성할 수 있는 최대의 공유결합 수($_{1}$H = 1, $_{8}$O = 2, $_{7}$N = 3, $_{6}$C = 4)를 의미하기도 하고, 유사한 전하균형을 갖는 원자들은 화학적 성질들이 유사하다. 예를 들어 4개의 제2준위(level-2) 전자궤도들이 1개의 전자들로만 채워진 탄소($_{6}$C)와 4개의 제3준위(level-3) 전자궤도들이 1개의 전자들로만 채워진 실리콘($_{14}$Si)은 화학반응이 매우 유사하며, 둘 모두 4개의 공유결합을 할 수 있다. 또한 둘 이상의 공유결합에 의해서 결합된 원자들의 복합체인 화합물(compound)의 형태와 크기도 화합물을 구성하는 원자들의 전하균형에 의해 주로 결정된다.

Electronegativity

원자핵의 종류에 따라 전자를 끌어당기는 정도가 달라지는데, 전자에 대한 원자의 친화도(affinity)가 클수록 원자의 전기음성도(electronegativity)가 크다고 한다. 따라서 원자의 상대적 전기음성도는 최외각 전자궤도를 전자들로 완전히 채우거나 완전히 비우기 위해서, 받거나 주어야 할 전자의 수에 따른 함수이다. 최외각 전자들의 절반이 채워진 상태인 수소($_{1}$H)와 탄소($_{6}$C)의 예를 들어 보자. 이들은 본질적으로 동일한 전기음성도를 갖기 때문에, 수소와 탄소간의 공유결합에서는 두 원자가 고르게 균형을 이루면서 전자를 공유한다. 하지만 수소나 탄소가 산소와 형성하는 공유결합은 이와 다르다. 산소($_{8}$O)는 두 개의 전자를 얻거나 여섯 개의 전자를 버려야 하기 때문에, 수소나 탄소에 비해 전기음성도가 크다. 따라서 물(H_2O)을 구성하는 수소와 산소 사이의 공유결합에 관련된 전자들은 수소원자보다는 산소원자 주변에서 더 많은 시간을 지내는 경향을 보인다. 이러한 극성결합 **(polar bond)**의 결과로 물 분자를 구성하는 산소원자는 전기적으로 약한 음성이 되고, 수소원자는 약한 양성이 되는 전하의 미세한 분리 또는 불균형이 발생한다. 따라서 물 분자를 구성하는 수소원자의 약한 양전하가 주변에 위치한 다른 물 분자를 구성하는 산소원자의 약한 음전하를 끌어당기게 되고, 도든 물 분자는 주변의 다른 물 분자들과 결합강도는 약하지만 그물 모양의 결합관계를 갖는다. 이렇게 극성공유결합에 의한 전하의 미세한 불균형 때문에 일어나는 분자간의 상호작용을 **수소결합(hydrogen bond)**이라 한다. 하지만 수소결합에서는 원자간에 공유되는 전자가 없으므로 수소결합을 해체하기 위해 요구되는 에너지는 공유결합에 비해 작다.

Hydrophilicity and Hydrophobicity

대부분의 화학물질들은 물과 상호작용을 할 수 있는지 여부에 따라 2개의 범주로 구분된다. 극성결합을 이루는 원자들이 포함된 분자는 표면에 양전하와 음전하를 띄는 부분이 있기 때문에, 물과 수소결합을 함으로써 상호작용을 한다. 이들을 친수성**(hydrophilic)** 분자라 하며, 친수성 분자들은 세포 내부의 수성(watery) 용액에 쉽게 용해된다. 반면, 원자간의 비극성공유결합만으로 이루어진 분자들은 소수성**(hydrophobic**, 문자 그대로 물을 싫어하는)이며, 물 분자와 상호작용하기가 매우 힘들다. 더구나 소수성 물질이 물 속에 들어가면, 물 분자들이 서로의 부분전하(partial charge)들을 상쇄하려는 수소결합을 방해한다. 결과적으로 탄소-탄소간 결합과 탄소-수소간 결합이 대부분인 지방(fat)과 같은 분자는 수성 용액으로부터 배척되는데, 세포의 지질이중막(lipid bilayer membrane)에서 관찰 되는 바와 같이 소수성 물질들끼리 뭉쳐진다.

Chapter Summary

DNA는 세포의 생명활동에 필요한 정보를 저장하는 분자이며, DNA를 구성하는 4개의 핵산염기들은 RNA 중합효소에 의해서 mRNA로 전사되고, 이어서 라이보좀에 의해서 단백질로 번역된다.

Readings for Greater Depth

Numerous textbooks give excellent overviews of molecular biology. For a concise description of genes and our understanding of them, try P. Portin, 1993, The concept of the gene: Short history and present status, *Q. Rev. Biol.* **68:** 173–223.

Discovery of the structure of DNA won Watson and Crick a Nobel Prize. Their classic single-page paper describing their insight is J. D. Watson and F. H. C. Crick, 1953, Genetical implications of the structure of deoxyribonucleic acid, *Nature* **171:** 964–967.

Watson himself relates the dramatic and often unscientific race to discover the structure of DNA in a very informative and often humorous book that has also been made into a major motion picture: J. D. Watson, 1968, *The Double Helix: A Personal Account of the Discovery of the Structure of DNA.* Atheneum, New York.

Reassociation experiments and "junk DNA" are both described in R. J. Britten, D. E. Graham, and B. R. Neufeld, 1974, Analysis of repeating DNA sequences by reassociation. *Methods Enzymol.* **29:** 363–418.

A general text that describes the structure of genes and the experimental techniques used to study them is B. Lewin, 2000, *Genes VII*, Oxford University Press, New York.

Questions and Problems

* **1.1** Deoxyribonucleic acid (DNA) differs from ribonucleic acid (RNA) in two ways: (1) RNA uses the nitrogenous base uracil in place of DNA's thymine, and (2) the hydroxyl (OH) group attached to the 2' carbon of the deoxyribose sugar of RNA is replaced with just a hydrogen (H) in DNA. Sketch the chemical structures of the deoxyribose sugar used by DNA and the ribose sugar used by RNA.

1.2 What is the complementary sequence to the following string of nucleotides? Be sure to label the 5' and 3' ends of the sequence that you write. 5'-GGATCGTAGCCTA-3'.

* **1.3** Diagram the "central dogma" of molecular biology complete with labels that indicate the portions that correspond to transcription and translation and indicate what enzymes are responsible for those important steps.

1.4 Organic molecules that contain hydroxyl groups (—OH) are called alcohols. Would you expect such molecules to be hydrophobic or hydrophilic? Why?

* **1.5** Examine the chemical structures of the amino acid R groups shown in Figure 1.5b. What atom(s) is found in the R groups that are in the hydrophilic amino acids that generally is absent in the nonpolar group?

1.6 How frequently would you expect to find the sequence of nucleotides provided in Question 1.2 in a DNA molecule simply as a result of random chance? Assume that each of the four nucleotides occurs with the same frequency.

* **1.7** How many nucleotides long would a DNA sequence need to be in order for it to not be found by chance more than once in a genome whose size is 3 billion base pairs long?

1.8 Distinguish between positive and negative regulation of gene expression.

* **1.9** What sequence of amino acids would the following RNA sequence code for if it were to be translated by a ribosome?: 5'-AUG GGA UGU CGC CGA AAC-3'. What sequence of amino acids would it code for if the first nucleotide were deleted and another "A" were added to the 3' end of the RNA sequence?

1.10 A circular piece of DNA known to be 4,000 bp long is cut into two pieces when treated with the restriction enzyme *Eco*RI: One piece is 3,000 bp long and the other is 1,000 bp long. Another restriction enzyme, *BamHI*, cuts the same DNA molecule into three pieces of the following lengths: 2,500, 1,200, and 300 bp. When both *Eco*RI and *BamHI* are used to cut the DNA molecule together, fragments of the following sizes are generated: 1,600, 1,200, 900, 200, and 100 bp. Use this information to make a restriction enzyme map of this circular DNA molecule.

* **1.11** How does a cDNA library differ from a genomic library?

CHAPTER

2

Data Searches and Pairwise Alignments

It is a capital mistake to theorize before one has data.

Sir Arthur Conan Doyle (1859-1930)

서열정렬(alignment)이란 2개 이상의 염기서열 또는 아미노산 서열들 사이에 내재된 진화적 연관성을 설명하는 가설이라고 정의할 수 있다. 서열정렬을 이용하여 유전자의 기능과 유전자에 포함된 정보를 이해할 수도 있으며, 서열 데이터베이스(database)로부터 유사한 서열을 찾아낼 수도 있기 때문에, 서열정렬법은 생명정보학에서 사용되는 여러 기법들의 초석이라고 할 수 있다. 2장에서는 다양한 종류의 서열정렬법과 데이터베이스에서 사용되는 서열검색법들에 대해 설명한다.

[영문에서는 서열정렬 과정과 서열정렬의 결과물 모두 alignment로 표현하나, 역서에서는 서열정렬의 결과물은 정렬서열로 구분하여 표현하였다]

Dot Plots

두 서열간의 유사도(similarity)를 측정하는 가장 간단한 방법은 **점도표(dot plot)**를 이용하여 서열간의 유사영역(regions of similarity)을 도식화 하는 것이다. 점도표란 비교할 서열들을 각각 수평과 수직 축에 위치시킨 다음, 두 서열이 일치하는 부분의 교차점에 점을 찍음으로써, 두 서열이 일치하는 부분들을 대각선 방향의 연속적인 점으로 나타내는 방법이다(그림 2.1a).

하지만 매우 긴 서열을 대상으로 점도표를 작성하면, 그림 2.1b와 같이 알아보기 힘든 복잡한 도표가 된다는 문제점이 있는데, 이는 활주창(sliding window, 滑走窓) 기법을 이용하여 해결할 수 있다. 활주창 기법은 한 번에 하나 이상의 서열위치(sequence position)들에 대해서 서열이 일치하는지 여부를 파악하는 방법으로써 서열의 길이가 길 때 유용하게 사용된다. 그림 2.1c은 창(window)의 크기를 10으로 설정하고 유사도 임계치(similarity cutoff)를 8로 설정했을 때의 예로써, 활주창 기법은 다음과 같은 과정을 거친다. X-축에 위치한 서열의 1~10번째의 핵산염기들을 Y-축에 위치한 서열의 1~10번째 핵산염기들과 비교하는 것에서부터 시작하는데, X-축 서열의 첫 번째 비교 대상인 10개의 핵산염기들과 Y-축 서열의 첫 번째 비교 대상인 10개의 핵산염기들 중에서 8개 이상의 핵산염기들이 동일하다면, 첫 번째 좌표(1, 1)에 점을 찍는다. 이 후, X-축 상에서 1개의 핵산염기가 전진된 곳에서 창을 열어 X-축 서열의 2-11번째 핵산염기들을 Y-축 서열의 1-10번째 핵산염기들과 비교하여 8개 이상의 핵산염기들이 동일하다면, 다시 두 번째 좌표(2, 1)에 점을 찍는다. 이러한 과정을 반복하여, 10개씩의 염기들로 구성된 X-축 상의 모든 하위서열(subsequence)들이 Y-축 서열의 1-10번째 염기들과 비교되는 과정이 완료되면, 이제 Y-축의 창을 1개의 핵산염기가 전진된 위치에서 열고 위

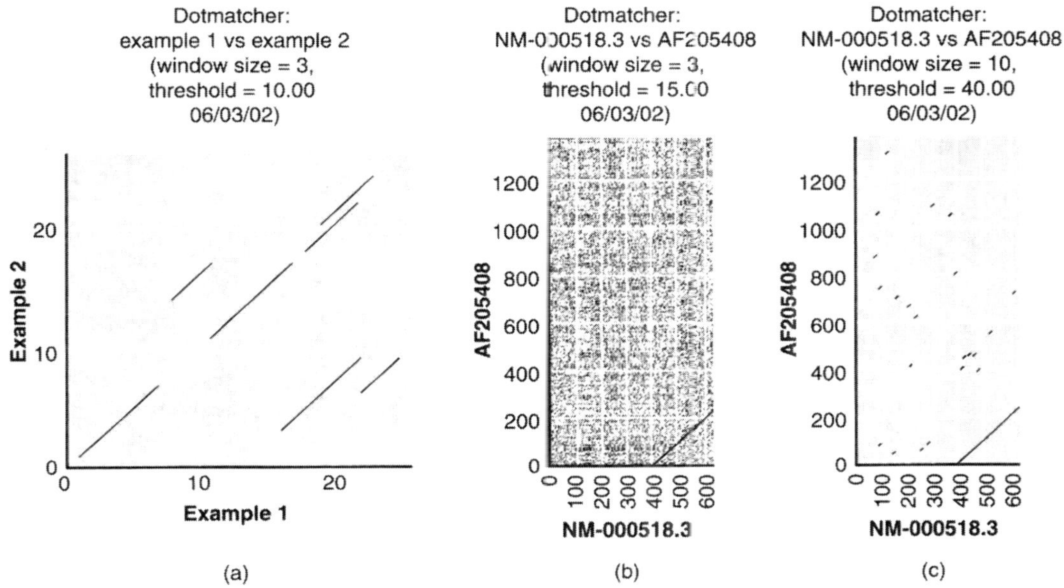

FIGURE 2.1 *(a) A simple dot plot for two DNA sequences that share extensive regions of similarity. (b) A complete dot plot comparing nucleotide sequences from the beta (β) globin genes of human* (Homo sapiens) *and orangutan* (Pongo pygmaeus). *(c) The same two beta (β) globin gene sequences using a window of 10 nucleotides and a similarity cutoff of 8.*

와 같은 과정을 다시 반복한다. 즉, 10개의 핵산염기 단위로 추출된 하위서열들 사이의 비교가 이루어지는 것이다.

그림 2.1c에 예시한 바와 같이 활주창 기법은 점도표 상의 잡음(noise)을 줄여줌으로써, 서열 사이의 유의미한 유사영역만을 쉽게 파악하도록 해준다. 물론 비교하고자 하는 서열간의 유사도에 따라 창의 크기와 임계치는 다르게 설정할 수 있으며, 새로운 자료를 분석할 때는 시행착오를 통해 두 값을 결정하는 것이 최선이라고 할 수 있다.

Simple Alignments

서열정렬**(alignment)**은 2개 이상의 상동서열**(homolog)**-동일한 조상을 갖는 서열-에 대하여 서열을 이루는 구성요소(핵산염기, 아미노산)들이 상동서열간의 진화적 관계를 반영할 수 있도록 쌍을 지어 대응시키는 방법을 말한다. 모든 서열위치에서는 (1) 다른 종류의 서열구성요소로 바뀌는 돌연변이(mutation), (2) 1개 또는 그 이상의 서열위치가 추가되는 삽입(insertion), (3) 1개 또는 그 이상의 서열위치가 삭제되는 결실(deletion)과 같은 세 가지 종류의 진화적 변화가 발생 가능한데, 이러한 변화들이 정렬서열상에 표시된다. 돌연변이가 발생했던 서열위치에는 종류가 다른 서열구성요소들이 대응관계를 이루게 될 것이다. 하지만 삽입이나 결실이 발생했던 서열위치에는 대응관계를 이룰 서열구성요소가 없기 때문에, 정렬서열에서는 이를 서열공백**(gap, -)**으로 나타낸다.

우선 서열공백이 없는 간단한 예를 들어 서열정렬 과정을 설명한다. AATCTATA, AAGATA와 같은 2개의 짧은 서열의 경우를 생각해 보자. 서열공백을 사용하지 않으면, 서열의 어떤 지점이 정렬서열의 시작점으로 사용되는지에 따라서만 서열정렬의 결과가 달라진다. 따라서 그림 2.2에 예시한 바와 같이 3개의 정렬서열들이 가능하다. 그리고 이들 중에서 상동서열간의 진화적 관계를 가장 잘 표현하는 최적정렬서열(optimal alignment)을 찾기 위해서는, 얻어진 정렬서열들을 객관적으로 평가할 방법이 있어야 한다.

```
AATCTATA        AATCTATA        AATCTATA
AAGATA            AAGATA            AAGATA
```

FIGURE 2.2 *Three possible simple alignments between two short sequences.*

물론 점도표 역시 서열간의 유사영역을 도식화하여 보여주기는 하지만, 최적정렬서열을 찾기 위해서는 수치화된 객관적인 값들의 사용이 필요하다. 서열공백이 허용되지 않는 서열정렬에서 정렬서열들을 평가하기 위해 사용되는 정렬점수(score)는 동일한 핵산염기들이 대응된 염기쌍에 대해 부여된 가점(credit)인 일치가점**(match score)**과, 상이한 핵산염기들이 대응된 염기쌍에 대해 부여된 감점(penalty)인 불일치감점**(mismatch score)**에 따라 결정되며, 다음과 같은 식으로 계산된다.

$$\sum_{i=1}^{n} \begin{cases} \text{match score; if } seq1_i = seq2_i \\ \text{mismatch score; if } seq1_i \neq seq2_i \end{cases}$$

여기서 n은 길이가 더 긴 서열의 서열 길이를 의미한다. 예를 들어 일치가점이 1이고 불일치감점이 0이라 하면, 그림 2.2에 예시된 3개의 정렬서열들에 대한 정렬점수는 좌측부터 각각 4, 1, 3점이 된다. 따라서 이들 중에서는 첫 번째 정렬서열이 최적정렬서열에 가장 가깝다고 할 수 있다.

Gaps

삽입과 결실의 가능성까지 고려하면, 2개 이상의 서열들로부터 얻어질 수 있는 정렬서열들의 수는 급격하게 증가한다. 그림 2.2의 예에서 서열공백을 허용하지 않을 때의 가능한 정렬서열은 3개뿐이지만 서열공백을 허용할 경우에는 28개의 정렬서열이 가능하다. 이들 중 3개만을 그림 2.3에서 예로 들었다.

```
AATCTATA        AATCTATA        AATCTATA
AAG-AT-A        AA-G-ATA        AA--GATA
```

FIGURE 2.3 *Three possible gapped alignments between two short sequences.*

Simple Gap Penalties

서열공백이 포함된 정렬서열의 정렬점수를 계산할 때에는 공백감점(gap penalty)이라는 추가적인 변수가 포함되며, 다음과 같은 식으로 계산한다.

$$\sum_{i=1}^{n} \begin{cases} \text{gap penalty; if } seq1_i = \text{'–' or } seq2_i = \text{'–'} \\ \text{match score; if no gaps and } seq1_i = seq2_i \\ \text{mismatch score; if no gaps and } seq1_i \neq seq2_i \end{cases}$$

예를 들어 일치가점을 1, 불일치감점을 0, 그리고 공백감점을 −1이라 하면, 그림 2.3에 예시한 3개의 정렬서열들에 대한 정렬점수는 좌측부터 각각 1, 3, 3점이다. 따라서 이들 중 가장 점수가 낮은 첫 번째 정렬서열은 서열간의 진화적 관계를 반영하는 최적정렬서열이라고 보기 어렵다.

Origination and Length Penalties

위와 같이 서열공백의 수나 길이를 고려하지 않는 단순공백감점(simple gap penalty)을 사용하면, 여러 개의 정렬서열들이 동일한 정렬점수를 갖는 동일한 수준의 최적정렬서열이 될 수도 있다. 따라서 정렬서열들 사이의 정렬점수 차이에 변별력을 주기 위해서는 서열공백의 수뿐만 아니라 서열공백의 길이 까지도 고려해야 한다. 정렬서열은 두 개의 서열이 마지막으로 공유한 공통조상(common ancestor) 이 후에 거쳐 온 진화적 경로를 설명하는 하나의 가설이기 때문에, 여러 개의 경쟁가설(competing hypothesis) 중에서 일어날 확률이 낮은 경우를 가장 적게 상정하는 가설이 가장 정확한 가설일 가능성이 크다. 물론 돌연변이도 드물게 발생하지만, 삽입이나 결실이 발생하는 빈도는 이보다 훨씬 작을 것이다. 먼저 삽입/결실(indel)에 대한 설명을 하고, 정렬서열이라는 가설을 평가하는데 공백감점이 어떻게 사용되는지를 설명한다.

길이가 각각 12와 9인 두 개의 무작위 서열을 가정해 보자. 어떠한 정렬서열이라 할지라도 길이가 짧은 서열에는 3개의 서열공백이 포함될 수밖에 없다. 따라서 2개의 서열이 서로 상동적(homologous)이라고 가정하면, 긴 서열에서 발생한 삽입, 또는 짧은 서열에서 발생한 결실이 두 서열 사이에 나타나는 길이의 차이를 설명할 수 있을 것이다. 하지만 원래의 선구서열(precursor sequence)을 알 수 없는 상황에서는 어느 서열에 삽입이 있었는지 아니면 상대적으로 어느 서열에 결실이 있었는지를 판단할 수 없기 때문에, 삽입과 결실은 **삽입/결실(indel)**로 표시한다.

다중삽입(multiple insertion)과 다중결실(multiple deletion)은 1개의 핵산염기 단위로 발생하는 삽입/결실에 비해 흔치 않기 때문에, 2개의 서열간에 보이는 길이의 차이는 다중삽입이나 다중결실에 의한 것이기보다는 3개의 핵산염기 단위로 발생한 한번의 삽입/결실로부터 기인되었을 가능성이 더 크다. 그러므로 서열공백이 없는 서열위치에 새로운 서열공백을 추가하는 경우에 비하여, 기존의 서열공백에 새로운 서열공백이 추가로 연결되는 경우에 보다 작은 공백감점을 부여하는 것이 진화적 견지에서 타당하다고 할 수 있다. 따라서 공백감점은 둘로 구분해야 한다. 하나는 새로 시작되는 서열공백에 대하여 부여되는 공백시작감점(origination penalty)이고, 다른 하나는 연속된 서열공백에 대하여 부여되는 공백연장감점(length penalty)이다. 공백시작감점보다 공백연장감점을 작게 함으로써, 서열공백의 수가 동일할 경우에는 연속된 서열공백을 포함한 정렬서열이 보다 높은 정렬점수를 갖는다. 그림 2.3에 예시한 3개의 정렬서열들에 대해서 공백시작감점은 −2, 공백연장감점은 −1, 일치가점은 +1, 불일치감점은 0을 적용하면, 정렬점수는 좌측부터 −3, −1, +1점이다. 공백시작감점과 공백연장감점을 동일하게 취급하여 얻은 이전의 결과와 크게 다른 결과가 얻어진다는 것을 알 수 있다. 따라서 그림 2.3의 예제 중에서는 1개의 서열구성요소에 해당하는 길이의 서열공백 두 개가 분리되어 있는 것보다 2개의 서열구성요소에 해당하는 길이를 갖도록 두 개의 연속된 서열공백이 있는 정렬서열이 최적정렬서열에 더 가깝다고 할 수 있다.

Scoring Matrices

불일치감점 역시 공백감점의 경우처럼 유사한 정렬서열간의 적합성 차이를 보다 더 변별력 있게 구별하기 위해서 다양한 방법으로 적용할 수 있다. 이전의 예에서는 동일한 핵산염기(또는 아미노산)들이 대응관계를 이루지 않은 모든 경우에 대해서 동일한 불일치감점을 부여 하였는데, 상동서열들을 관찰해 보면 특정한 종류의 치환(substitution)이 다른 것에 비해 더 흔하다는 것을 알 수 있다. 예를 들어 2개의 단백질 서열 중에서 어떤 서열의 한 서열위치가 알라닌(alanine)에 해당한다고 가정하자. 이 알라닌 1개가 분자 크기가 작고 소수성 아미노산인 발린(valine)으로 치환되는 경우는 분자 크기가 크고 전하를 띄는 잔기를 갖는 아미노산인 라이신(lysine)으로 치환되는 경우에 비해서 해당 단백질의 기능에 비교적 큰 영향을 주지 않을 수도 있다. 따라서 단백질의 기능을 유지시킨다는 점에서 이와 같은 보존적 치환(conservative substitution)이 일어나는 확률보다는 그렇지 않은 치환이 일어날 확률이 훨씬 낮을 것이다. 그러므로 정렬점수를 계산할 때도 알라닌이 라이신과 대응관계를 이루는 경우보다는 알라닌이 발린과 대응관계를 이루는 경우에 더 큰 점수를 주어야 한다.

정렬점수를 계산할 때, 위와 같은 목적으로 사용되는 것이 정렬점수표**(scoring matrix)**로써, 정렬점수표에는 모든 종류의 염기쌍이나 아미노산 쌍에 대한 점수가 기입되어있다. 염기서열의 서열정렬에 사용되는 정렬점수표는 비교적 간단하다. 예를 들어 데이터베이스에서 유사한 서열의 검색을 위해 사용되는 도구의 하나인 BLAST(2장의 후반부에 설명)에서 사용되는 정렬점수표는 동일한 핵산염기들이 대응된 염기쌍에 대해서는 +5점을, 상이한 핵산염기들이 대응된 염기쌍에 대해서는 −4점을 부여하는 것을 기본값(default)으로 하고 있다. 그림 2.4에 염기서열의 서열정렬에 사용되는 세 가지 종류의 정렬점수표를 예시하였다. 가장 오른쪽

Identity Matrix

	A	T	C	G
A	1	0	0	0
T	0	1	0	0
C	0	0	1	0
G	0	0	0	1

BLAST Matrix

	A	T	C	G
A	5	–4	–4	–4
T	–4	5	–4	–4
C	–4	–4	5	–4
G	–4	–4	–4	5

Transition Transversion Matrix

	A	T	C	G
A	1	–5	–5	–1
T	–5	1	–1	–5
C	–5	–1	1	–5
G	–1	–5	–5	1

FIGURE 2.4 *Scoring matrices for aligning DNA sequences.*

의 정렬점수표는 동일한 핵산염기들이 대응된 염기쌍에 대해서 일치가점으로 +1점을 부여하지만, 상이한 핵산염기들이 대응된 염기쌍에 대해서는 대응된 핵산염기의 화학적 성질에 따라 다음과 같은 두 종류로 구분하여 불일치감점을 부여한다. 염기전이**(transition)**에 해당하는 퓨린(purine) 염기간의 대응관계(A-G) 또는 피리미딘(pyrimidine) 염기간의 대응관계(C-T)에는 −1점 정도의 가벼운 불일치감점을 부여하지만, 퓨린 염기와 피리미딘 염기 사이의 치환을 의미하는 염기교차**(transversion)**에 해당하는 대응관계(A-C, A-T, G-C, G-T)에는 −5점의 높은 불일치감점을 부여한다.

아미노산 서열의 서열정렬을 위한 정렬점수표는 크게 두 가지 종류로 구분할 수 있다. 하나는 아미노산들 사이의 화학적 또는 물리적 유사도(observed chemical/physical similarity)를 기반으로 한 것이고, 다른 하나는 아미노산간의 치환빈도(observed substitution frequency)를 관찰하여 만들어진 것이다. 아미노산간의 유사도를 기반으로 작성된 정렬점수표는 소수성, 전하, 전기음성도, 분자 크기와 같은 아미노산의 특성을 바탕으로 작성된 것이다. 예를 들어 방향족 작용기(aromatic functional group)를 갖는 아미노산간의 대응관계에는 매우 높은 점수를 부여하는 반면, 비극성 작용기를 갖는 아미노산이 전하를 띄는 작용기를 갖는 아미노산과 대응관계를 이룰 때는 가장 높은 감점을 부여하는 식으로 정렬점수표가 구성된다. 그리고 아미노산간의 유전적 유사도를 기반으로 작성된 정렬점수표는 아미노산의 유전부호(genetic code)에서 아미노산 치환이 일어나기 위해 요구되는 핵산염기 치환의 수를 계산하여 만들어진다. 유사도 기반의 정렬점수표가 갖는 가장 큰 문제점은 아미노산의 다양한 물리적, 화학적, 유전적 차이점들을 하나의 점수표로 표현하기 힘들다는 것이다.

아미노산 서열에 대한 정렬점수표를 만들기 위해 사용되는 가장 일반적인 방법

BOX 2.1 Construction of a PAM Matrix

1. Construct a multiple sequence alignment. Multiple alignments are discussed further later in this chapter. Below is an example of a simplified multiple alignment:

```
ACGCTAFKI        GCGCTLFKI
GCGCTAFKI        ASGCTAFKL
ACGCTAFKL        ACACTAFKL
GCGCTGFKI
```

2. From the alignment, a phylogenetic tree is created, indicating the order in which the various substitutions shown by the alignment might have taken place. Phylogenetic trees are discussed in detail in Chapters 4 and 5. For now, however, simply note that the tree suggests which substitutions occurred in the sequences involved in the multiple alignment. Consider the following phylogenetic tree, which shows various substitutions among the amino acids in the previous multiple alignment:

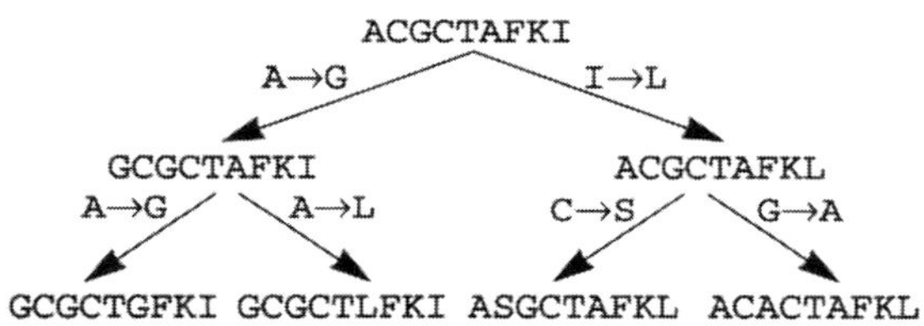

3. For each amino acid type, the frequency with which it is substituted by every other amino acid is calculated. It is assumed that substitutions are equally likely in each direction, so a substitution such as A→G would also count as a G→A substitution. For example, to determine the frequency, $F_{G,A}$, of A to G substitutions, we count all A→G and G→A branches in the tree. For the tree above, $F_{G,A} = 3$.

4. Compute the relative mutability, m_i, of each amino acid. The relative mutability is the number of times the amino acid is substituted by any other amino acid in the phylogenetic tree. This number is then divided by the total number of mutations that *could* have affected the residue. This denominator is calculated as the total number of substitutions across the entire tree times two, multiplied by the frequency of the amino acid, times a scaling factor of 100. The value 100 is used so that the PAM-1 matrix will represent 1 substitution per 100 residues. For example, consider the A residues in the phylogenetic tree above. There are a total of 4 mutations involving A. We divide this value by the number of mutations in the entire tree times two ($6 \times 2 = 12$), times the relative frequency of A residues (10 A's out of 63 total residues in the alignment = 0.159), times 100. Thus $m_A = 4/12 \times 0.159 \times 100 = 0.0209$.

5. Compute the mutation probability, M_{ij}, for each pair of amino acids.
$M_{ij} = \dfrac{m_j F_{ij}}{\sum_i F_{ij}}$. For our example,
$$M_{G,A} = \frac{0.0209 \times 3}{4} = 0.0156.$$
The denominator, ΣF_{ij}, is simply the total number of substitutions involving A in the phylogenetic tree.

6. Finally, each M_{ij} is divided by the frequency of occurrence, f_i, of residue i, and the log of the resulting value becomes the entry R_{ij} in the PAM matrix. The frequency of occurrence is simply the number of occurrences of the residue in the multiple alignment, divided by the total number of residues. For G, the frequency of occurrence from our multiple alignment is $f_G = 0.1587$ (10 G residues divided by 63 total residues). So the entry in our PAM matrix for $R_{G,A}$ would be $\log(0.0156/0.1587) = \log(0.0982) \approx -1.01$.

7. By repeating for each pair of amino acids, we obtain the off-diagonal entries, R_{ij}, of the PAM matrix for our alignment data and phylogenetic tree. The diagonal entries are computed by taking $M_{jj} = 1 - m_j$, and then following step 6 to obtain R_{jj}.

은 모든 아미노산들의 실제 치환율(actual substitution rate)을 관찰하여, 이로부터 정렬점수표를 추출하는 것이다. 만약 특정한 두 종류 아미노산 사이의 치환이 빈번하게 일어난다면, 이 아미노산들이 대응관계를 이루는 경우에는 비교적 낮은 감점을 부여하고, 빈번하게 치환되지 않는 아미노산들이 대응관계를 이루는 경우에는 비교적 높은 감점을 부여하는 방식이다. 이와 같이 아미노산간의 치환율을 바탕으로 만들어진 대표적인 정렬점수표가 **PAM(point accepted mutation)** 점수표이다. PAM 점수표는 유사도가 높은 단백질 서열들로 이루어진 정렬서열에서 관찰된 치환율로부터 다음과 같은 방법에 의해 계산된 점수들로 구성되어있다. 매우 높은(보통 >85%) 일치도(identity)를 보이는 단백질 서열들로 정렬서열을 작성한 다음, 모든 아미노산(j)들의 상대변이도**(relative mutability,** m_j)를 계산한다. 여기서 상대변이도란 아미노산 별로 치환이 관찰된 경우의 수이다. 즉, 알라닌의 상대변이도(m_a)는 알라닌이 다른 종류의 아미노산과 정렬된 모든 경우의 수를 의미한다. 상대변이도가 결정되면, 지정변이도(substitution tally)를 계산한다. 지정변이도(A_{ij})란 아미노산 j가 아미노산 i로 치환된 경우의 수이다. 예를 들면, 지정변이도 Acm은 메티오닌(methionine)이 시스테인(cystein)과 정렬된 경우의 수를 의미한다. 마지막으로 아미노산의 지정변이도를 상대변이도로 나누고, 이 값을 아미노산의 빈도로 표준화한 후, 대수변환(log)하여 얻은 최종 결과값(R_{ij})이 PAM-1 점수표를 구성한다. PAM 점수표는 모든 아미노산들의 치환확률이 대수 변환된 값으로 이루어져 있기 때문에 **대수확률표(log odds matrix)**라고 하기도 한다.

PAM 점수표를 구성하는 점수들은 고정된 단위(unit)의 진화적 변화(evolutionary change)상에서 아미노산의 치환확률을 표시하도록 표준화되어 있다. PAM-1을 예로 들어 설명하면, 이 단위는 아미노산 100개당 1개의 치환 또는 1개의 인정된 점 돌연변이(point accepted mutation)를 의미하며 1 **PAM** 단위**(1 PAM unit)**라 한다. 따라서 시점 t에서부터 아미노산 서열 M을 관찰하였을 때, 시간 n이 경과한 후에 전체 아미노산의 1%가 치환되었다고 가정하고 시점 ($t + n$)에서 관찰되는 새로운 아미노산 서열을 M'이라 하면, PAM-1 점수표를 구성하는 R_{ij} 값은 아미노산 서열 M의 아미노산 잔기 j가 아미노산 서열 M'에서 아미노산 잔기 i로 치환될 확률을 나타낸다. 그리고 PAM-1 점수표를 제곱하면, 다중 PAM 단위(multiple PAM unit)들에 대한 치환률의 근사치를 얻을 수 있다. 주어진 서열의 서열정렬에 가장 적합한 PAM 점수표는 서열의 길이와 서열들 사이에서 기대되는 유사도에 따라 달라진다. 매우 유사한 서열들에 대해서는 PAM-1이 사용될 수 있고 매우 상이한 서열들에 대해서는 PAM-1000이 사용될 수도 있지만, 가장 일반적으로 사용되는 것은 이 둘을 절충한 PAM-250이다.

널리 사용되는 또 다른 정렬점수표로는 BLOSUM 점수표가 있는데, PAM 점수표와 마찬 가지로 유사한 단백질들의 아미노산 서열로부터 아미노산 치환확률을 관찰하여 만들어진 것이다. BLOSUM 점수표는 유사한 단백질들에 대하여 서열공백을 허용하지 않는 서열정렬을 수행하고, 통계학에서 사용되는 군집분석법(clustering technique)을 적용한 후, 군집(cluster)간의 아미노산 치환 율을 계산하여 만들어진 것이다. BLOSUM 점수표를 작성하기 위해 사용되는 방법은 아미노산간의 치환율(observed substitution rate)이 매우 낮은 경우에 나타날 수 있는 통계학적 문제를 해결해 준다. PAM 점수표와 마찬가지로 유사도가 상이한 서열들을 비교하기 위해서 다양한 종류의 BLOSUM 점수표를 만들 수 있다. BLOSUM 점수표의 종류를 지정하는 숫자는 PAM 점수표의 종류를 지정하는 숫자와는 반비례 관계이다. 즉, 낮은 숫자로 지정된 PAM 점수표는 매우 유사한 서열들의 분석에 적합하고, 낮은 숫자로 지정된 BLOSUM 점수표는 유사도가 낮은 서열들의 분석에 적합하다. 예를 들어 BLOSUM-62 점수표는 서열간 유사도가 약 62%인 경우에 적합하고, BLOSUM-80 점수표는 서열간의 유사도가 약 80%인 경우에 적합하다.

Dynamic Programming: The Needleman and Wunsch Algorithm

정렬서열을 평가하는 점수체계가 결정되면, 2개의 서열로부터 작성할 수 있는 모든 정렬서열들을 만들고, 이들 중에서 가장 최적의 정렬서열을 찾는 연산법(algorithm)이 필요하다. 작성할 수 있는 모든 정렬서열들을 대상으로 정렬점수를 계산하는 것이 가장 확실한 방법이기는 하지만, 이는 계산상의 부하 때문에 기술적으로 불가능하다. 예를 들어 길이가 각각 100과 95인 염기서열로부터 작성할 수 있는 정렬서열의 수는 단지 5개의 서열공백만을 허용하더라도 약 5천 5백만개에 이르며, 서열의 길이가 증가할수록 가능한 정렬서열의 수도 급격히 증가하기 때문에 컴퓨터를 사용하더라도 정렬점수를 계산하기는 사실상 불가능하다. 이러한 문제점을 해결한 것이 역동연산법**(dynamic programming algorithm)**이다. 역동연산법은 주어진 큰 문제를 풀기 위하여, 이를 계산이 가능한 크기의 하위문제(subproblem)들로 나누어 풀어낸 후, 부분적인 결과들로부터 최종 결과를 도출하는 방법으로써, Needleman과 Wunsch에 의하여 서열정렬을 위한 방법으로 적용되었다.

역동연산법을 이해하기 위해서는 서열정렬이라는 큰 문제를 어떻게 하위문제들로 나누는지를 알아야 한다. 불일치감점과 공백감점을 동일하게 주고 CACGA와 CGA에 대한 정렬서열을 만든다고 가정해보자. 정렬서열의 제1서열위치는 다음과 같은 3가지 방법으로 서열 정렬할 수 있다: (1) 첫 번째 서열에 서열공백을 삽입 (물론 첫 번째 서열이 더 길기 때문에 가능성은 낮다), (2) 두 번째 서열에 서열공백을 삽입, (3) 서열공백 없이 두 서열을 정렬. 1번과 2번의 경우에서 제1서열위치에 대한 정렬점수는 공백감점과 같고, 최종 정렬점수는 나머지 서열들을 어떻게 정렬하느냐에 따라 달라진다. 3번의 경우에서는 제1서열위치에 대한 정렬점수가 일치가점과 같으며, 마찬가지로 최종 정렬점수는 나머지 서열들을 어떻게 정렬하느냐에 따라 달라진다. 이러한 방식으로 하위문제들이 만들어지며, 이를 그림 2.5에 예시하였다.

만약 서열 ACGA와 GA로부터 얻을 수 있는 최적정렬서열에 대한 정렬점수를 알고 있다면, 그림 2.5의 첫 번째 열에 표시한 정렬서열의 정렬점수를 계산할 수 있을 것이다. 마찬가지로, 두 번째와 세 번째 열에 표시한 염기서열들로부터 얻을 수 있는 최상의 정렬점수를 알고 있다면, 여기에 제1서열위치에서 계산된 점수들을 더함으로써 제1서열위치를 어떻게 정렬하는가에 따라 나누었던 3가지 정렬서열들에 대해 각각 최상의 정렬점수들을 계산할 수 있을 것이다. 최종적으로 이들 중에서 어느 정렬서열이 가장 높은 정렬점수를 갖는가를 결정한다. 일단, 그림 2.5의 첫 번째 열을 선택하여 서열정렬을 계속한다고 하자. 이제 염기서열의 처음에는 모두 C가 배정되었기 때문에, 남아있는 ACGA와 GA에 대한 서열정렬을 행하여야 한다. 이를 위해서는 남아있는 서열의 제1서열위치를 정렬하고, 다시 남게 되는 서열들로부터 작성할 수 있는 모든 정렬서열들 중에서 어느 정렬서열이 가

First Position	Score	Sequences Remaining to be Aligned
C C	+1	ACGA CGA
- C	−1	CACGA GA
C -	−1	ACGA CGA

FIGURE 2.5 *Three possibilities for aligning the first position in the sequences CACGA and CCGA. The match bonus is +1, the mismatch score is 0, and the gap penalty is –1.*

장 높은 정렬점수를 보이는가를 다시 결정하는 식의 과정을 반복하여야 한다. 하지만 역동연산법은 부분정렬점수(partial alignment score)가 계산된 표를 이용하여, 서열정렬이 진행되는 중에 남아있는 서열로부터 얻을 수 있는 최상의 정렬점수를 연속적으로 계산하지 않고도 최적정렬서열을 찾는다.

ACAGTAG와 ACTCG를 서열정렬하기 위해서 공백감점 −1과 일치가점 +1을 부여하여 계산된 부분정렬점수표를 그림 2.6에 예시하였다. 역동연산법에서 사용되는 부분정렬점수표는 정렬하고자 하는 2개의 서열이 가로와 세로축에 기입되어 있고, 좌측 상단에서 우측 하단으로 이어지는 경로(path)가 가능한 정렬서열 중의 하나이다. 즉, 대각선 방향의 경로는 두 서열을 구성하는 염기간의 정렬이 이루어졌음을 의미한다. 그리고 수평 경로는 세로축에 위치한 서열에 삽입되는 서열공백을 의미하고 수직 경로는 가로축에 위치한 서열에 삽입되는 서열공백을 의미한다. 부분정렬점수표에서 모든 행과 열이 시작되는 부분에는 그림 2.6에 예시한 것처럼 공백감점의 배수가 기입되어 있으며, 제2열과 제2행의 교차점(2, 2)에서부터 부분정렬점수를 기입한다. 이 위치는 서열정렬의 첫 번째 열에 해당하는 부분이다. 위에서 언급하였던 것처럼, 제1서열위치에는 첫 번째 서열에 서열공백을 삽입하는 방법, 두 번째 서열에 서열공백을 삽입하는 방법, 서열공백이 없이 염기들을 정렬하는 방법 중의 하나가 가능하다. 따라서 그림 2.6에 예시된 표의 첫 번째 좌표 (2, 2)에는 다음 중 하나의 값이 가능하다.

		A	C	T	C	G
	0	–1	–2	–3	–4	–5
A	–1	1				
C	–2					
A	–3					
G	–4					
T	–5					
A	–6					
G	–7					

FIGURE 2.6 *A partial scores table for aligning sequences ACTCG and ACAGTAG. The gap penalty is –1, the match score is +1, and the mismatch score is 0. The first entry to be filled in is position (2,2) (score shown in gray).*

1. 좌측(2,1)의 값에 공백감점을 더한 값. 이는 수직축에 위치한 서열에 서열공백을 삽입하는 것을 의미한다.
2. 상측(1,2)의 값에 공백감점을 더한 값. 이는 수평축에 위치한 서열에 서열공백을 삽입하는 것을 의미한다.
3. 두 축에 위치한 염기들을 정렬하였을 때의 일치가점 또는 불일치감점에 좌상측(1, 1)의 값을 더한 값. 이는 두 축에 위치한 염기들이 대응관계를 이루어 정렬되는 것을 의미한다.

		A	C	T	C	G
	0	–1	–2	–3	–4	–5
A	–1	1	0	–1	–2	–3
C	–2	0	2	1	0	–1
A	–3	–1	1	2	1	0
G	–4	–2	0	1	2	2
T	–5	–3	–1	1	1	2
A	–6	–4	–2	0	1	1
G	–7	–5	–3	–1	0	2

FIGURE 2.7 *The completion of the partial scores table from Figure 2.6.*

위 3가지 값 중에서 최대 값을 부분정렬점수표의 모든 좌표에 기입한다. 예를 들어 좌표 (2, 2)에 대해서는 각각 −2,

−2, +1을 얻을 수 있는데, 이 중에서 최대 값인 +1이 좌표 (2, 2)에 기입되는 값이다. 같은 방법으로 표의 제2열의 좌표를 모두 기입하고, 다시 제3열의 좌표를 모두 기입하는 식으로 부분정렬점수표를 완성한다. 다시 좌표 (2, 3)에 해당하는 예를 들어 보자. 이 좌표의 빈칸을 채우기 위해서 다음 세 가지 경우에 해당하는 값을 계산하면, 최대값인 0이 좌표 (2, 3)의 빈칸을 채우게 된다.

1. 좌측의 값(+1)에 공백감점(-1)을 더한 값 = 0
2. 상측의 값(−2)에 공백감점을 더한 값 = −3
3. 좌상측의 값(−1)에 불일치감점(0)을 더한 값 = −1

부분정렬점수표를 완성하면, 우측 하단에 나타난 점수(2)가 두 서열로부터 얻을 수 있는, 서열공백이 허용된 최적정렬서열에 대한 정렬점수가 된다. 가능한 모든 정렬서열들에 대한 정렬점수를 일일이 계산하지 않고서도 최적정렬서열의 정렬점수를 얻을 수 있다는 점을 주목해야 한다. 또한 부분정렬점수표만으로 두 서열로부터 얻을 수 있는 최적정렬서열을 작성할 수도 있다.

부분정렬점수표의 우측 하단에서 좌측 상단으로 이어지는 경로로부터 최적정렬서열을 작성할 수 있는데, 이 경로를 찾기 위해서는 좌표 별로 기입된 부분정렬점수가 얻어진 좌표들을 연결하는 선들을 찾으면 된다. 예를 들어 그림 2.7의 우측 하단을 보자. 좌표 (8, 6)의 점수는 2이며, 2라는 점수는 대각선 방향의 좌측 상단 좌표 (7, 5)의 점수(1)에 일치가점(+1)을 더함으로써 얻어진 숫자이다. 나머지 두 경우(좌측 또는 상측 좌표의 점수에 공백감점을 더한 점수)의 점수는 2보다 작기 때문에, 좌표 (8, 6)에서 좌표 (7, 5)를 향해 화살표를 긋는다. 이와 같은 과정을 그림 2.8처럼 모든 좌표에 대하여 화살표가 좌표 (1, 1)에서 멈출 때까지 진행하고 나면, 좌표 (1, 1)로부터 이어지는 모든 경로들이 두 서열로부터 얻어질 수 있는 모든 최적정렬서열들을 나타내게 된다.

		A	C	T	C	G
	0	–1	–2	–3	–4	–5
A	–1	1	0	–1	–2	–3
C	–2	0	2	1	0	–1
A	–3	–1	1	2	1	0
G	–4	–2	0	1	2	2
T	–5	–3	–1	1	1	2
A	–6	–4	–2	0	1	1
G	–7	–5	–3	–1	0	2

FIGURE 2.8 *Arrows indicating all allowed paths from the lower right corner of the partial scores table to the upper left corner. Each path represents one of several equally optimal alignments.*

경로를 정렬서열로 전환하는 방법은 간단하다. 점도표에서처럼 대각선 방향의 경로를 지시하는 좌표에 해당하는 서열구성요소는 대응관계를 이루도록 정렬하고, 수직과 수평 방향으로 이동하는 경로에 해당하는 부분에서는 각각 상단과 좌측에 위치한 서열에 서열공백을 삽입하면 된다. 그림 2.8의 예로부터 작성되는 정렬서열은 다음과 같다. 모든 이동 경로(화살표)는 ↖↖↑↑↖ ↖↖과 같은 식으로 우측하단 부분에서 좌측상단 부분을 향하고 있다. 첫 번째 화살표가 대각선 방향이므로 두 개의 염기는 다음과 같이 정렬된다.

```
G
G
```

이어지는 두 개의 화살표 역시 대각선 방향이므로 다음 두 위치 또한 다음과 같이 정렬된다.

```
TCG
TAG
```

이어지는 화살표는 수직방향이므로 상단에 있는 서열에 서열공백이 삽입된다.

```
-TCG
GTAG
```

이러한 방법으로 우측에서 좌측으로 서열정렬을 계속하게 되면, 다음과 같은 정렬점수가 2점인 최적정렬서열이 완성된다. 만약 다른 가능한 경로가 있다면 이 역시 정렬점수가 2점인 동등한 수준의 최적정렬서열일 것이다.

```
AC--TCG
ACAGTAG
```

Global and Local Alignments

Semiglobal Alignments

앞서 설명하였던 기본적인 서열정렬법은 전역정렬**(global alignment)**을 위한 것이다. 전역정렬이란 서열공백이 서열의 중간 부분에 있거나 서열의 양 말단에 위치함에 상관없이 동일한 공백감점을 부여하여 두 개의 서열 전체를 정렬하는 방법이다. 하지만 전역정렬이 항상 서열정렬을 위한 최선의 방법은 아니다. 예를 들어 AGCT와 같은 짧은 서열과 AAACACGTGTCT와 같은 긴 서열을 서열정렬한다고 가정해보자. 여러 개의 가능한 정렬서열이 있을 수 있겠지만, 이 중 가장 관심을 끄는 것은 다음과 같은 서열정렬일 것이다.

```
AACACGTGTCT
---ACGT----
```

짧은 서열 전체가 긴 서열의 일부분과 완벽하게 정렬된 상태이다. 위의 예처럼 어떤 짧은 서열과 유전체서열(genome sequence)과 같은 긴 서열간의 최적정렬서열을 찾고자 할 때는, 짧은 서열의 양 말단에 위치한 서열공백에 대해 부여되는 공백감점이 바람직하지 않을 수도 있다. 말단공백**(terminal gap)**은 일반적으로 서열분석이 불완전할 때 생길 수 있으며 생물학적 의미를 가지고 있지 않다. 따라서 말단공백은 내부공백(internal gap)과는 다르게 취급해야 할 것이다. 이러한 목적으로 사용되는 방법 중의 하나가 반전역정렬**(semi-global alignment)**법이며, 역동연산법(dynamic programming algorithm)의 일부분을 변형하여 수행할 수 있다.

역동연산법에서 사용되는 부분정렬점수표에서 수직방향의 이동은 상단에 위치한 서열에 삽입되는 서열공백을 의미하기 때문에, 그림 2.6에 예시된 서열에서 수직 방향으로 바닥을 향하여 경로를 이동한 후, 다시 우측 끝 부분으로 경로를 이동시켜서 얻을 수 있는 정렬서열은 다음과 같다.

```
-------ACTCG
ACAGTAG-----
```

기본적인 역동연산법에서는 부분정렬점수표의 제1열을 공백감점의 배수가 되도록 지정하였기 때문에, 위와 같이 부분정렬점수표의 좌측 상단에서 수직방향 아래로 연결되는 경로(첫째 서열의 시작점부터 서열공백을 삽입하는 것)에 의해서 작성될 수 있는 정렬서열들은 높은 정렬점수를 받기가 힘들다. 따라서 위와 같이 한 서열의 시작 부위에 많은 서열공백이 연달아 존재하는 정렬서열은 최적정렬서열이 되기 어려울 것이다. 하지만 첫째 서열의 시작 부위에 삽입되는 서열공백에는 공백감점을 주지 않음으로써, 우리가 첫째 서열의 시작 부위에 서열공백의 삽입이 가능하도록 역동연산법을 변형하려 한다고 가정하자. 이는 간단하게 부분정렬점수표의 제1열을 모두 0으로 바꾸기만 하면 될 것이다. 이렇게 변형된 부분정렬점수표는 제1열에서의 수직 경로가 공백감점을 유발하지 않게 된다. 동일한 방법으로 부분정렬점수표의 제1행을 모두 0으로 바꾼다면, 둘째 서열의 시작점에도 공백감점이 없이 서열공백들을 삽입할 수 있을 것이다.

위와 같이 어떤 서열의 양 말단에 공백감점이 없이 서열공백들을 허용하고자 한다면, 부분정렬점수표의 해석에만 약간의 수정을 가하면 된다. 다음과 같은 정렬서열을 예로 들어보자.

```
ACACTGATCG
ACACTG----
```

위와 같은 정렬서열로부터 그림 2.9에 예시한 것처럼 부분정렬점수표의 경로를 역으로 작성하고 표의 하단부를 주목해 보자. 부분정렬점수표의 우측 하단부 모서리에 도달하기 위해서 네 번의 수평 이동이 있다. 기존의 부분정렬점수표에서는 이러한 수평 이동은 모두 공백감점을 유발하는 것이었다. 하지만 부분정렬점수표의 마지막 열에 있을 수 있는 수평 이동에 대하여 공백감점을 부여하지 않는다면, 그림 2.9와 같은 결과를 얻을 수 있을 것이다.

		A	C	A	C	T	G	A	T	C	G
	0	0	0	0	0	0	0	0	0	0	0
A	0	1	0	1	0	0	0	1	0	0	0
C	0	0	2	1	2	1	0	0	1	1	0
A	0	1	1	3	2	2	1	1	0	1	1
C	0	0	2	2	4	3	2	1	1	1	1
T	0	0	1	2	3	5	4	3	2	1	1
G	0	0	0	1	2	3	6	6	6	6	6

FIGURE 2.9 *The leftmost column and top row of this partial alignment scores table have been initialized to the value zero. Additionally, horizontal moves in the bottom row and vertical moves in the right-most column are penalty free. This allow gaps at the start or end of either sequence to remain unpenalized.*

마찬가지로 첫째 서열의 말단 부위에 서열공백을 허용하고자 한다면 부분정렬점수표의 마지막 행에서 수직 이동을 허용하고 공백감점을 부여하지 않으면 된다. 즉, 반전역정렬법은 Needleman-Wunsch 연산법에서 사용되는 부분정렬점수표의 제1행과 제1열을 모두 0으로 기입하고, 마지막 행과 열에서 수평 이동과 수직 이동을 공백감점 없이 허용한 것이라고 할 수 있다.

The Smith-Waterman Algorithm

때로는 반전역정렬법보다 더 유연한 방법이 요구되는 경우도 있다. 예를 들어 우리가 어떤 긴 DNA 서열을 효모의 유전체 염기서열과 비교한다고 가정하자. 그리고 우리가 가지고 있는 DNA 서열의 일부분(하위서열, subsequence)만이 효모의 유전체 서열 중의 일부분과 유사하다고 한다면, 반전역정렬법으로는 두 서열간의 유사한 부분을 찾을 수가 없을 것이다. 물론 공통적으로 유사한 부분들이 있기는 하지만, 유사하지 않은 나머지 부분들에서 유발된 많은 불일치감점과 공백감점들 때문에 정렬점수가 자체가 무의미하게 되어버리기 때문이다. 위와 같은 문제점을 해결한 것이 국부정렬(local alignment)법이다. 국부정렬법은 2개의 서열 사이에서 가장 유사도가 높은 하위서열만을 찾는 방법이다. AACCTATAGCT와 GCGATATA를 예로 들면, 공백감점은 −1, 일치가점은 +1, 불일치감점은 −1을 부여하고 반전역정렬법으로 서열정렬을 하여 얻어지는 정렬서열은 다음과 같다.

```
AAC-CTATAGCT
-GCGATATA---
```

처음 다섯 개의 정렬위치 중에서 네 개의 위치에 염기불일치와 서열공백이 있으며 마지막 세 개의 정렬위치도 모두 서열공백뿐이기에, 위와 같은 정렬서열은 바람직한 것이라고 볼 수 없다. 하지만 위와 같은 정렬서열에서도 두 서열들의 하위서열 중의 하나인 TATA가 중간 부분에 일치영역으로 나타났다는 점에 주목할 필요가 있다. 만약 일치영역의 앞부분과 뒷부분에 위치한 서열공백과 불일치 염기쌍들을 무시하도록 역동연산법을 약간 변형할 수 있다면, 위와 같은 일치영역을 찾는데 사용될 수 있을 것이다. 이러한 목적의 연산법이 1981년 Smith와 Waterman에 의해서 고안된 국부정렬법이다.

부분정렬점수표의 각 좌표에 해당하는 값이 0보다 낮게 계산되는 경우에 대해서 모두 0을 기입함으로써 전역정렬법을 국부정렬을 위해 사용할 수 있다. 위와 같은 방법으로 만들어진 부분정렬점수표에서 최대의 부분정렬점수를 갖는 좌표를 찾고 이 곳으로부터 부분정렬점수가 0이 되는 지점까지의 경로가 두 서열간에 최상의 일치도를 보이는 국부정렬서열(local alignment)이 된다. 그림 2.10에 위 서열을 예로 들어 작성한 부분정렬점수표를 예시하였다. 그림 2.10의 부분정렬점수표에서 최대의 부분정렬점수인 4점을 갖는 좌표로부터 0에 도달 할 때까지 경로를 그려서 얻어지는 국부정렬서열은 다음과 같다.

		A	A	C	C	T	A	T	A	G	C	T
	0	0	0	0	0	0	0	0	0	0	0	0
G	0	0	0	0	0	0	0	0	0	1	0	0
C	0	0	0	1	1	0	0	0	0	0	2	1
G	0	0	0	0	0	0	0	0	0	1	0	1
A	0	1	1	0	0	0	1	0	1	0	0	0
T	0	0	0	0	0	1	0	2	1	0	0	1
A	0	1	1	0	0	0	2	0	3	2	1	0
T	0	0	0	0	0	1	1	3	2	2	1	2
A	0	1	1	0	0	0	2	2	**4**	3	2	1

FIGURE 2.10 *By allowing the option of placing a zero in the partial scores table at any position where a positive value cannot be obtained, the dynamic programming method can be modified to search for local alignments. Here, the best local alignment between the sequences AACCTATAGCT and GCGATATA is represented by the maximal value (4) in the table.*

```
TATA
TATA
```

국부정렬법을 이용하면 전역정렬법이나 반전역정렬법으로는 찾아낼 수 없는 두 서열이 공통적으로 높은 유사도를 보이는 하위서열들을 찾아낼 수 있으며, 이는 염기서열의 길이가 수천 또는 수백만이 되더라도 가능하다.

Database Searches

서열정렬법이 2개의 서열을 비교 분석하는 매우 유용한 도구임은 틀림없지만, 서열정렬법은 서열 데이터베이스에서 특정한 서열과 가장 유사한 서열을 검색하기 위한 목적으로 훨씬 더 많이 사용된다. 만약 우리가 지금까지 유전자로 알려진 적이 없는 인간 유전체의 어떤 부분을 찾았을 때, 처음으로 하는 일은 아마 우리의 추정 유전자(putative gene)를 미국 국립생물정보센터(National Center for Biological Information, NCBI)가 운영하는 유전자은행(Genbank)의 데이터베이스에 수록된 수백만 개의 다른 염기서열들과 비교, 검색하는 작업일 것이다. 데이터베이스 검색결과는 우리의 서열과 서열정렬된(따라서 유사한) 다른 서열들을 보여주며, 이로부터 새로운 유전자의 기능과 함께 이 유전자의 조절과 발현에 관한 단서도 찾을 수 있을 것이다.

하지만 데이터베이스 검색을 수행하고자 할 때, 검색 대상이 되는 데이터베이스 서열의 양이 너무 방대-GenBank는 현재 1,300만개 이상의 서열들이 수록하고 있다-하기 때문에, 하나의 조회서열(query sequence)을 데이터베이스에 수록된 모든 서열들과 개별적으로 서열정렬하고, 얻어진 정렬서열들 중에서 가장 높은 정렬점수를 보이는 데이터베이스 서열이 어느 것인지를 찾는 직접적인 방법을 적용하기는 불가능하다. 대신 데이터베이스 검색에서는 검색과정의 속도를 증가시키기 위한 색인법(indexing)이나 발견적 방법(heuristics)이 사용된다. 물론 일반적으로 사용되는 대부분의 데이터베이스 검색방법들은 데이터베이스 서열 중에서 최고의 유사도를 보이는 서열을 찾는 것을 보장하지는 않고, 조회서열과 서열정렬이 가능한 데이터베이스 서열들을 높은 확률로 알려 줄 뿐이다. 그럼에도 불구하고 데이터베이스 검색도구는 엄청난 양의 자료 중에서 조회하고자 하는 서열과 유사한 서열들만을 찾아준다는 효율성 때문에 분자생물학 연구에 사용되는 필수적인 도구 중의 하나이다.

BLAST and Its Relatives

염기서열 데이터베이스를 검색하는 도구 중에서 가장 잘 알려져 있고 많이 사용되는 것은 1990년대 초반 Altschul에 의해서 소개되었던 BLAST 연산법이다. 원래의 BLAST 연산법은 데이터베이스 서열 중에서 서열공백이 허용되지 않은 국부정렬서열(ungapped local alignment)을 찾기 위한 것이었다. 다른 말로 하자면, 조회서열의 하위서열들과 유사도를 보이는 데이터베이스 서열들의 하위서열들을 찾는다는 것이다. 몇 개의 변형된 BLAST 연산법들이 단백질 서열이나 DNA 서열 데이터베이스 검색을 위해 사용되는데, 2장에서는 BLAST 검색의 기본 원리를 이해할 수 있도록 PAM 점수표나 BLOSUM 점수표를 이용하여 단백질 서열을 검색하는 BLASTP 연산법을 예로 들어 설명한다.

방대한 양의 서열 자료가 수록된 데이터베이스 검색을 효율적으로 하기 위해서, BLASTP는 먼저 조회서열을 서열단어(word)라고 부르는 일정한 길이(기본값은 4로 설정되어있다)의 하위서열들로 나눈다. 조회서열의 모든 서열단어들은 서열단어와 같은 길이를 갖는 창(window)을 조회서열상에서 이동하면서 얻을 수 있다. 예를 들어 AILVPTV라는 단백질 조회서열로부터 얻어지는 서열단어들은 AILV(첫 글자에서 시작하는 네 글자 길이의 단어), ILVP(둘째 글자에서 시작되는 단어), LVPT(셋째 글자에서 시작되는 단어), VPTV(넷째 글자에서 시작되는 단어)이다. 조회서열의 모든 서열단어들이 만들어지고 나면, 검색하고자 하는 서열단어들이 데이터베이스 서열들 중에 존재하는지를 검색한다. 데이터베이스 서열 중에서 서

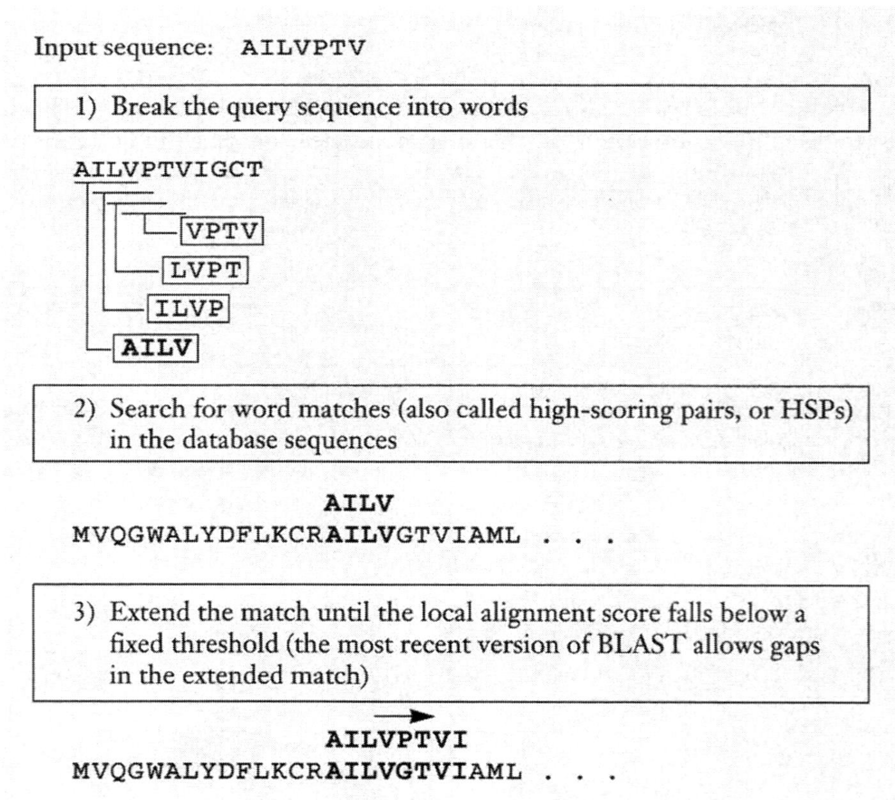

F I G U R E 2.11 *Overview of the BLASTP search process.*

열단어와 일치하는 부분이 발견되면, 일치된 부분으로부터 정렬점수가 주어진 역치값(threshold) 이하로 감소되는 서열위치까지 양쪽 말단 방향으로 정렬서열을 연장한다. 서열공백을 허용하지 않는 서열정렬법을 사용하기 때문에 일치된 부분으로부터 서열정렬을 연장하는 것은 서열단어와 일치된 부분에 아미노산 잔기들을 더해가면서 점수표에 따라 정렬점수를 연속적으로 누적하여 계산하는 과정이다. 서열정렬의 연장을 종료시키는 서열위치를 찾을 때 사용되는 역치 값은 검색된 서열이 조회서열과 얼마나 생물학적으로 의미가 있는 상응서열이 될지를 결정한다는 점에서 매우 중요하다. 그림 2.11에 위와 같은 BLASTP 검색 과정을 도식화하여 예시하였다.

현재 많은 종류의 서열정렬법들과 데이터베이스 검색방법들이 다양한 유형의 서열들에 대한 서열검색을 위해 개발되었다. 앞서 언급한 BLASTP는 단백질 서열의 검색을 위한 것이며, 염기서열이나 염기서열로부터 번역한 단백질서열의 데이터베이스 검색을 위한 BLASTN과 BLASTX처럼 다양한 형태로 변형된 BLAST가 존재한다. BLAST 2.0은 가장 최신의 BLAST이며 서열공백을 허용하는 서열정렬법을 사용한다. PSI-BLAST 역시 단백질 모델링(modeling)과 구조예측 분야에서 유용하게 사용되는 위치특이적 정렬점수표(position-specific scoring matrix)의 형태로 서열검색 결과를 보여주는 BLAST 계열의 검색방법이다.

FASTA and Related Algorithm

FASTA 연산법 역시 서열정렬과 데이터베이스 검색을 위해 널리 사용되는 방법 중의 하나이다. FASTA 또는 FASTA에서 파생된 연산법들은 서열공백을 허용하는 국부정렬법(gapped local alignment)을 이용한다. FASTX 검색법은 조회서열과 데이터베이스 서열들을 비교할 때 몇 가지 세부적인 비교과정들을 추가로 포함하기 때문에 BLAST 검색에 비해 많은 시간이 소요된다. 하지만 조회서열에 반복되는 서열이 존재하는 경우, BLAST보다 FASTX 연산법을 사용하는 것이 더 적절한 것으로 알려져 있다.

BLAST 검색에서처럼 FASTA 검색도 검색하고자 하는 서열을 서열단어로 나누는 것에서부터 시작한다. 유전체 염기서열을 대상으로 할 경우에는 4~6개의 핵산염기가 서열단어의 길이가 되며, 단백질 서열을 대상으로 할 경우에는 1~2개의 아미노산 잔기가 서열단어의 길이로 사용한다. 다음 단계에서는 조회서열에서 서열단어들의 위치를 표시하는 표가 만들어진다. FAMLGFIKYLPGCM과 같은 아미노산 서열의 예를 들어 보자. 서열단어의 길이로 1을 사용하면 다음과 같은 표가 만들어진다.

word	A	C	D	E	F	G	H	I	K	L	M	N	P	Q	R	S	T	V	W	Y
pos.	2	13			1	5		7	8	4	3		11							9
					6	12				10	14									

조회서열의 처음과 여섯째 위치에 페닐알라닌(phenylalanine)이 있기 때문에 페닐알라닌을 지시하는 기호 F의 아래 열에는 1과 6이 기입되어있다.

이제 검색 대상이 되는 표적서열(target sequence)들의 아미노산 위치와 검색하고자 하는 조회서열의 아미노산 위치를 비교하는 표를 만든다. TGFIKYLPGACT를 표적서열이라고 한다면 다음과 같은 표가 만들어 진다.

1	2	3	4	5	6	7	8	9	10	11	12
T	G	F	I	K	Y	L	P	G	A	C	T
	3	−2	3	3	3	−3	3	−4	−8	2	
	10	3				3		3			

이 표의 2번째 열에는 글라이신(G, glycin) 잔기가 표시되어 있고, 조회서열에서 만들어진 표를 보면 글라이신은 조회서열의 5번째와 12번째 위치에 있음을 쉽게 알 수 있다. 조회서열의 글라이신 위치(5, 12)와 표적서열의 첫 번째 글라이신 위치(2)와의 차이(거리)는 각각 3과 10이므로, 이 2개의 숫자가 표의 두 번째 열에 기입된다. 마찬가지로 표적서열의 2번째 글라이신의 위치는 9이므로 5와 10에서 9를 뺀 숫자인 −4와 3이 표의 9번째 열에 기입된다. 조회서열에 트레오닌(T, threonine)은 없기 때문에 트레오닌에 해당하는 첫 번째 열은 공란으로 남겨둔다.

두 번째 표에서 3이 기입된 경우가 많다는 것을 알 수 있는데, 이는 표적서열에 +3칸의 여백(offset)을 주고 조회서열과 함께 나열하면 두 서열간의 정렬서열을 얻을 수 있다는 것을 암시한다. 위와 같은 방법으로 얻어지는 정렬서열은 다음과 같다.

```
FAMLGFIKYLPGCM
   ||||||||
  TGFIKYLPGACT
```

위와 같은 여백표(offset table)를 사용하여 두 서열 사이의 일치되는 부분을 신속히 파악한 후, 이 부분의 서열구간에 대해서 Smith-Waterman 연산법을 이용하여 서열정렬을 수행한다. FASTA는 서열이 유사한 부분에 대해서만 서열정렬을 실시하므로 역동연산법으로 조회서열과 모든 표적서열에 대한 서열정렬을 수행하는 것에 비해서 훨씬 신속한 방법이라고 할 수 있다.

Alignment Scores and Statistical Significance of Database Searches

데이터베이스 검색을 수행하여 얻어진 검색 결과에서 단순히 검색된 서열들을 보는 것만으로 이 서열들이 조회서열과 관련이 있다고 단정 지을 수는 없다. 검색된 서열들이 조회서열과 얼마나 유사한지를 판단하는 기본적인 지표로 정렬점수를 사용할 수는 있으나, 정렬점수는 데이터베이스 검색에 사용된 연산법의 종류에 따라 달라지기 때문에 두 서열간의 연관성을 나타내는 지표로 사용하기에는 충분치 않다. 데이터베이스 검색으로 찾아진 서열과 조회서열간의 정렬점수를 S라 하면, 만약 조회서열과 관련이 없는 서열들이나 무작위로 작성된 서열들을 데이터베이스 서열로 사용하여 동일한 검색과정을 수행했을 때, 정렬점수 S를 갖는 검색결과(검색된 서열)가 우연히 얻어질 확률은 무엇인가? 라는 질문을 할 수 있을 것이다. 데이터베이스 검색엔진들은 이러한 질문에 답할 수 있도록 검색결과와 함께 P 또는 E 점수를 보여준다. P 점수와 E 점수는 각각 약간 다른 질문들에 대한 답이기는 하지만, 두 점수는 매우 밀접하게 관련되어 있고 때로는 매우 유사한 값을 갖기도 한다. 데이터베이스 검색으로 찾아진 서열과 조회서열간의 정렬점수를 S라고 할 때, E 점수는 데이터베이스 검색에서 몇 개의 서열이 우연히 또는 무작위적인 확률로(by random chance) *S* 이상의 정렬점수를 갖는 것으로 발견되는가를 나타내는 기대치(expected number)이다. 이와 비슷하기는 하지만 P 점수는 정렬점수가 *S* 이상인 서열 1개 이상이 무작위로 발견될 확률을 나타낸다. E와 P 값이 낮을수록 검색결과가 무작위적 확률에 의한 것이 아니며, 검색된 서열이 조회서열과 진화적 연관성을 가질 수 있다는 것을 의미한다. E 값이 10^{-3}을 넘지 않으면 통계학적으로 유의미한 결과로 간주하기는 하나, 조회서열과 매우 높은 우도(likelihood)의 진화적 연관성을 나타내는 10^{-50} 이하의 E 값을 갖는 서열들이 검색되는 경우도 드물지는 않다.

Multiple Sequence Alignments

지금까지 설명하였던 서열정렬 연산법은 모두 두 개의 서열을 정렬하기 위한 목적으로 고안된 쌍별정렬법(pairwise alignment)이지만, 여러 개의 서열들을 동시에 정렬할 경우도 있다. 예를 들어 치환빈도(substitution frequency)를 계산하기 위한 목적으로 여러 개의 서열을 동시에 관찰하고자 할 때는, 가능한 모든 쌍의 서열들을 개별적으로 정렬하고 분석하는 쌍별정렬법보다는 여러 개의 서열들을 동시에 정렬할 수 있고 가능한 많은 서열의 동일한 위치에 서열공백을 부여하도록 고안된 다중서열정렬법(multiple sequence alignment)을 사용하는 것이 효과적일 것이다. 또한 다중서열정렬법은 앞에서 설명한 PAM이나 BLOSUM과 같은 정렬점수표를 만들기 위해서도 필수적이다.

여러 개의 서열을 동시에 정렬하기 위한 가장 단순하면서 직접적인 방법은 이전에 설명하였던 역동연산법을 부분적으로 확장시켜 적용하는 것이다. 예를 들어 n개의 서열들을 정렬한다고 하면, Needleman-Wunsch 연산법에서 2차원 행렬 대신에 n차원의 행렬이 필요하다는 점 외에는 동일한 방법을 적용할 수 있다. 하지만 정렬하고자 하는 서열의 수가 늘어날수록 계산과정이 급격하게 복잡해지는데, 수퍼컴퓨터나 워크스테이션 네트워크를 사용하더라도 20개 이상의 서열들을 정렬하기는 불가능하다. 이 때문에 자체발견적 방법(heuristics)을 사용하는 서열정렬법이 개발되었다. 다중서열정렬을 위해 많이 사용되는 CLUSTAL 연산법도 이에 속한다. 자체발견적 방법(heuristics)을 사용하는 다중서열정렬법은 최적정렬서열을 찾는 것을 보장하지는 않지만, 역동연산법을 적용하여 다중정렬할 수 있는 서열의 수보다 많은 수의 서열들로부터 최적에 가까운 정렬서열(near-optimal alignment)을 찾아 낼 수 있다.

Higgins와 Sharp에 의해서 1988년에 발표된 CLUSTAL 연산법은 매우 유사한 서열들을 먼저 정렬하고 여기에 나머지 서열들을 유사도 순으로 추가해 가면서 정렬하는 과정을 통해 다중정렬서열을 얻는 방법이다. 이 연산법은 정렬하고자 하는 서열들간의 유사도를 결정하기 위해서 계통수(phylognetic tree)를 작성하는 것에서부터 시작하는데, 작성된 계통수를 길잡이(guide)처럼 사용하여 역동연산법으로 한번에 두 개씩 유사한 서열들을 정렬해 간다.

앞에서 PAM-1과 BLOSUM-90과 같은 정렬점수표는 유사도가 매우 높은 서열간의 정렬에, 그리고 PAM-1000과 BLOSUM-35과 같은 정렬점수표는 유사도가 매우 낮은 서열간의 정렬에만 적합한 것처럼 정렬하고자 하는 서열의 유사도에 따라 적절한 정렬점수표를 사용하여야 한다고 언급한 바 있는데, 다중서열정렬법에서도 하나의 정렬점수표만을 선택하여 사용하면 심각한 문제를 야기할 수 있다. CLUSTAL 연산법의 가장 최신판인 CLUSTALX에서는 가장 유사한 서열 쌍으로부터 어느 정도 분기(divergent)되었는지에 따라 모든 서열들에 가중치를 부여하고, 서열들을 정렬할 때마다 서열에 부여된 가중치에 따라 적절한 공백시작감점, 공백연장감점 그리고 정렬점수표가 선택되도록 한다.

한 가지 추가적으로 고려해야 할 부분은 다중정렬서열의 정렬점수 계산법을 변형하여 연속해서 정렬되는 두 서열의 동일한 위치에 서열공백이 오도록 하는 것이다. 이를 위해서는 서열공백들끼리 정렬된 위치에 공백감점 대신 정렬점수 0을 부여하는 방법이 일반적으로 사용된다.

다중서열정렬의 목표가 많은 서열들에서 구조적으로 유사한 또는 기능적으로 중요한 부분들을 정렬하려는 것이지만, 한 쌍의 서열을 정렬하는 방법과 마찬가지로 다중서열정렬법도 두 서열간의 염기나 아미노산의 유사도만을 기반으로 하는 방법이라는 점을 숙지하여야 한다. 서열간의 유사도가 기능의 관련 정도를 나타내는 중요한 지표이기는 하나, 분자생물학자들은 어떤 단백질이나 유전자의 구조와 기능을 파악하기 위해서 서열간의 유사도 외에 많은 다른 정보를 사용한다. 따라서 다중정렬서열이 생물학적으로 의미 있는 결과가 되기 위해서는 이차구조를 형성하는 부분의 위치라든지 표면환상부위(surface loop region), 또는 효소활성부위와 같은 추가 정보들을 가지고 다중정렬서열에 대한 섬세한 조율을 하는 것이 필요할 것이다.

Chapter Summary

정렬서열은 두 서열이 공통조상으로부터 분기된 이 후에 겪어온 진화적 경로를 설명하는 가설을 나타낸 것이다. 물론 실제 진화경로를 완벽하게 추론할 수는 없지만, 서열정렬법을 통해 어느 정도 신뢰성을 갖는 정렬서열들을 찾아낼 수 있다. 정렬점수 계산법에 따라 서열정렬의 결과는 크게 달라지는데, PAM이나 BLOSUM과 같은 점수표가 적용된 정렬점수 계산법을 사용하여 진화적 측면에서 가능성이 더 높은 정렬서열을 찾는 기법들을 사용할 수도 있다. 전역정렬법은 Needleman과 Wunsch에 의해서, 그리고 국부정렬법은 Smith와 Waterman에 의해서 알고리즘이 확립되었으며 BLAST와 FASTA와 같은 다양한 종류의 데이터베이스 검색 알고리즘의 초석이 되었다. 방대한 양의 데이터베이스 서열과 조회서열간의 신속한 비교분석을 위해서 데이터베이스 검색 알고리즘은 색인적 또는 자체발견적 방법을 사용한다.

Readings for Greater Depth

The PAM matrix was first described in M. Dayhoff, R. M. Schwartz, and B. C. Orcutt, 1978, A model of evolutionary change in proteins, in *Atlas of Protein Sequence and Structure*, Vol. 5, pp. 345–352, National Biomedical Research Foundation, Silver Spring, MD.

Another approach to scoring alignments, the BLOSUM matrix, was introduced in S. Henikoff and J. G. Henikoff, 1992, Amino acid substitution matrices from protein blocks, *Proc. Nat. Acad. Sci. U.S.A.* **89:** 10915–10919.

Needleman and Wunsch's plenary algorithm for global sequence alignment was detailed in S. B. Needleman and C. D. Wunsch, 1970, A general method applicable to the search for similarities in the amino acid sequences of two proteins, *J. Mol. Biol.* **48:** 443–453.

Smith and Waterman's ubiquitous algorithm for local alignments is succinctly described in F. F. Smith and M. S. Waterman, 1981, Identification of common molecular subsequences, *J. Mol. Biol.* **147:** 195–197.

The well-known BLAST engine for database searching is described in S. F. Altschul, W. Gish, W. Miller, E. W. Myers, and D. J. Lipman, 1990, A basic local alignment search tool, *J. Mol. Biol.* **215:** 403–410.

FAST, an alternative sequence search and alignment method, was first detailed in D. J. Lipman and W. R. Pearson, 1985, Rapid and sensitive protein similarity search, *Science* **227:** 1435–1441.

The CLUSTAL algorithm for multiple sequence alignment was first described in D. G. Higgins and P. M. Sharp, 1988, CLUSTAL: A package for performing multiple sequence alignment on a microcomputer, *Gene* **73:** 237–244. CLUSTALW, a commonly used variant of the original algorithm, is described in J. D. Thompson, D. G. Higgins, and T. J. Gibson, 1994, CLUSTALW: Improving the sensitivity of progressive multiple sequence alignment through sequence weighting, positions-specific gap penalties and weight matrix choice, *Nucl. Acids Res.* **22:** 4673–4680.

MUSCA, an alternative multiple sequence alignment method from IBM's bioinformatics group, is described in L. Parida, A. Floratos, and I. Rigoutsos, 1999, An approximation algorithm for alignment of multiple sequences using motif discovery. *J. Combinatorial Optimization* **3:** 247–275.

MultAlin, another multiple sequence alignment method, is described in F. Corpet, 1988, Multiple sequence alignment with hierarchical clustering, *Nucl. Acids Res.* **16:** 10881–10890.

Questions and Problems

* **2.1** What are some situations in which a molecular biologist might wish to perform a pairwise sequence alignment? A multiple sequence alignment? A sequence database search?

2.2 For the following two sequences, construct a simple dot plot using graph paper. Place each sequence along one axis, and place a dot in the plot for each identical pair of nucleotides:

```
GCTAGTCAGATCTGACGCTA
GATGGTCACATCTGCCGC
```

Does your dot plot reveal any regions of similarity?

* **2.3** For the two sequences in Question 2.2, construct a dot plot using a sliding window of size 4 and a similarity cutoff of three nucleotides. Does this plot reveal any regions of similarity between the two regions?

2.4 Determine the alignment score for each of the following sequence alignments:

a. Global alignment: match score = +1, mismatch score = 0, gap penalty = –1

```
TGTACGGCTATA
TC--CGCCT-TA
```

b. Global alignment: match score = +1, mismatch score = 0, gap penalty = –1

```
--TCTGTACGCGATCATGT
TAGC-GTCCGATAT-A---
```

c. Global alignment: match score = +1, mismatch score = –1, origination penalty = –2, length penalty = –1

```
AGATAGAAACTGATATATA
AGA-A-A-ACAGAG-T---
```

d. Global alignment: match score = +1, mismatch score = –1, origination penalty = –2, length penalty = –1

```
AGATAGAAACTGATATATA
AG---AAAACAGAGT----
```

e. Semiglobal alignment: match score = +1, mismatch score = –1, origination penalty = –2, length penalty = –1

```
AGATAGAAACTGATATATA
AG---AAAACAGAGT----
```

* **2.5** Using the Needleman and Wunsch dynamic programming method, construct the partial alignment score table for the following two sequences, using the following scoring parameters: match score = +1, mismatch score = 0, gap penalty = –1.

```
ACAGTCGAACG
ACCGTCCG
```

What is the optimal global alignment between these sequences?

2.6 Using the same scoring parameters as in Question 2.5, use the modified Needleman and Wunsch method to compute the optimal semiglobal alignment for the two sequences in Question 2.5.

* **2.7** Using the Smith-Waterman method, construct the partial alignment scoring table for a local alignment of the following two sequences:

```
ACGTATCGCGTATA
GATGCTCTCGGAAA
```

CHAPTER

3

Substitution Patterns

Nature, red in tooth and claw.

Alfred Tennyson(1809-1892)

여러 종류의 생명체들을 대상으로 유사한 기능을 부호화하고 있는 유전자들을 분석해보면 DNA 염기서열 수준에서 진화적 변화가 축적되어 있음을 알 수 있다. 따라서 진화적 변화의 결과로 DNA 염기서열 내에 축적된 치환(substitutions)의 양과 특성을 파악하는 것이 분자진화(molecular evolution) 연구의 핵심이라고 할 수 있다. 또한 생명체에게 유해한 변화는 자연선택(natural selection)에 의해서 제거되기 때문에 치환이 축적되어 있는 서열위치에 대한 분석을 통해서 기능적 중요성을 갖는 유전자의 염기서열을 찾을 수도 있다. 3장에서는 하나의 유전자 내에서 또는 서로 다른 유전자 사이에 그리고 서로 다른 종(species) 사이에 핵산염기의 치환속도가 다른 이유를 설명한다.

Patterns of Substitutions within Genes

한 생명체가 갖고 있는 거의 모든 유전자들은 이 생명체가 서식하는 전형적인 환경조건에 대해 거의 최적의 상태에 있으며, 이는 만약 망가지지 않았다면 고치지 말라와 같은 격언이 완벽하게 적용되는 경우라고 할 수 있다. DNA 서열상에서 일어나는 어떤 종류의 변화는 살아있는 세포들에게 엄청난 영향을 줄 수도 있기 때문에, 세포들은 DNA 복제(replication)와 복구(repair)의 정확성을 보장하는 매우 정교한 메커니즘을 갖고 있다. 그럼에도 불구하고 하나의 핵산염기가 다른 종류의 핵산염기로 바뀌거나 핵산염기가 삽입(insertion) 또는 결실(deletion)되는 진화적 사건인 돌연변이**(mutations)**가 발생하기도 하기에 후손에게 전달할 유전정보(genetic instructions)의 사본이 항상 완벽하지만은 않다. 분자진화(molecular evolution)를 연구하는 학자들은 위와 같은 유전정보 전달과정 중의 오류를 생명체에게 미치는 영향에 따라 1) 해로운**(deleterious)** 변화, 2) 이로운(advantageous) 변화, 그리고 생명체의 적응성(fitness)에 영향을 주지 않는 3) 중립적**(neutral)**인 변화로 구분한다. 어떤 종류의 변화가 더 빈번하게 발생하는지에 대한 문제는 아직 풀어야 할 과제로 남아있지만, 이로운 변화는 상당히 드물고 염기서열상의 일부 변화들이 다른 변화들보다 생명체에 더 큰 영향을 준다는 두 가지는 이미 잘 알려져 있다.

Mutation Rates

두 서열이 이들의 공통조상(common ancestor) 이래로 축적한 치환의 양(K)은 보통 두 서열간의 염기서열 차이를 합산하여 결정한다. 그리고 K를 하나의 서열위치(site)당 치환 횟수로 나타낸 후, 이를 분기시간(divergence time, T)과 함께 고려하면 치환속도(substitution rate, r)를 계산할 수 있다. 치환은 두 개의 서열에서 동시에 독립적으로 축적되기 때문에, 치환속도는 두 상동서열(homologous sequence)이 축적한 치환의 수를 다음 식에서처럼 $2T$로 나누어야 한다.

$$r = K/(2T)$$

치환속도를 측정하기 위해서는 적어도 두 종류의 생명체로부터 데이터를 얻어야 한다는 것을 유념하여야 한다. 위 식은 간단하지만 많은 정보를 제공해 준다. 진화속도(evolutionary rate)가 비슷한 생명체들에 대해서는 다른 물적 증거(physical evidence)가 없더라도 치환속도로부터 진화적 사건이 발생한 시점에 대한 단서를 찾을 수도 있다. 또한 아래에 설명한 바와 같이 부분별로 유전체의 역할을 규명하는데 유전자 사이의 치환속도를 비교하는 것이 이용되기도 한다.

Functional Constraint

생명체의 생존과 생식 능력을 감소시키는 변화는 자연선택이라는 과정을 통해서 유전자집단(gene pool)으로부터 제거된다. 세포의 중요한 기능 대부분은 단백질이 수행하기 때문에 단백질의 촉매적(catalytic) 또는 구조적 특성을 변화시키는 DNA 염기서열상의 변화가 자연선택(**natural selection**)의 대상이 될 것이다. 이와 같이 한 유전자 내에서 기능적 중요성을 갖는 부분들은 기능구속(**functional constraint**) 상태에 있다고 하며, 기능구속 상태에 있는 부분들에서는 진화적 변화가 매우 느리게 축적되는 경향이 있다. 하지만 유전자의 염기서열 상에 발생할 수 있는 대부분의 변화들은 아미노산 서열 또는 단백질의 발현수준(expression levels)에 어떠한 영향도 주지 않기 때문에 자연선택의 대상이 되지 않으며, 이러한 유형의 변화는 비교적 빨리 축적되는 편이다.

하나의 유전자 내에서도 변화를 축적하는 속도는 부분별로 매우 다양하고, 다른 정도의 기능구속 상태에 있다는 것이 수많은 연구를 통해서 확인된 바 있다. 한 예를 표 3.1에 제시하였는데, 이는 네 종류의 포유류가 약 1억 년 전의 공통조상 이후에 이들의 유사 베타글로빈 유전자(beta-like globin gene)에 축적한 변화들을 보여준다. 1장에서 전형적인 진핵세포 유전자는 단백질의 아미노산 서열을 부호화하는 부호서열(coding sequence)과 아미노산을 부호화 하지 않는 비부호서열(noncoding sequence)로 이루어져 있다는 것을 설명한 바 있다. 유사 베타글로빈 유전자의 비부호서열이 약 두 배나 높은 변화 속도를 보인다는 것은 이들이

TABLE 3.1 Average pairwise divergence among different regions of the human, mouse, rabbit, and cow beta-like globin genes.

Region	Legth of Region(bp) in Human	Average Pairwise Number of Changes	Standard Deviation	Substitution Rate (substitutions/site/10^9 years)
Noncoding, overall	913	67.9	14.1	3.33
Coding, overall	441	69.2	16.7	1.58
5′ Flanking sequence	300	96.0	19.6	3.39
5′ Untranslated sequence	50	9.0	3.0	1.86
Intron 1	131	41.8	8.1	3.48
3′ Untranslated sequence	132	33.0	11.5	3.00
3′ Flanking sequence	300	76.3	14.3	3.60

Note: No adjustment is made for the possibility that multiple changes may have occurred at some sites.

인접한 부호서열만큼의 기능구속 상태에 있지 않다는 것을 나타낸다(3.33 × 10^{-9} change/site/year vs. 1.58 × 10^{-9} change/site/year). 비부호서열들은 인트론(intron), 전사(transcribe)되기는 하지만 번역(translate)되지 않는 선두구역(leader regions)과 후미구역(trailer regions), 전사되지 않는 측면서열(5′, 3′ flanking sequence)들로 구분할 수 있으며(그림 3.1), 이들 역시 기능구속의 정도에 따라 다른 속도로 변화를 축적하는 경향이 있다. 표 3.1의 예에서 전사는 이루어지지만 번역되지 않는 5′ 부위(5′ UT)의 치환속도(1.86 × 10^{-9} substitution/site/yesr)는 비교적 느린데, 이는 5′ UT의 많은 핵산염기들이 베타글로빈 단백질의 적절한 번역에 필요한 기능적 중요성을 갖기 때문이다. 반면, 폴리아데닐레이션(polyadenylation) 신호의 하류(downstream) 부분에 위치한 핵산염기들의 기능적 중요성은 매우 낮기 때문에 치환이 축적되는 속도(3.60 × 10^{-9} substitution/ site/year)가 빠른 편이다. 표 3.1에 제시된 내용은 4종의 포유류 유전체에 있는 베타글로빈 유전자 부위에 해당하는 약 1.3 kb 정도의 염기서열로부터 추출된 제한된 결과이지만, 이외의 다른 유전자들도 다른 속도로 변화를 축적하며, 표 3.1에서 사용한 종외의 다른 생명체에서는 같은 베타글로빈 유전자라 할지라도 다른 정도의 기능구속 상태에 있을 것이다. 표 3.1은 인트론과 측면서열에서 치환이 축적되는 속도가 가장 빠르며, 그 다음이 전사되나 번역되지 않는 구역에서이고, 부호화 서열에서 치환이 가장 느리게 축적된다는 일반적인 경향을 보여주기 위함이다. 베타글로빈 유전자로부터 얻어진 데이터들은 핵산염기의 변화가 축적되었던 시간대에 대해서도 어느 정도의 추측을 가능하게 해준다. 수백만 년 동안 염기서열의 0.35%에 대하

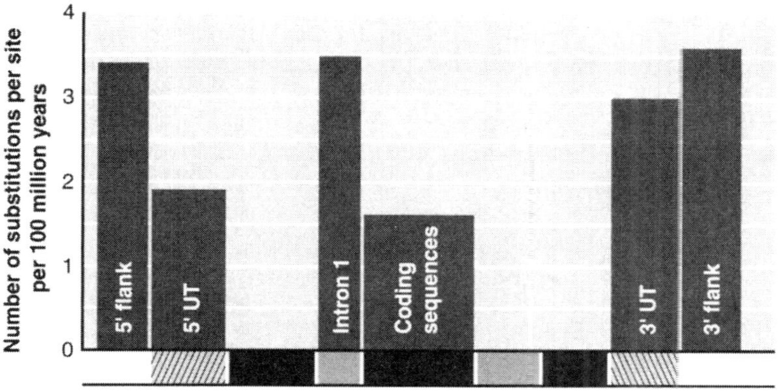

FIGURE 3.1 *Structure and relative rate of change within the beta-like globin gene in four mammals. Three hundred base pairs of the 5' and 3' flanking sequences are shown as open boxes; the 5' transcribed but untranslated (5' UT) sequence is represented as a forward slash-filled box; the 3' transcribed but untranslated (3' UT) sequence is shown as a backward slash-filled box; exons are shown as black boxes; and introns are shown as gray boxes. Relative rates of change are taken from Table 3.1.*

여 변화가 생겼다면 인간의 관점에서 볼 때 터무니없이 느리게 생각될지도 모르지만, 분자진화의 관점에서는 꽤 빠른 속도로 볼 수 있다.

Synonymous vs. Nonsynonymous Substitutions

1장에서 20종류의 아미노산 중 18종류는 1개 이상의 삼중부호(triplet codon)로 부호화(encode)되어있다고 설명하였다(Table 1.1). 예를 들어 글라이신(glycine)은 4개의 삼중부호(GGG, GGA, GGU, GGC)들로 부호화되어 있다. 따라서 GGG에서 GGC로의 변화처럼, 글라이신에 대한 삼중부호의 세 번째 위치에서는 어떠한 변화가 생기더라도 라이보좀(ribosome)이 글라이신을 삽입하도록 하는 코돈(codon)이 된다. 이와 같이 아미노산 서열을 변화시키지 않는 수준에서 발생하는 염기서열의 변화를 동의치환**(synonymous substitutions)**이라 한다. 반대로 글라이신 코돈의 두 번째 위치에서 일어나는 변화는 단백질의 아미노산 서열을 변화시키기 때문에 이의치환**(nonsynonymous substitutions)**이라고 한다. 예를 들어 GCG는 알라닌(alanine)을 부호화 한다.

TABLE 3.2 Divergence between different kinds of sites within the coding sequence of the human and rabbit beta-like globin genes.

Region	Number of Sites(bp)	Number of Changes	Substitution Rate (substitutions/site/10^9 years)
Nondegenerate	302	17	0.56
Twofold degenerate	60	10	1.67
Fourfold degenerate	85	20	2.35

Note: Sequences used are available from GenBank (accession numbers V00497 and V00879, respectively). No adjustment is made for the possibility that multiple changes may have occurred at some sites. A divergence time of 100 million years is assumed.

위에서 언급한 글라이신 코돈에서 일어나는 돌연변이의 예에서 볼 수 있듯이 삼중부호의 모든 서열위치에 대한 변화가 이의치환으로 이어지는 것은 아니다. 이러한 점에서 삼중부호 내의 서열위치를 다음 3개의 범주로 구분해 볼 수 있다. 비축퇴위치**(nondegenerate sites)**는 핵산염기의 돌연변이가 항상 아미노산 치환으로 이어지는 서열위치이다. 예를 들어 UUU는 페닐알라닌(phenylalanine), CUU는 류신(leucine), AUU는 아이소류신(isoleucine), GUU는 발린(valine)을 부호화 한다. 이중축퇴위치**(twofold degenerate sites)**는 두 개의 핵산염기가 한 종류의 아미노산으로 번역되고 나머지 두 개의 핵산염기가 또 다른 아미노산으로 번역되는 서열위치이다. 예를 들어 GAU와 GAC는 둘 다 아스파트산(aspartic acid)을 부호화하지만 GAA와 GAG는 글루타민산(glutamic acid)을 부호화한다. 사중축퇴위치**(fourfold degenerate sites)**는 하나의 핵산염기가 나머지 3개의 핵산염기 중 어느 것으로 변화되어도 라이보좀이 단백질 사슬에 삽입하는 아미노산에 영향을 주지 않는 서열 위치를 가리킨다. 예를 들면, 앞서 언급한 글라이신 코돈의 3번째 서열위치이다. 따라서 자연선택이 단백질의 기능을 변화시키는 돌연변이 수준에서 작용한다면, 사중축퇴위치에서의 핵산염기 변화가 가장 빠르게 축적될 것이며 비축퇴위치에서 가장 느리게 축적될 것이다. 표 3.2에 인간과 토끼의 베타글로빈 유전자의 부호화 서열에서 축적된 치환을 분석하여 얻어진 결과들을 제시하였는데, 사중축퇴위치에서의 치환속도는 3′ 측면서열과 기능구속 상태에 있지 않은 부분의 치환속도와 비슷하다.

Indels and Pseudogenes

여기까지는 전사가 이루어지는(transcriptionally active) 유전자에서 일어나는 변화를 중심으로 설명하였다. 이러한 유전자에 삽입이나 결실과 같은 변화가 일어나는 속도는 단순히 염기가 교체되는 염기치환의 속도와 확연한 차이가 있다. 왜냐하면 삽입이나 결실은 라이보좀이 사용하는 번역틀(reading frame)을 바꾸어버리기 때문이다. 특히 부호화 서열에서 틀이동(frameshift) 돌연변이를 유발하는 삽입이나 결실은 단순한 염기치환과 같은 오류보다 약 10배 정도 드물게 발생한다.

과거 어느 시점까지는 기능구속 상태에 있었지만, 이 후에는 전사가 이루어지지 않게 되어버린 유전자에 대한 염기치환 양상을 살펴보는 것도 흥미롭다. 6장에서 더 자세하게 다루겠지만, 새로운 기능을 가진 유전자들은 보통 기존에 존재했던 유전자들로부터 만들어진다. 한 유전자가 복제(duplicatione)되어 유전체 내에서 2벌 존재하면, 하나는 기존의 유전자가 가졌던 기능을 제공하고 그 사본(copy)은 기능구속 상태에서 벗어나 치환을 축적하기 시작한다. 사본 유전자는 다양한 변화를 겪고 그 변화의 결과로 새로운 기능을 획득하기도 한다. 사본 유전자가 새롭게 획득한 기능이 해당 생명체의 진화적 적응성에 영향을 줄 수 있는 정도의 중요성을 갖는다면, 사본 유전자는 새로운 유전자로써의 기능을 수행하게 된다. 하지만 사본 유전자의 대부분은 가유전자(**pseudongene**)가 되는데, 이것은 많은 돌연변이를 겪은 후에 원래의 기능을 수행하지 못하게 되어 전사가 이루어지지 않게 되는 경우이다. 포유류의 유전체는 가유전자로 가득 차 있고, 가유전자에서는 치환이 매우 빠른 속도로 축적된다. 가유전자에서의 치환속도는 같은 종의 3′ 측면서열에서 일어나는 치환속도보다 조금 더 빠르며, 평균적으로 1억년 동안 서열위치 1개당 4번 정도의 치환이 일어난다.

Substitutions vs. Mutations

자연 상태의 개체군을 분석하기 위한 목적으로는 해당 생명체의 적응성에 영향을 주지 않는 대립유전자(alleles)들만이 사용된다. 유전자의 염기서열에는 모든 종류의 변화가 가능하지만, 자연선택의 영향으로 모든 변화를 관찰하는 것은 불가능하기 때문이다. 이러한 데이터 수집상의 문제를 이해하기 위해서는 돌연변이와 치환의 미묘한 차이점을 알아야 한다. 돌연변이는 DNA 복제 또는 복구 과정에서의 오류로 인한 염기서열의 변화이다. 하지만 치환(**substitution**)은 적어도 몇 단계의 수준에서 자연선택이라는 여과를 거친 돌연변이만을 의미한다. 치환속도는 쉽게 측정할 수 있지만, 자연선택이 작용한 정도를 파악하는 것이 힘들기 때문에 돌연변이 속도를 신뢰적으로 측정하기는 매우 어렵다. 하지만 치환속도와 돌연변이 속도의 비교를 통해서 대상 염기서열이 어느 정도의 기능구속 상태에 있는지를 알 수 있기 때문에, 돌연변이 속도를 측정하는 것은 생명정보학의 중요한 분야 중의 하나이다. 일반적으로 동의치환 또는 가유전자의 치환속도(K_s)는 실제 돌연변이 속도를 반영하는 것으로 간주되는데(표 3.3), 그 이유는 이들이 자연선택의 대상이 아니기 때문이다. 그러나 이의치환은 자연선택의 대상이기 때문에 이의치환의 치환속도(K_a)는 돌연변이 속도를 반영하지 않는다고 본다.

Fixation

자연 상태의 개체군 내에는 상당한 양의 유전적 변이(genetic variation)가 존재한다. 예를 들어 인간 개체들은 평균적으로 200개의 염기쌍 중 1개의 염기쌍이 다른 정도의 차이를 보인다. 종(species)의 범위 내에서 유전적 변이가 있는 유전자들을 대립유전자**(alleles)**라고 한다. 대립유전자들이 보이는 변이의 정도 차이는 매우 크다. 3′ 측면서열의 염기서열 1개에 대해서만 치환이 발생한 비교적 무해한 수준의 변이부터 비정상적 종결코돈(stop codon)을 야기하여 정상적인 기능을 수행하지 못하는 단백질이 생산되는 매우 극적인 결과를 초래하는 변이까지 매우 다양한 수준의 변이가 있다. 이렇게 서로 다른 대립유전자들이 출현하는 상대빈도가 바로 진화의 정수(essence)라고 할 수 있다.

새로운 대립유전자는 개체군 내의 한 개체가 갖는 대립유전자의 돌연변이로부터 생겨난다. 물론 종의 경계를 넘어 종 사이에 유전자가 전이되는 경우는 제외해야 할 것이다. 따라서 한 유전자에 대한 새로운 변이가 생기는 빈도(q)는 다음과 같이 계산된다.

$$q = 1/2N$$

위의 식에서 N은 한 개체군 내에서 생식(reproductive) 가능한 이배체(diploid) 생명체들의 수를 의미한다. 이미 언급한 바와 같이, 생명체가 생존하고 번식하는 능력을 감소시키는 돌연변이는 자연선택 과정을 통해서 유전자 풀(pool)로부터 제거되는 경향이 있기 때문에, 새로운 돌연변이가 추가로 발생하여 다시 다른 대립유전자가 되지 않는 한, 이들의 빈도는 결국 0이 된다. 대부분의 유전자들은 해당 생명체가 서식하는 전형적인 환경조건에 대해 최적에 가까운 상태에 있기 때문에, 극히 소수의 돌연변이만이 생명체의 적응성을 증가시킬 수 있을 것이다. 하지만 이로운(advantageous) 대립유전자가 생겨난 경우에는 이들의 빈도가 점진적으로 1을 향해 증가할 것이다.

상대적으로 낮은 치환속도를 갖고, 적응성을 변화시키는 변이의 빈도는 0이 아니면 1로 비교적 빨리 바뀌게 된다는 것을 알 수 있을 것이다. 그렇다면, 자연 상태의 개체군 내에서 유지되고 있는 높은 수준의 변이들은 어떻게 설명할 수 있는

TABLE 3.3 Ratios of synonymous differences per synonymous site (K_s) and nonsynonymous differences per nonsynonymous site (K_a) for a variety of mammalian genes.

Gene	Codons	Human/mouse		Human/cow		Human/rabbit		Mouse/cow		Mouse/rabit		Cow/rabit		Averages	
	(in human)	K_s	K_a	K_s	K_a	K_s	K_a	K_s	K_a	K_s	K_a	K_s	K_a	K_s	K_a
Erythropoietin	194	0.481	0.063	0.242	0.068	0.394	0.070	0.495	0.076	0.480	0.058	0.342	0.071	.0406	0.068
Growth hormone	217	0.321	0.100	0.236	0.106	0.220	0.113	0.380	0.046	0.396	0027	0.244	0.048	0.299	0.073
Prolactin receptor	621	0.324	0.082	0.249	0.122	0.321	0.072	0.358	0.124	0.413	0.088	0.300	0.114	0.324	0.100
Prolactin	226	0.364	0.098	0.368	0.085	0.395	0.064	0.382	0.112	0.307	0.131	0.521	0.064	0.390	0.092
Serum albumin	610	0.528	0.062	0.329	0.067	0.324	0.075	0.477	0.065	0.500	0.065	0.327	0.067	0.414	0.067
Alpha globin	143	0.584	0.022	0.236	0.025	0.204	0.038	0.505	0.025	0.539	0.041	0.242	0.048	0.385	0.033
Beta globin	148	0.324	0.033	0.271	0.046	0.294	0.015	0.263	0.062	0.392	0.039	0.333	0.059	0.313	0.042
Prothrombin	608	0.033	0.687	0.033	1.040	0.075	1.602	0.196	0.887	0.037	1.442	0.078	0.318	0.075	0.996
Apolipo-protein E	317	0.199	0.148	0.132	0.117	0.108	0.114	0.187	0.160	0.165	0.144	0.125	0.126	0.153	0.135
Carbonic anhydrase I	336	0.255	0.159	0.203	0.149	0.207	0.138	0.338	0.113	0.284	0.115	0.187	0.117	0.246	0.132
P53	392	0.372	0.059	0.351	0.061	0.382	0.045	0.457	0.067	0.412	0.054	0.378	0.056	0.392	0.057
Histone 2A	115	0.967	0.057	1.110	0.057	0.174	0.034	0.298	0.006	1.176	0.025	1.192	0.025	0.820	0.033
Cloumn averages		0.394	0.131	0.313	0.162	0.258	0.198	0.361	0.145	0.425	0.186	0.356	0.093	0.351	.0.152

가? 그 이유를 간단히 설명하자면, 개체들 사이에서 관찰되는 대부분의 변이들은 해당 개체에게 이익이나 해로운 영향을 주지 않는 선택적 중립**(selectively neutral)** 상태이기 때문이다. 따라서 유전자의 중립적 변이(neutral variant)가 개체군 내에서 소멸되는 확률은 $(1 - q)$와 같다. 여기서 q는 개체군 내에서 해당 대립유전자의 상대빈도이다. 같은 맥락에서 보면, 중립적 대립유전자가 고착**(fixed)**될 확률은 q와 같다. 여기서 고착의 의미는 개체군 내에서 중립적 대립유전자의 상대빈도가 1이 되는 것을 의미한다. 유전자에 대한 새로운 변이가 고착될 확률은 매우 낮지만, 중립적 돌연변이는 분자진화의 기준으로 볼 때 개체군 내에서 오랜 기간 동안 유지될 수 있다. 새로운 중립적 돌연변이가 고착되는 평균 시간은 대상 개체군의 $4N$ 세대에 해당한다.

위에 언급한 모든 것들은 유전자의 기능을 알아내는데 관심을 가지고 있는 생명정보학자들에게는 보다 실용적인 의미를 갖는다. 여러 종들 사이 또는 한 종 내에서 의 변이를 관찰하여 얻어진 결과들은 유전체 염기서열 중에서 유전자를 포함하는 부분을 구분하는데 사용되기도 한다. 분자생물학자들은 유전자의 어느 서열위치가 유전자의 기능을 결정하는데 중요한지를 파악하기 위해서, 유전자의 염기서열에 가능한 모든 변화를 주는 **포화돌연변이발생법(saturation mutagenesis)**과 같은 많은 시간과 노력이 필요한 실험적 방법을 사용하는데, 이를 염기서열 비교분석으로 대체할 수도 있을 것이다. 넓은 의미에서 보면, 자연은 끊임없이 포화돌연변이발생법을 수행하고 있으며, 그 결과로 우리가 관찰할 수 있는 변이들은 대부분 유전자의 기능을 바꾸지 않는 변화에 상응할 것이다.

Estimating Substitution Numbers

두 개의 서열을 서열정렬(alignment)했을 때 파악할 수 있는 치환의 수(K)는 분자진화 연구에서 사용되는 가장 중요한 변수 중의 하나이다. 만약 두 개의 서열들에서 비교적 적은 수의 치환이 일어났다면, 단순히 치환의 수를 세는 것만으로도 K 값을 결정하기에 충분하다. 하지만 1969년 Jukes와 Cantor는 유사도가 낮은 서열들을 서열 정렬하였을 때 관찰되는 치환의 수는 두 서열이 공통조상 이래로 축적해온 실제 치환의 수보다 훨씬 적게 과소평가될 수 있음을 지적하였다.

Jukes-Cantor Model

많은 양의 치환이 발생했던 서열에서는 그림 3.2에 나타낸 바와 같이 한 서열위치(site)가 여러 번의 변화를 겪었을 가능성을 배제할 수 없다. Jukes와 Cantor는 모든 핵산염기간의 치환확률이 동일하다는 가정하에, 위와 같은 가능성을 고려하여 실제 치환의 수를 추론할 수 있는 수학적 모델을 만들었다. 이 모델에서는 한 핵산염기가 다른 세 개의 핵산염기들 중의 하나로 치환될 수 있는 확률을 a라고 하면, 어느 핵산염기이든지 다른 핵산염기로 치환될 확률은 3α가 된다(그림 3.3). 따라서 어떤 유전자의 한 서열위치에 해당하는 핵산염기가 시점 0에서 C였다면, 시간 1이 경과한 시점 1에서도 이 서열위치에 동일한 핵산염기(C)가 있을 확률($P_{C(1)}$)은 (1 − 3α)가 된다. 그리고 원래의 C가 시점 1에서 다른 핵산염기(A)로 치환되었다가 시점 2에서 다시 C로 복귀되는 역돌연변이(back mutation)도 가능하기 때문에, 시점 2에서 이 서열위치에 C가 있을 확률($P_{C(2)}$)은 $(1 - 3\alpha)P_{C(1)} + \alpha(1 - P_{A(1)})$와 같다. 이 식을 변환하면 시점($t$)에서 이 서열위치가 C를 가지고 있을 확률은 다음과 같은 수식으로 정의된다.

$$P_{C(t)} = 1/4 + (3/4)e^{-4\alpha t}$$

위와 같은 모델이 만들어지고 10년이 지난 후, 모든 종류의 염기치환 확률이 전부 동일하다고 간주한 Juke와 Cantor 모델의 가정은 염기치환 양상을 너무 단순화시킨 것으로 알려지게 되었다. 하지만 Juke와 Cantor 모델은 다중치환이 일

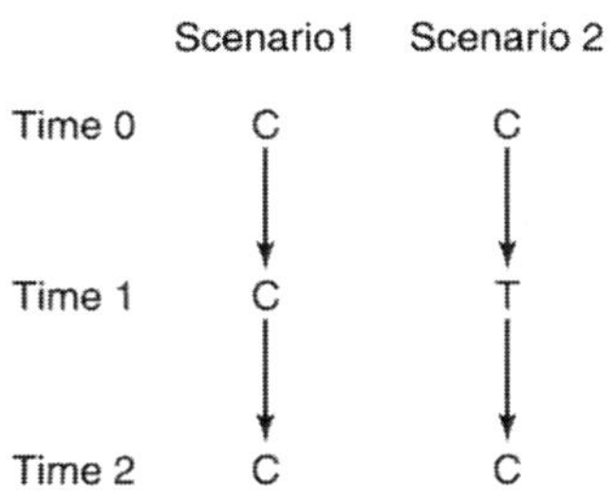

FIGURE 3.2 *Two possible scenarios where multiple substitutions at a single site would lead to underestimation of the number of substitutions that had occurred if a simple count were performed.*

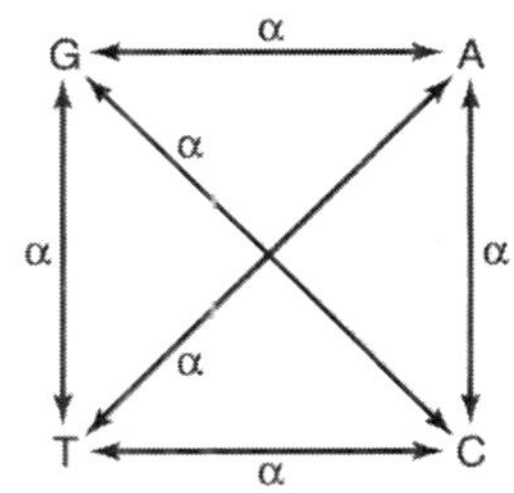

FIGURE 3.3 *Diagram of the Jukes-Cantor model of nucleotide substitution. For their model, Jukes and Cantor assumed that all nucleotides changed to each of the three alternative nucleotides at the same rate, α.*

어나는 경우에 서열 위치당 발생한 실제 치환의 수(K)를 구하기 위한 다양한 방법들의 기본 틀이 되었다. Jukes-Cantor 모델을 적용하면, 두 염기서열 사이에 일치하지 않은 핵산염기들만 계수하는 것으로도 두 서열에 실제로 축적되었던 치환의 수를 측정할 수 있는 수식을 도출할 수 있다.

$$K = -3/4 \ln[1 - (4/3)(p)]$$

여기서 p는 단순히 두 서열 사이에 차이를 보이는 핵산염기만을 계수하여 서열 전체 대한 비율로 나타낸 것이다. 이 식은 서열간의 차이가 작을 경우에 p는 물론 한 서열위치에서 다중치환이 일어날 확률도 작아진다는 발상에 부합하며, 일치하지 않은 핵산염기의 수가 클 경우 서열 위치당 실제로 발생한 치환의 실제 수는 일치하지 않은 핵산염기들을 직접 계수한 것보다 커지게 된다.

Transitions and Transversions

핵산염기는 염기(nitrogenous base)의 구조에 따라 두 개의 범주로 구분된다(그림 1.1). 구아닌(guanine)과 아데닌(adenine)은 이들의 염기가 두 개의 고리구조를 갖는 퓨린**(purine)**이며, 싸이토신(cytosine)과 싸이민(thymine), 그리고 우라실(uracil)은 하나의 고리구조를 갖는 피리미딘**(pyrimidine)**이다. 1970년대에 들어서 같은 범주에 속하는 핵산염기들 사이의 치환속도와 다른 범주에 속하는 핵산염기들 간의 치환속도는 큰 차이가 있음이 밝혀졌다. 좀 더 구체적으로 설명하자면, 퓨린 염기가 다른 종류의 퓨린 염기로 치환되거나 피리미딘 염기가 다른 종류의 피리미딘 염기로 치환되는 염기전이**(transition)**가 퓨린 염기와 피리미딘 염기 사이의 치환인 염기교차**(transversion)**보다 최소한 3배 정도 빈번히 발생한다는 것이다.

Kimura's Two-Parameter Model

1980년 Kimura는 염기전이와 염기교차가 발생하는 치환속도의 차이를 고려하여 두 개의 인자(two-parameter)를 갖는 모델을 고안했다. Kimura의 모델은 염기전이에 해당하는 모든 종류의 치환이 일어날 확률은 모두 동일한 값 α를, 그리고 염기교차에 해당하는 모든 종류의 치환이 일어날 확률 역시 모두 동일한 값 β를 갖는다는 가정으로부터 출발한다(그림 3.4). 따라서 시점 0에서 유전자의 어떤 서열위치에 C가 있었다면, 시점 1에서 이 서열위치에 같은 핵산염기가 있을 확률($P_{CC(1)}$)은 $(1 - \alpha - 2\beta)$가 된다. 그리고 시점 1(t_1)과 시점 2(t_2) 사이에 역돌연변이가 발생할 수 있으므로, 시점 2에서 이 서열위치에 계속 C가 있을 확률($P_{CC(2)}$)

은 다음 4개의 경우에 대한 확률의 합과 같다(그림 3.5): (1) C가 시점 t_1와 시점 t2 모두에서 치환되지 않고 남아 있는 경우, (2) C가 시점 t_1에서 다른 핵산염기로 치환되었다가 시점 t_2에서 염기전이를 통해 다시 C로 복귀되는 경우, (3) C가 시점 t_1에서 G로 치환되었다가 시점 t_2에 서 염기교차를 통해 다시 C로 복귀되는 경우, (4) C가 시점 t_1에서 A로 치환되었다가 시점 t_2에서 염기교차를 통해 다시 C로 복귀하는 경우. 따라서 시점 t_2에서 이 서열위치에 C가 있을 확률($P_{CC(2)}$)은 다음과 같다.

$$P_{CC(2)} = (1 - \alpha - 2\beta)P_{CC(1)} + \beta P_{GA(1)} + \beta P_{AC(1)} + \alpha P_{TC(1)}$$

Jukes-Cantor 모델과 마찬가지로 위의 식을 확장하면 시점(t)에서 한 서열위치에 C가 있을 확률은 다음과 같은 수식으로 정의 된다.

$$P_{CC(t)} = 1/4 + (1/4)e^{-4\beta t} + (1/2)e^{-2(\alpha + \beta)t}$$

Jukes-Cantor 모델과 Kimura의 모델이 사용하는 치환 체계는 대칭적이므로 시점 0에서의 염기가 이 후의 어떤 시점에서도 변하지 않을 확률들은 네 개의 염기들에 대해서 모두 동일하다($P_{GG(t)} = P_{AA(t)} = P_{TT(t)} = P_{CC(t)}$). Jukes-Cantor 모델과 마찬가지로, 위 식으로부터 두 서열 사이에 차이를 보이는 핵산염기들을 계수하는 것만으로도 두 서열에 실제로 축적된 치환의 실제 수를 측정할 수 있는 수식을 다음과 같이 도출할 수 있다.

$$K = 1/2 \ln[1/(1 - 2P - Q)] + 1/4 \ln [1/(1 - 2Q)]$$

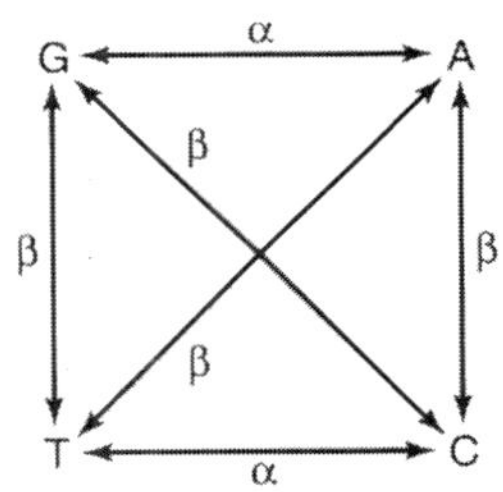

FIGURE 3.4 *Diagram of Kimura's two-parameter model of nucleotide substitution. Kimura assumed that nucleotide substitutions occurred at essentially two different rates: α for transitions (i.e., changes between G and A or between C and T), and β for transversions (changes between purines and pyrimidines).*

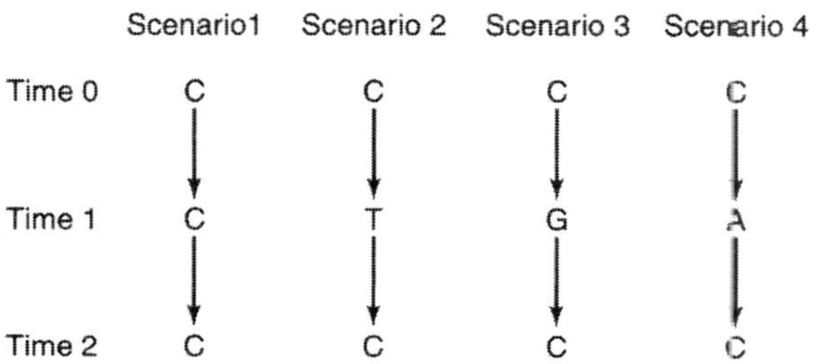

FIGURE 3.5 *Four possible routes by which a site appears to have been unchanged after two time intervals have passed.*

여기서 P와 Q는 두 서열 사이에 차이를 보이는 핵산염기들을 염기전이(P)와 염기교차(Q)로 구분하여 비율로 나타낸 것이다. 만약 염기전이와 염기 교차 간의 차이가 없다고 가정하면 p는 $(P + Q)$이기 때문에, 위 식은 두 서열간의 실제 치환 수를 측정하기 위한 Juke-Cantor식과 동일하게 된다.

Models with Even More Parameters

1980년대에 이르러 대량의 염기서열 데이터가 얻어지게 되면서, 모든 염기치환 확률은 염기전이에 해당하는 확률(a)과 염기교차에 해당하는 확률(β) 두 가지로 구분할 수 있다고 간주한 Kimura의 가정 역시, Juke와 Cantor의 가정과 마찬가지로 염기치환 양상을 너무 단순화시킨 것으로 밝혀졌다.

4개의 핵산염기는 각각 다른 핵산염기 3개 중의 하나로 바뀔 수 있기 때문에 모두 12종류의 치환이 가능하다(G → A, G → T, G → C, A → G, A → T, A → C, T → G, T → A, T → C, C → G, C → A, C → T). 따라서 표 3.4에 나타낸 것과 같이 모든 종류의 치환에 대한 확률을 계산할 수 있고, 이로부터 12개

TABLE 3.4 Relative frequencies of nucleotide substitutions in Alu-Y (Sb) sequences throughout the human genome.

	To				
From	**A**	**T**	**C**	**G**	**Row Totals**
A	-	4.0	4.6	9.8	18.4
	-	(1.5)	(1.7)	(3.6)	(6.7)
T	3.3	-	10.4	2.7	16.4
	(1.2)	-	(3.8)	(1.0)	(6.0)
C	7.2	17.0	-	6.2	31.1
	5.0	(33.2)	-	(4.5)	(42.6)
G	23.6	4.6	6.0	-	34.2
	(37.7)	(3.2)	(3.7)	-	(44.7)
Column totals	34.1	26.3	21.0	9.0	
	44.0	(37.8)	(9.2)	(18.7)	

Note: Members of the *Alu* repeat family are approximately 260 base pairs in length. They are derived from one or a small number of ancestral sequences that have been duplicated almost 1 million times during primate evolution.

The relative frequencies of substitutions observed involving each of the four nucleotides within 403 Alu-Y (Sb) repeat sequences scattered throughout the human genome excluding those involving CpG dinucleotides. Values in parentheses were obtained when substitutions at CpG dinucleotides were not excluded. A total of 7,433 substitutions (2,713 of which were at sites other than CpG dinucleotides) were accumulated by the 403 Alu-Y (Sb) repeats included within this analysis since they were propagated roughly 19 million years ago.

의 인자를 갖는(12-parameter)복잡한 수식으로 이루어진 모델을 만들 수 있다. 또한 국부적인 GC 함량의 차이에 따른 치환확률의 편차(bias)를 13번째 인자를 이용하여 보정해 줄 수도 있다. 물론 이와 같이 복잡한 모델은 수작업에 사용되기는 힘들지만 컴퓨터에서는 비교적 간단하게 구현될 수 있다. 그러나 복잡한 모델일수록 한 개 또는 두 개의 인자를 갖는 모델보다 더 많은 가정을 요구하며 표본추출과 관련된 오차가 증가하게 된다. 시뮬레이션 연구결과에서는 한 개 또는 두 개의 인자를 가지는 모델이 이보다 복잡한 모델들보다 더 신뢰적인 결과를 제공하는 것으로 나타났으며, 연관성이 높은 서열들을 대상으로 할 때는 모델간의 차이점이 사실상 없는 것으로 나타났다.

Substitutions between Protein Sequences

두 개의 단백질 서열간의 차이(p)는 다음과 같이 간단히 계산할 수 있다.

$$p = n/\mathrm{L}$$

여기서 n은 두 서열 사이에 차이를 보이는 아미노산의 수이고, L은 정렬된 단백질 서열의 길이이다. 하지만 단순한 차이점이 아닌 아미노산 서열들에 축적된 치환의 수를 측정하는 것은 DNA의 비부호서열들의 치환 수를 측정하는 것보다도 어렵다. DNA 서열에서처럼, 단백질 서열에서도 역돌연변이가 발생하였을 수 있고, 특정한 종류의 치환이 다른 것들보다 빈번하게 일어날 수 있다. 또한 하나의 아미노산에서 다른 아미노산으로 변화하는 치환경로(substitutional path)가 모든 아미노산에 대해서 동일하지도 않다. 예를 들어 프롤린(praline)의 코돈 CCC는 단 한 개의 돌연변이에 의해서 류신(leucine)의 코돈 CUC로 바뀔 수 있지만, 아이소류신(isoleucine)의 코돈 AUC로 바뀌기 위해서는 적어도 두 번의 돌연변이가 있어야 한다는 것이다. 문제를 더욱 복잡하게 만드는 것은 치환되는 아미노산의 종류에 따라 아미노산 치환이 단백질의 기능에 미치는 영향이 다르다는 것이다. 이러한 문제점들을 해결할 수 있는 하나의 방안으로는 다양한 종류의 단백질에 대한 분석으로부터 실험적으로 얻어진 PAM 행렬(2장 참조)에 따라, 아미노산 치환의 종류별로 다른 가중치를 사용하는 방법이 있다.

Variations in Evolutionary Rates between Genes

한 유전자 내에서도 서열위치에 따라 진화속도(evolutionary rates)가 다르다는 것을 설명한바 있는데, 유전자들의 진화속도에는 놀랄만한 정도의 큰 차이가 있다. 만약 표본추출의 오류에 의해 표본의 크기가 감소함으로써 유전자간의 진화속도에 차이가 관찰되는 추계학적(stochastic) 요인을 배제하면, 유전자간의 진화속도 차이는 (1) 돌연변이 빈도(mutation frequency)의 차이나 (2) 자연선택이 유전자에 영향을 주는 정도의 차이 또는 이 둘 모두에 의해서 생긴다고 할 수 있다. 동의치환의 속도가 두 배 이상 차이가 나는 경우는 드물지만, 유전체의 어떤 부분들에서는 다른 부분들에 비해 무작위적 치환이 더 많이 일어난다. 하지만 이 정도의 치환속도 차이만으로 표 3.3에 제시된 포유류 유전자들의 이의치환 속도가 약 200백 정도 차이가 나는 것을 설명하기는 부족하다. 한 유전자 내에서도 서열위치에 따라 치환속도가 달라지는 것처럼, 유전자간의 치환속도 역시 유전자 별로 다르게 가해지는 자연선택의 강도에 따라 달라진다.

표 3.3의 예에서는 기능구속의 정도가 히스톤(histone)과 원지질단백질(apolipoprotein)에 대한 유전자들의 치환속도에 미치는 영향을 살펴볼 수 있다. 히스톤은 양성하전(positively charged)되어 있으며 진핵세포의 DNA에 결합하는 필수적인 단백질이다. 히스톤 H2A와 같은 단백질의 거의 모든 아미노산들은 음성하전(negatively charged)된 DNA의 화학적 잔기(residue)들과 상호작용을 하기 때문에, 히스톤 H2A의 아미노산 서열에 변화가 생기게 되면 히스톤 H2A가 DNA와 상호작용을 하는데 영향을 주게 된다. 따라서 히스톤은 가장 느리게 진화하는 단백질 그룹 중의 하나이며, 실제로 효모(yeats)의 히스톤단백질을 수억 년 동안 효모와는 다른 진화과정을 겪어온 인간의 히스톤으로 교체해도 효모의 생장에 큰 영향을 주지 않는다. 이와는 대조적으로 원지질단백질에 이의치환이 축적되는 속도는 매우 빠르다. 원지질단백질은 척추동물의 혈액에 존재하는 다양한 종류의 지질(lipid)들과 비특이적 상호작용을 하며, 지질을 운반하는 역할을 한다. 원지질단백질의 지질결합(lipid-binding) 부위(domain)는 대부분 소수성(hydrophobic) 아미노산들로 이루어져있는데, 이 부위의 아미노산은 치환되더라도 류신, 아이소류신, 발린과 같은 소수성 아미노산으로 바뀌기만 한다면, 정상적인 원지질단백질의 기능을 하기 때문에 이의치환이 축적되는 속도가 빠를 것이다.

대부분의 아미노산 치환이 세포에게 유해한 영향을 주지만, 어떤 종류의 유전자에 대해서는 자연선택에 의해서 개체군 내의 유전적 변이가 유지되기도 한다.

예를 들어 인간백혈구항원(human leukocyte antigen, HLA)과 관련된 유전자들은 유전적 다양성을 갖도록 하는 진화압력(evolutionary pressure)을 받고 있으며, 그 결과로 HLA 유전자위치(locus)에서의 이의치환 속도는 동의치환 속도보다 높게 관찰된다. HLA-A 유전자위치에 있는 5개의 변이유전자(variant)들의 경우에는 57개의 아미노산 서열로 이루어진 항원인식부위(antigen recognition site)에서 발생하는 동의치환율(K_s)이 3.5%인 반면, 이의치환율(K_a)은 13.3%이다. HLA 유전자위치에는 면역체계가 외부 항원을 인식하도록 하는 단백질을 유전자산물로 하는 다중유전자군(multigene familiy)이 있는데, 인간 개체군의 경우 약 90%의 개체가 부모와는 다른 HLA 유전자 조합을 물려받으며 대립유전자의 수는 200명 당 15~30개 정도이다.

자연선택에 의해서 HLA 유전자위치에 대한 높은 유전적 다양성이 유지되는 이유는 모든 인간들이 동일한 면역체계를 갖지 않고 개체군 내에서 다양한 면역체계가 유지되어야만, 개체군 내에서 어떤 한 종류의 감염에 취약한 개체의 수를 최소화할 수 있기 때문이다. 숙주 개체군이 다양한 면역체계를 유지하도록 선택압력을 받고 있는 것처럼, 바이러스와 같은 병원균은 숙주의 면역체계를 피할 수 있도록 빠른 진화속도를 갖게 하는 진화압력을 받고 있다. 예를 들어 독감 바이러스는 오류가 많은 복제(replication) 시스템이 유전적 다양성을 갖도록 하는 선택압력과 결부되어 독감 바이러스의 NS 유전자가 서열위치 1개당 년간 1.9×10^{-3}개의 염기치환 속도를 갖도록 한다. 이 정도의 치환속도는 포유류 유전자의 동의치환 속도보다 약 100만 배 정도 빠른 것이다.

Molecular Clocks

앞서 기술한 바와 같이 세포핵 유전자(nuclear genes)간의 치환속도 차이는 놀랄 만하지만, 이는 기본적으로 단백질에 가해지는 기능구속의 정도 차이 때문이다. 반면, 비슷한 정도의 기능구속 상태에 있는 유전자위치들은 오랜 진화적 시간 동안 균일한 분자진화 속도를 갖기도 한다. 1960년대에 Zuckerkandl과 Pauling에 의해서 단백질 서열들에 대한 비교분석이 최초로 수행되었는데, 이들의 연구 결과는 상동단백질(homologous protein)들의 치환속도가 수 천 만년의 시간 동안에도 일정하게 유지되었다는 것이었다. 이들은 아미노산 치환이 이렇게 일정한 속도로 축적되는 것을 분자시계(molecular clock)의 초침이 일정한 속도로 움직이는 것(steady ticking)에 비유했다. 종류가 다른 단백질들의 분자시계(molecular clock)

는 다른 속도로 움직이지만, 두 상동단백질간의 아미노산 서열차이는 종분화(speciation)에 의해 두 서열이 독립적으로 분기(diverge)되어온 시간과 높은 상관관계를 보인다는 것이다(그림 3.6). 두 서열간의 차이가 축적되는 속도가 일정하다는 것을 이용하면, 종(species)간의 계통학적 관계(phylogenetic relationship)를 파악하는 것은 물론, 방사선 붕괴법으로 지질학적 시간대를 측정하는 것처럼 두 종이 분기된 시간대를 알아내는 것도 용이해지기 때문에 이들의 연구결과는 진화과정의 연구에 있어서 서열 데이터를 사용하는 것에 대한 높은 관심을 불러일으켰다.

하지만 이러한 가능성에도 불구하고 분자시계 가설은 논쟁의 대상이었다. 특히 고전 진화학자(classical evolutionist)들은 분자(서열) 수준에서의 진화가 일정한 속도를 갖는다는 것은 불규칙적으로(erratic tempo)발생하는 형태학적 진화과정(morphological evolution)과 모순 된다고 주장하였으며, 추론된 분기시간에 대한 의견이 일치하지 않을 때에도 일정한 진화속도를 개념의 핵심에 두고 있는 분자시계 가설을 의문시 하였다.

Relative Rate Test

분자진화 연구에서 참조하는 대부분의 분기시점(divergence date)은 불완전하기로 악명이 높은 화석기록으로부터 얻어진 것이기에 정확성 면에서 신뢰하기 힘들 것이다. 따라서 1973년 Sarich와 Wilson은 분기시점에 대한 사전 정보가 없어도 다양한 계통(lineage)들에 대한 치환속도를 추정할 수 있는 간단한 방법을 고안해냈다. 예를 들어 그림 3.7의 종 1과 2에 속하는 계통들의 상대치환속도(relative rate of substitution)는 다소 상이한 종 (3)에 속하는 계통을 외집단(outgroup)으로 사용하여 계산될 수 있다는 것이다. 만약 그림 3.7의 예에서 종 1과 2를 인간과 고릴라라고 가정하면, 종 3은 비비(baboon)와 같은 또 다른 영장류(primate)가 될 수 있다. 그림 3.7에 묘사된 진화적 관계에서 A를 종 1과 2가 분기되는 시점이라고 하고, 두 종 사이에 축적된 치환의 수가 다음과 같이 이들을 연결하는 분지(branch)들에 존재하는 치환의 수를 합산한 것과 같다고 가정하자.

$$d_{13} = d_{A1} + d_{A3}$$
$$d_{23} = d_{A2} + d_{A3}$$
$$d_{12} = d_{A1} + d_{A2}$$

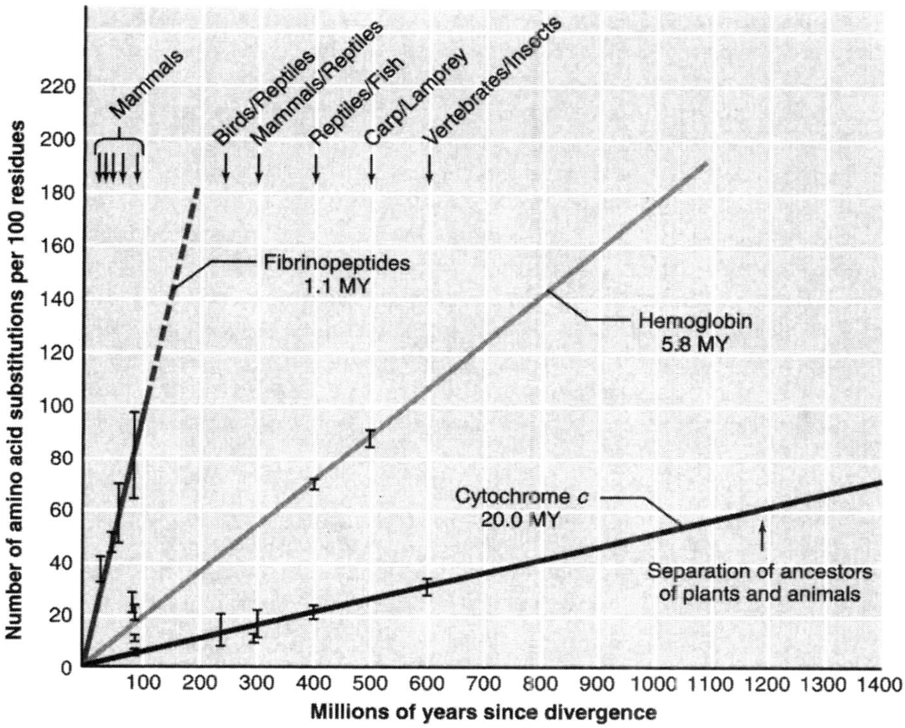

FIGURE 3.6 *Numbers of amino acids replaced and species divergence times are well correlated for a number of proteins.*

위 식에서 d_{13}, d_{23}, d_{12}는 각각 종 1과 3, 종 2와 3, 종 1과 2의 차이점으로부터 쉽게 얻을 수 있다. 그리고 위 식들을 아래와 같이 단순한 대수적(algebraic) 방법으로 변환시키면, 공통조상 이후에 종 1과 2가 분기된 정도를 계산할 수 있다. 종 1과 2가 독립적인 분기를 거친 시간은 동일하기 때문에 분자시계 가설이 성립한다면 d_{A1}과 d_{A2}이 동일하여야 한다.

$$d_{A1} = (d_{12} + d_{13} - d_{23})/2$$
$$d_{A2} = (d_{12} + d_{23} - d_{13})/2$$

모든 진화적 계통의 어느 유전자든지 동일한 진화속도를 갖는다는

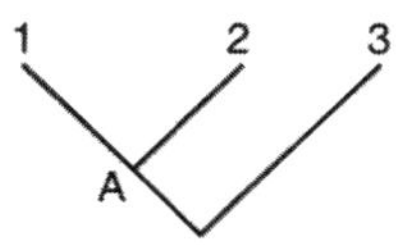

FIGURE 3.7 *Phylogenetic tree used in a relative rate test. Species 3 represents an outgroup known to have been evolving independently prior to the divergence of species 1 and species 2. "A" denotes the common ancestor of species 1 and species 2.*

분자시계의 전제를 검정해 볼 수 있는 데이터는 기하급수적으로 증가하고 있다. 쥐(rat)와 생쥐(mouse)의 경우는 거의 동일한 치환속도를 갖는 것으로 밝혀졌고, 인간과 유인원(ape)의 분자진화 속도는 구시대원숭이(Old-World-monkey, Cercopithecidae)의 분자진화속도의 절반 정도 밖에 되지 않는 것으로 밝혀졌다. 또한 인간과 생쥐의 상동유전자들을 대상으로 하는 연구에서는, 포유류가 여러 분기로 나누어지던 약 8천만년에서 1억 년 전에 존재하였던 영장류와 설치류(rodent)의 공통조상이래로 설치류는 영장류에 비해 두 배 정도의 빠른 속도로 치환을 축적해온 것으로 나타났다. 표 3.3을 세심히 살펴보지 않더라도 분자시계의 속도가 분류군마다 다르다는 것을 알 수 있다. 분자시계의 속도가 일정치 않다면 서열이 분기된 정도로부터 분류군들의 공통조상이 존재하였던 시간대를 구하는 것이 힘들어지기 때문에, 이러한 추론을 하기 전에는 대상 종들이 동일한 분자시계 속도를 갖는지를 먼저 확인하여야 한다.

Causes of Rate Variation in Lineages

상대속도검정을 통해 밝혀진 분자진화의 속도 차이는 다음에 나열된 내용으로 설명할 수 있다. 치환이 축적되는 속도는 단순히 분기시간에 따라 변하기보다는 생식계열(germ line) DNA의 복제(replication) 횟수와 더 큰 연관성을 가질 것이다. 예를 들어 원숭이의 세대기간(generation time)은 인간의 세대기간보다 짧으며, 설치동물들의 세대기간은 원숭이의 세대기간보다도 짧다. 또한 분자진화의 속도 차이는 DNA 복구효율(repair efficiency), 산소 자유라디칼(oxygen free radical)의 발생 속도와 관련된 대사속도(metabolic rate), 새로운 생태학적 지위와 환경에 의한 선택압력 등과 같은 두 계통이 분기시점 이후에 가질 수 있는 차이점들 때문일 수도 있다. 하지만 이러한 변수들은 정량화하기가 매우 힘들다는 문제점을 갖고 있다. 우리가 두 계통의 생명체들이 분기시점에서는 유사한 특성을 가졌었다는 것과 현재 시점에서 보이는 두 계통간의 차이점을 알 수는 있지만, 진화과정 중의 모든 시점들에서 두 계통이 가졌었던 차이점들에 대한 정보는 거의 없기 때문이다.

Evolution in Organelles

포유류 미토콘드리아(mitochondria) DNA(보통 mtDNA로 표기)의 평균 길이는 약 16,000 염기쌍(base pair)이고 유관속 식물(vascular plant)의 엽록체(chloroplast) DNA의 길이는 12,000 ~ 220,000 염기쌍 정도이다. 이 세포소기관(organelle)들이 갖고 있는 하나의 환형(circular) 염색체에는 이들의 기능에 필요한 몇 개의 단백질과 RNA를 부호화하는 유전자들이 있다. 염색체의 크기가 작고 유전되는 방식이 독특하다는 점(포유류의 미토콘드리아는 어더니에게서만 물려받는다)에서 세포소기관의 염색체에 치환이 축적되어온 과정은 큰 관심을 받고 있다.

미토콘드리아에는 대사활동의 결과로 생성된 돌연변이 유발물질(특히 산소 자유라디칼)의 농도가 높기 때문에, mtDNA는 세포핵(nucleus) DNA에 비해 거의 10배 정도 빠른 돌연변이 속도를 보이다. 이와 같은 높은 돌연변이 속도에 따라 동의치환 속도와 이의치환 속도 역시 높아지기 때문에, mtDNA는 밀접하게 연관된 개체군사이의 진화적 관계를 연구할 때 빈번하게 이용된다. 하지만 천만년 이상 분기되어온 종들에 대해서는 다중치환의 가능성 때문에 mtDNA를 이용하는 것이 유용하지는 않다. 반면, 엽록체 DNA는 mtDNA보다 훨씬 더 느린 속도로 치환을 축적하는 것으로 보이는데 엽록체 DNA의 K_s와 K_a 값은 각각 세포핵 DNA의 유전자에서 관찰되는 값의 1/4 ~ 1/5 정도 수준이다.

Chapter Summary

DNA 복제상의 오류 또는 화학적 손상으로 인해 DNA에 수록된 정보가 변화되는 것을 돌연변이라 한다. 하지만 모든 돌연변이가 생명체의 적응성에 동일한 수준의 영향을 미치는 것은 아니다. 따라서 많은 돌연변이들은 자연선택을 통해 유전자 풀에서 제거되며, 자연선택에 의해 제거되지 않고 남아있는 돌연변이를 치환이라고 한다. 치환속도는 유전자나 유전체의 일부분이 갖는 기능적 중요성을 측정할 때 사용될 수 있다. 두 염기서열 또는 아미노산 서열 사이에 실제로 축적된 실제 치환의 수를 다중치환의 가능성을 고려하여 추정할 수 있는 몇 가지 모델들이 만들어졌는데, 일반적으로 최소한의 변수를 사용하는 모델이 실제 치환의 수를 추정하는데 가장 우수하다고 할 수 있다. 어떤 종류의 유전자들은 다른 유전자들에 비해 치환을 축적하는 속도가 높은 것처럼, 상대속도 검정을 통해서 어떤 종류의 생명체들은 유사한 수준의 기능구속 상태에 있는 유전자를 대상으로 하더라도 다른 생명체들에 비해 높은 치환속도를 갖는 것으로 밝혀졌다.

Readings for Greater Depth

A description of the original Jukes and Cantor model of substitutions is found in T. H. Jukes and C. R. Cantor, 1969, Evolution of protein molecules, in H. N. Munro (ed.), *Mammalian Protein Metabolism*, pp. 21–123, Academic Press, New York.

Kimura's two-parameter model is described in detail in M. Kimura, 1980, A simple method for estimating evolutionary rates of base substitutions through comparative studies of nucleotide sequences, *J. Mol. Evol.* **16**: 111–120.

The molecular clock hypothesis was first suggested in E. Zuckerkandl and L. Pauling, 1965, Evolutionary divergence and convergence in proteins, in V. Bryson and H. J. Vogel (eds.), *Horizons in Biochemistry*, pp. 97–166, Academic Press, New York.

A comprehensive set of algorithms associated with substitution modeling can be found in R. F. Doolittle, 1990, *Molecular Evolution: Computer Analysis of Protein and Nucleic Acid Sequences*, Academic Press, San Diego, CA.

The relative rate test of Sarich and Wilson is described in detail in V. M. Sarich and A. C. Wilson, 1973, Generation time and genomic evolution in primates, *Science* **179**: 1144–1147.

The neutral theory of evolution (genetic differences within populations are maintained by a balance between the effects of mutation and random genetic drift) was first espoused in M. Kimura, 1968, Evolutionary rate at the molecular level, *Nature* **217**: 731–736.

A fascinating and thought-provoking consideration of the societal (as well as biological) implications of evolutionary theory can be found in R. Dawkins, 1976, *The Selfish Gene*, Oxford University Press, New York.

Questions and Problems

* **3.1** Given that there are currently 6 billion reproductively active humans on earth and that the average human generation time is roughly 30 years, how long would it take for a single, neutral mutation that occurs within you to be fixed within the human population?

3.2 Using the same data presented in Question 3.1, what is the probability that a single, new, neutral mutation in you will be fixed? How much more likely is it that it will be lost?

* **3.3** The following sequence is that of the first 45 codons from the human gene for preproinsulin. Using the genetic code (refer back to Table 1.1), determine what fraction of mutations at the first, second, and third positions of these 45 codons will be synonymous.

```
ATG GCC CTG TGG ATG CGC CTC CTG CCC CTG CTG GCG CTG CTG GCC
CTC TGG GGA CCT GAC CCA GCC GCA GCC TTT GTG AAC CAA CAC CTG
TGC GGC TCA CAC CTG GTG GAA GCT CTC TAC CTA GTG TGC GGG GAA
```

At which position is natural selection likely to have the greatest effect and are nucleotides most likely to be conserved?

3.4 The sequences shown below represent an optimum alignment of the first 50 nucleotides from the human and sheep preproinsulin genes. Estimate the number of substitutions that have occurred in this region since humans and sheep last shared a common ancestor using the Jukes-Cantor model.

Human: ATGGCCCTGT GGATGCGCCT CCTGCCCCTG CTGGCGCTGC TGGCCCTCTG

Sheep: ATGGCCCTGT GGACACGCCT GGTGCCCCTG CTGGCCCTGC TGGCACTCTG

* **3.5** Using the number of substitutions estimated in Question 3.4 and assuming that humans and sheep last shared a common ancestor 100 million years ago, estimate the rate at which the sequence of the first 50 nucleotides in their preproinsulin genes has been accumulating substitutions.

3.6 Would the mutation rate be greater or less than the observed substitution rate for a sequence of a gene such as the one shown in Question 3.4? Why?

* **3.7** If the rate of nucleotide evolution along a lineage is 1.0% per million years, what is the rate of substitution per nucleotide per year? What would be the observed rate of divergence between two species evolving at that rate since they last shared a common ancestor?

3.8 Assume that the sequence of the first 50 nucleotides from the chicken preproinsulin gene can be optimally aligned with the homologous sequences in the human and sheep used in Question 3.4, as shown below.

Human: ATGGCCCTGT GGATGCGCCT CCTGCCCCTG CTGGCGCTGC TGGCCCTCTG

Sheep: ATGGCCCTGT GGACACGCCT GGTGCCCCTG CTGGCCCTGC TGGCACTCTG

Chicken: ATGGCTCTAT GGACACGCCT TCTGCCTCTA CTGGCCCTGC TAGCCCTCTG

What are the relative rates of evolution within the human and sheep lineages since the time of the mammalian radiation for this region?

CHAPTER

4

Distance-Based Methods of Phylogenetics

Nothing in biology makes sense except in the light of evolution.

Theodosius Dobzhansky (1900-1975)

두 개 이상의 서열(sequence)에 대한 계통발생학적(phylogenetic) 관계를 추론하는 것은 서열정렬(alignment)과 마찬가지로 생명정보학의 매우 중요한 분야이다. 앞 장에서 언급된 바 있는 분자데이터(molecular data)는 유전자(gene)의 진화 과정들에 대한 증거를 담고 있는 사료(historical document)라고 할 수 있다. 또한 치환(substitutions), 삽입(insertions), 결실(deletions), 재배열(rearrangements)과 같은 중요한 진화적 사건들은 모든 종(species) 사이의 진화적 관계나 역사에 관한 질문을 해결하는데 사용될 수도 있다. 실제로 분자 데이터를 사용하지 않고 여러 종류의 생명체들에 대한 계통학적 관계를 규명한다는 것은 어려운 일이다. 결과적으로 유전자뿐만 아니라 종에 대해서도 분자 데이터로부터 계통(genealogy)을 추론할 수 있는 다양한 접근법들이 고안되었다. 4장에서는 계통발생학(phylogenetics)에서 사용되는 기본적인 용어들을 소개하고, 진화적 관계를 추론하기 위해 가장 오래되었으며 또한 널리 사용되고 있는 통계적 방법인 집락분석(cluster analysis)에 대해 설명한다.

History of Molecular Phylogenetics

진화의 기록이 유전체(genomes) 서열에 수록된다고 알려지기 훨씬 전부터 분류학자**(taxomomist)**들은 생명체들을 분류하고 이름을 붙여왔다. 해부학과 생리학의 연구 결과에 크게 힘입은 분류학은 다윈(Darwin)의 진화론에 따라 린네(Linnaeus)의 분류 및 명명 체계가 진화적 관계를 반영하도록 하는 등의 가치 있는 발전을 이루어왔다. 이로부터 새로운 농작물의 개발, 전염병에 대한 치료법의 발견, 그리고 지구의 모든 생명체가 공통되는 하나의 조상을 갖는다는 사실 등 다양하고 획기적인 업적을 이룰 수 있었다.

1902년과 1904년에 Nuttall이 한 생명체의 혈액을 다른 생명체에 주사했을 때 면역반응을 일으킬 수 있는 혈액의 양이 두 생명체 사이의 진화적 관계와 관련이 있다는 것을 밝힘으로써, 분자 수준에서 생명체간의 유사점과 차이점을 분석하는 방법이 분류학자들이 사용하는 도구의 하나로 추가되었다. 오늘날에도 DNA나 단백질 서열 데이터가 제한적일 때, 항체가 다른 분자들과 상호 작용하는 다양한 특성들을 생명체를 분류하기 위한 목적으로 사용하기도 한다.

분자 데이터가 계통발생학 연구를 위해 광범위하게 쓰이기 시작한 것은 1950년대에 들어서이다. 단백질 전기영동법**(protein electrophoresis)**을 사용하여 서로 관련이 있는 단백질들을 다소 피상적이기는 하지만 크기와 전하(charge)와 같은 기준에 의해 분리 또는 비교하였으며, 비교적 밀접한 진화적 관계를 갖는 생명체에 대해서만 적용 가능하지만 두 유전체간의 교차혼성화(cross-hybridize) 속도를 두 생명체간의 진화적 관련성에 대한 척도로 사용하게 되었다. 1960년대에 이르러서는 단백질 서열결정법**(protein sequencing)**이 가능하게 되었으며 분자생물학적 접근법을 통해 다양한 종류의 생명체에 대한 계통발생학 연구가 가능하게 되었다. 분석법도 크게 다양해지고 과거의 직관적인 접근법들이 부적절했음이 부각되기 시작한 것도 이때부터이다.

1970년대에 들어서는 제한효소지도(restriction enzyme map)와 같은 형태로 유전체에 대한 정보가 사용되기 시작하였으며, 이어서 DNA 염기서열 데이터가 사용되었다. 또한 계통발생학적 재구성(phylogenetic reconstruction)에 대한 관심이 증가함에 따라 엄청난 양의 데이터를 양산해내는 분자 생물학자에게 필요한 연산법들이 만들어졌다. 이어서 계통발생학적 결론에 통계적 신뢰를 부여하는 것이 가능해 졌고, 진화 과정에 대해서 검정이 가능한 가설을 세우는 것이 비교적 쉬워지게 되었다.

오늘날 DNA 서열 데이터는 다른 어떤 형태의 분자 데이터보다 풍부하다고 볼 수 있다. 물론 해부학적 차이에 근거한 전통적인 분류학 접근법들도 지속적으로 사용되어 계통발생학 연구에 도움을 주고 있으며, 고생물학적 방법 역시 생명체가 유전적 변화를 축적해가면서 진화해 온 실제 시간대에 대한 중요한 단서를 제공해 주고 있다. 그러나 지구상의 존재하는 모든 생명체간의 진화적 관계와 역사에 관한 가장 중요한 질문을 해결하기 위해 필요한 원천 자료라 할 수 있는 상동서열(homologous sequence) 데이터를 쉽게 제공 받을 수 있게 된 것은 PCR과 같은 분자생물학적 방법에 의해서이다.

Advantages to Molecular Phylogenies

진화는 유전적인 변화로 규정되기 때문에, 유전적 관계는 진화적 관계를 규명하는데 중요하다고 할 수 있다. 분자시계 가설(molecular clock hypothesis, 3장 참고)의 가장 값진 부분은 분자 데이터가 모든 생명체의 계통 발생적 관계를 규명하는데 사용될 수 있다는 것을 암시했다는 것이다. 간단히 말해서, 유사한 분자구조를 갖는 생명체들은 그렇지 않은 것들보다 더욱 밀접한 진화적 관계를 가질 것으로 기대할 수 있다는 것이다. 분자 데이터에 분자생물학적 방법을 적용할 수 있기 이전의 분류학자들은 유전형**(genotypes)**을 추론하기 위해서 생명체가 외형적으로 어떻게 보이는지를 나타내는 표현형**(phenotypes)**의 비교에 전적으로 의존할 수밖에 없었다. 표현형이 비슷하면 표현형을 부호화한 유전자도 비슷할 것으로 가정했었고, 표현형이 다르면 유전자도 다를 것으로 간주했다. 초기의 분류학자들이 이용한 표현형은 총체적이고 방대한 해부학적 특징을 조사한 것으로 구성되었는데, 그 후에 행동, 구조 및 생화학적 특성에 대한 것도 포함되었다. 이러한 표현형 연구결과들은 여러 그룹의 식물과 동물의 진화 과정을 나타내는 진화수(evolutionary trees)를 작성하는데 성공적으로 사용되었으며, 오늘날에도 여전히 진화와 관련된 여러 연구의 기초가 되고 있다.

그러나 표현형 연구에만 의존하는 것에는 한계가 있다. 때로는 진화적 관련성이 적은 생명체들이 **수렴진화(convergent evolution)**의 결과로 유사한 표현형을 보일 수도 있기 때문이다. 예를 들어 초보 생물학자가 생명체에 눈이 있는지 여부를 조사하여 진화수를 만들고자 한다면, 인간과 파리 그리고 연체동물들이 모두 빛을 감지하는 기관이 있다는 점에서 이들을 진화적으로 같은 집단으로 분류할 것이다. 특별한 예를 들었지만 이 세 종의 생명체들이 서로 밀접한 진화적 관련성을 가지고 있지 않음은 너무나도 분명하다. 눈을 갖고 있는지 여부를 제외하고는 여러 가지 특징이 다르며, 눈 자체도 그 형태가 매우 다르다. 결국 요지는 표현형이 때로는 진화적 관계에 대해 잘못된 해석을 낳을 수 있으며 외형적 유사성이 언제나 유전적 유사성을 반영하지는 않는다는 것이다.

진화적 관계를 결정하기 위해서 표현형의 분석에만 의존하는 것의 또 다른 문제점은 여러 생명체들의 외형적 특징이 비교분석에 적합하지 않다는 것이다. 예를 들어 세균을 대상으로 하는 연구에서 현미경으로 세균의 형태를 관찰하였을 때, 세균들 사이의 유전적 관계를 파악하는 것은 고사하고 외형적으로도 분명히 구별되는 특징들을 찾기도 매우 어렵다. 세 번째 문제는 진화적 차이가 큰 생명체들을 비교할 때 생겨난다. 예를 들어 세균, 곤충 그리고 포유류와 같이 공통적인 특성이 거의 없는 생명체들이 분석 대상이 될 때, 이들을 서로 비교 할 수 있는 외형적 특징들을 찾기가 매우 힘들다는 것이다.

하지만 많은 상동 분자들(homologous molecules)은 모든 생명체에게 필수적이기 때문에 DNA나 단백질 서열에 의존하는 분석법들은 위와 같은 문제에 얽매이지 않는다. 물론 3장에서 진화의 상대적 속도는 계통에 따라 달라질 수 있기에 추론된 분기(divergence) 시간에 대해서 상당한 주의가 필요하다고 했지만, 분자생물학적 분석법을 통해서 생명체들을 정확하게 분류하고 계통발생학적 결론들을 내릴 수 있다. 많은 학자들은 자연선택(natural selection)의 영향이 서열 수준에서는 미미하기 때문에, 형태학적 데이터와 같이 다른 대안이 되는 데이터가 있는 경우라 할지라도 분자계통학적 접근법으로 얻어진 데이터가 더욱 신뢰할 수 있다고 주장하고 있다. 분자계통학과 형태(morphological)계통학 결과가 일치하지 않더라도, 이 경우는 자연선택이 표현형 수준에서 어떤 결과를 보이는지를 연구할 수 있게 해 주는 값진 기회라고 볼 수 있을 것이다.

Phylogenetic Trees

계통발생학 연구의 핵심은 3개 이상의 유전자 또는 생명체간의 진화적 관계를 그림으로 표현한 계통수**(phylogenetic tree)**의 개념에 있다. 계통수는 생명체간의 진화적 관계나 서열데이터 사이의 관련성뿐만 아니라 서열들이 분기된 시점과 이들의 공통조상을 파악할 수 있게 해준다.

Terminology of Tree Reconstruction

덴드로그램(dendrogram)이라고 불리기도 하는 계통수는 여러 개의 결절**(node)**과 분지**(branch)**로 구성된다(그림 4.1). 분지의 끝에 위치한 결절인 말단결절**(terminal node)**은 분석을 위해 수집된 유전자나 생명체에 해당되고, 내부결절**(internal node)**은 과거 어느 시점에서 두 개의 독립적인 계통을 발생시킨 공통의 조상에 해당한다. 예를 들어 그림4.1에서 결절 I, II, III, IV, V는 서열 데이터가 얻어진 생명체를 나타내는 말단결절이고, 내부결절 A, B, C, D는 실제 서열 데이터는 없는 추론된 조상**(inferred ancestor)**을 나타낸다. 즉, A는 I과 II, B는 III과 IV, C는 A와 B, D는 C와 V의 추론된 조상에 해당된다. 컴퓨터 프로그램에서는 이와 같은 계통수의 구조에 관한 기본적인 정보를 뉴익체계**(Newick format)**라 불리는 괄호들의 연결로 나타낸다. 예를 들어 그림 4.1의 계통수를 뉴익체계로 표시하면 (((I, II), (III, IV)), V)와 같다.

내부결절이 3개 이상의 후손 계통을 갖는 다분기**(multifurcating)**점인 경우도 있지만, 대부분의 계통수에서 내부결절은 2개의 계통으로 나누어지는 이분기**(bifurcating)**점들이다. 다분기점은 (1) 조상이 되는 하나의 개체군(population)이 3개 이상의 계통을 동시에 발생시킨 경우 또는 (2) 과거 어느 시점들에서 2개 이상의 이분기점들이 존재하였으나 서열 자료의 한계로 인해 그 순서 또는 관계를 명확히 할 수 없는 경우 중의 하나로 해석이 가능하다. 계통수의 분지 양상은 진화적 사건이 일어난 순서에 관한 정보를 전달하는데 사용되며, 분지의 길이는 서열들이 분기된 정도를 나타내는데 사용된다. 척도화 계통수**(scaled trees)**는 분지의

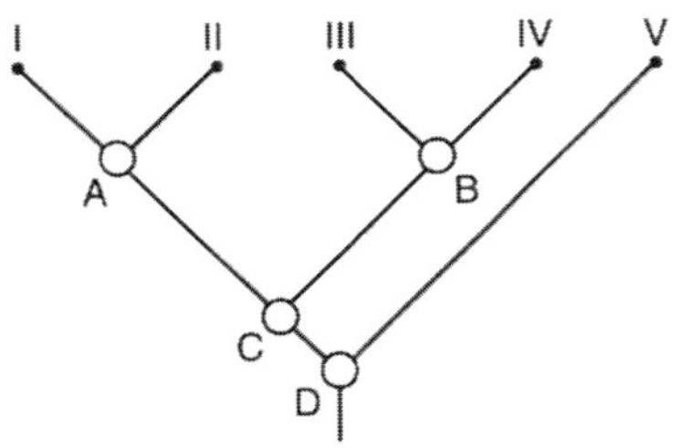

FIGURE 4.1 *A phylogenetic tree illustrating the evolutionary relationships among five species (I, II, III, IV, and V). Filled circles represent terminal nodes while open circles correspond to internal nodes. Inferred common ancestors to the species for which sequence data are available are labeled with letters (A, B, C, and D). The root of the tree corresponds to D.*

길이가 이웃하는 결절간의 진화적 거리에 비례하도록 만들어진 것이다. 임의의 두 결절을 연결하는 분지의 길이가 두 결절 사이에 축적된 진화적 차이를 정확하게 표현하는 가법적**(additive)** 성질을 갖는 계통수가 가장 좋은 척도화 계통수라고 할 수 있다. 반면, 무척도 계통수**(unscaled trees)**는 결절간에 존재하는 진화적 차이는 표시하지 않고 진화적 관계에 대한 정보만 전달할 수 있도록 모든 말단 결절을 일렬로 정렬한 형태이다.

Rooted and Unrooted Trees

계통수는 공통조상에 대한 추론과 진화의 순서에 관한 정보를 제공하는지 여부에 따라서도 구분될 수 있다(그림 4.2). 유근계통수**(rooted tree)**에서는 공통조상이 한 개의 결절로 표시되고, 진화적 시간의 흐름에 따라 공통조상을 나타내는 결절로부터 다른 결절에 연결되는 유일한 경로가 설정된다. 무근계통수**(unrooted tree)**는 결절간의 관계만 지정할 뿐 진화의 방향은 전혀 나타내지 않는다. 하지만 무근계통수에 계통수를 구성하고 있는 서열들과 명백하게 구분될 수 있는 외집단**(outgroup)**을 포함시킴으로써 무근계통수에 뿌리(root)를 부여할 수도 있다. 인간과 고릴라의 관계를 분석하는 경우에 비비(baboons)를 외집단으로 사용하면, 인간과 고릴라의 공통조상과 비비를 연결하는 분지 사이에 계통수의 뿌리를 놓을 수 있을 것이다. 3개의 종(species)을 고려하는 상황에서는 그림 4.3에 나타낸 바와 같이 3개의 유근계통수와 1개의 무근계통수가 구성될 수 있다.

3개 또는 4개의 서로 다른 종 사이의 관계를 나타낼 수 있는 유근계통수와 무근계통수들을 수작업으로 작성해내는 것은 그리 어렵지 않으나, 비교하고자 하는 종의 수가 이보다 커지면 작성 가능한 계통수들의 수는 표 4.1에 나타난 바와 같이 급격하게 증가한다. 비교하고자 하는 종의 수를 n이라 할 때, 가능한 유근 계통수의 수(N_R)와 무근 계통수의 수(N_U)는 다음의 식으로 계산할 수 있다:

$$N_R = (2n - 3)!/2^{n-2}(n - 2)!$$
$$N_U = (2n - 5)!/2^{n-3}(n - 3)!$$

수십 개의 서열 또는 종을 비교할 때는 컴퓨터를 사용하더라도 가능한 모든 계통

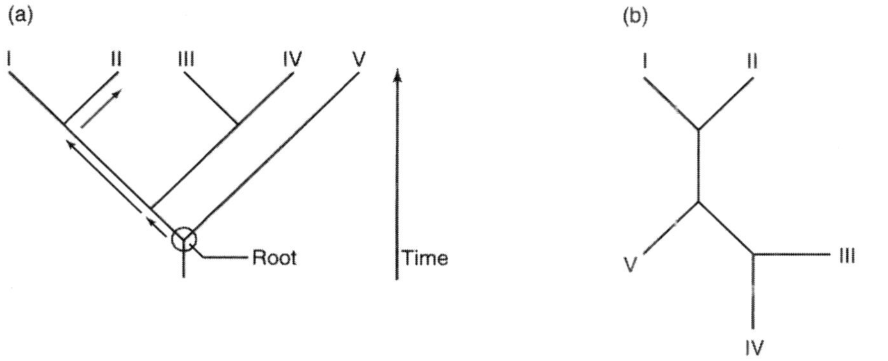

FIGURE 4.2 *(a) Rooted and (b) unrooted trees. Arrows indicate a unique path leading from the root to species D in the rooted tree. No inferences regarding the direction in which evolution occurred can be made from the unrooted tree.*

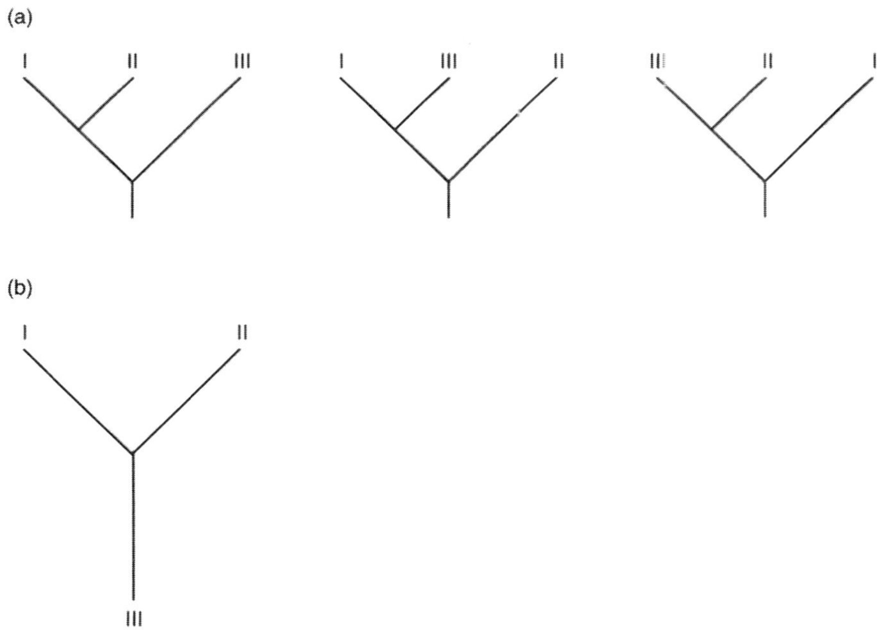

FIGURE 4.3 *All possible (a) rooted and (b) unrooted trees when only three species are considered.*

TABLE 4.1 Number of possible rooted and unrooted trees that can describe the possible relationships among fairly small numbers of data sets.

Number of Data Sets	Number of Rooted Trees	Number of Unrooted Trees
2	1	1
3	3	1
4	15	3
5	105	15
10	34,459,425	2,027,025
15	213,458,046,767,875	7,905,853,580,625
20	8,200,794,532,637,891,559,375	221,643,095,475,699,771,875

수를 한 번에 파악하기는 힘들다. 적은 수의 서열만을 사용하더라도 가능한 계통수의 수는 엄청나지만(표 4.1), 이중에서 대상 서열 또는 종 사이의 실제 계통발생학적 관계를 나타내는 계통수는 단지 하나뿐일 것이다. 따라서 서열간의 진화적 관계를 가장 잘 반영할 수 있는 계통수만을 찾을 수 있는 여러 가지 간단한 방법들(몇 개는 이 장의 끝부분과 5장에서 소개됨)이 고안되었으며, 이를 이용하여 서열 데이터로부터 작성된 계통수를 추론된 계통수(**inferred trees**)라 한다.

Gene vs. Species Trees

하나의 상동유전자에서 관측된 진화적 분기(divergence)를 바탕으로 작성된 계통수는 종 계통수(**species tree**)라기보다는 유전자 계통수(**gene tree**)라고 부르는 것이 더 타당하다. 이러한 계통수는 해당 유전자를 가지고 있는 종이 아니라 그 유전자의 진화에 대한 역사만을 나타내기 때문이다. 종 계통수는 보통 여러 개의 유전자들로부터 얻어진 데이터들을 이용한 분석으로부터 얻을 수 있다. 예를 들어 최근에 수행된 식물 종의 진화에 관한 연구에서 식물에 대한 종 계통수를 만들기 위해 100개 이상의 서로 다른 유전자를 이용한 바 있다. 이렇게 많은 수의 유전자를 사용하는 것이 불필요할 것이라고 생각될 수도 있지만, 진화는 개체 수준에서가 아니라 개체군 수준에서 일어난다는 중요한 사실을 상기하여야 한다. 즉 유전자의 분기는 새로운 종이 생겨나 개체군이 분할되기 전에 발생하게 된다는 것이다. 그림 4.4에서 고려되는 유전자에서 보면, 1번 종의 몇몇 개체들은 동일한 개체군 내의 다른 개체들보다 2번 종의 개체들과 더욱 유사함을 알 수 있다. 3장에서 소개된 인간 백혈구항원(human leukocyte antigen, HLA)의 유전자처럼

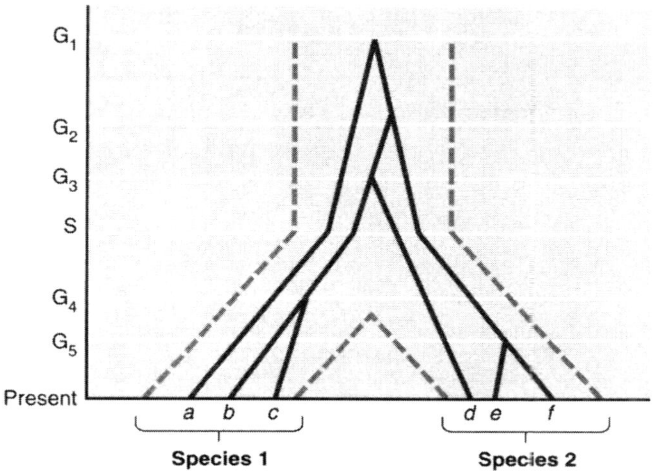

FIGURE 4.4 *Individuals may actually appear to be more closely related to members of a species other than their own when only one gene is considered. Gene divergence events (G_1 through G_5) often occur before as well as after speciation events (S). The evolutionary history of gene divergence resulting in the six alleles denoted* a *through* f *is shown in solid lines; speciation (i.e., population splitting) is shown by broken lines. Individual* d *would actually appear to be more closely related to individuals in species 1 if only this locus were considered even though it is a member of species 2.*

개체군 내에서의 다양성이 진화적 중요성을 갖는 경우에는 유전자 계통수와 종 계통수를 비교하는 것이 매우 중요하다. 만약 HLA 유전자만으로 종 계통수를 결정한다면 많은 인간들이 고릴라로 분류될 수도 있다.

Character and Distance Data

계통수를 만드는데 이용되는 분자 데이터는 (1) 잘 정의된 특성을 제한된 몇 가지 상태로 나타내는 특성**(character)** 데이터 또는 (2) 데이터 세트 사이의 차이를 나타내는 거리**(distance)** 데이터로 구분할 수 있다. DNA와 단백질 서열은 모두 이산적(discrete)인 특성 상태들을 나타내는 특성 데이터의 예이다. 특성 데이터의 또 다른 예로는 생명체의 색깔 또는 특별한 자극에 반응할 때까지 걸리는 시간 등이 있는데, 일반적으로 접하게 되는 해부학적 또는 행동학적 특성에 기반한 분류학에서 사용된다. 이제는 DNA 서열 데이터가 풍부하기 때문에 유전체간의 DNA-DNA 혼성화에 의해 생성되는 거리 데이터를 사용하는 연구도 드물다.

특성 데이터는 특성들 사이의 유사도(similarity)만 정의되면 거리 데이터로 쉽게 바꿀 수 있다. 예를 들어 두 종에서 유래된 두 개의 유전자 사이의 유전적 거리(D)는 정렬서열(alignment)로부터 간단히 계산할 수 있는데, 두 서열 사이에 일치하는 핵산염기(nucleotides)의 수(m)를 전체 핵산염기의 수(t)로 나누면 된다($D = m/t$). 물론 이 값에 다중치환(multiple substitutions)에 대한 보정(adjustment)을 할 수도 있다(3장 참조). 많은 생물학자들은 유전자간의 유전적 거리를 "100개의 핵산염기당 변화(changes)의 수"라는 개념으로 표현함으로써 표준화된 척도를 사용하고 있다. 단백질 역시 아미노산 서열(amino acid sequences)들의 정렬서열로부터 같은 방식으로 유전적 거리가 계산된다. 그러나 특성 데이터를 거리 데이터로 변환하면 중요한 생물학적 정보들이 손실될 수 있다. 한 가지 대표적인 예를 다음에 기술하였다. 핵산염기와 아미노산 서열에서 특정한 종류의 치환(substitutions)이 다른 종류의 치환보다 더 쉽게 일어난다는 것은 이미 잘 알려진 사실이다. 따라서 포유류의 유전체에서 C가 T로 치환되는 경우가 C가 G나 A로 치환되는 경우보다 세 배 정도 빈번하게 발생한다면, C/T 불일치(mismatch)에 비해 C/G 또는 C/A 불일치에 더 큰 가중치를 두고 DNA 서열 사이의 유전적 거리를 계산하여야 하지만, 단순한 데이터 변환 과정에서는 이러한 잠재적 중요성을 갖는 정보들이 유실될 수도 있다. 단백질 서열의 비교에서는 작용기(functional group)의 화학적 특성이 비슷한 아미노산 사이의 치환 가능성이 더 크다는 점과 아미노산 치환이 일어나기 위해서 요구되는 DNA 수준에서의 핵산염기 치환의 수가 아미노산마다 다르다는 점이 문제를 더욱 복잡하게 한다.

또한 다음에 다루게 될 UPGMA와 같은 통계학적인 방법에 근거한 접근법들에서도 생물학적으로 중요한 정보가 누락될 수 있는데, 표현학자**(pheneticist)**들은 현재 상태로 이르게 된 경로보다는 현재의 데이터들 사이의 외연 관계에 더 무게를 두기 때문에 UPGMA와 같은 방법들을 선호하는 경향이 있다. 그러나 분기학자**(cladist)**들은 일반적으로 현재의 관계보다는 진화 경로와 과정에 더욱 관심이 있고, 보다 생물학적인 방법론적 기반을 갖는 접근법들을 선호하는 경향이 있다. 두 접근법들에 대한 우월성 논의가 놀라울 정도로 치열하였지만, 두 접근법들 모두 널리 쓰이며 대부분의 데이터에 잘 적용되고 있다.

Distance Matrix Methods

가능한 모든 계통수들 가운데 어느 것이 실제 진화적 관계를 가장 잘 설명하는 계통수인지를 찾아내는 것은 많은 연산이 요구되는 복잡한 작업이며, 분석에 사용되는 컴퓨터의 성능에 크게 의존적이다. 거리기반법(distance-based method)은 이러한 작업을 단순화하기 위해서 분석에 사용되는 모든 서열간의 유전적 차이를 쌍별거리행렬(pairwise distance matrices)과 같은 표로 요약한 후, 계통수를 구성하는 알고리즘들을 원형으로 하고 있다. 거리기반법의 배경이 되는 기본 논리를 이해하면 계통수가 정확히 어떤 정보를 전달하는지, 계통수의 생성을 위해서 어떤 종류의 분자 데이터가 가장 유용한지, 그리고 어떤 상황에서 변형된 방법을 사용해야 하는지를 쉽게 파악할 수 있을 것이다.

UPGMA

계통수 구축을 위한 방법들 중에서 거리행렬법(distance matrix method)은 가장 오래 되었으면서 동시에 가장 간단하기도 하다. 대표적인 예가 산술평균 비가중 쌍별그룹 법(**unweighted-pair-group method with arithmetic mean: UPGMA)**으로 1960년대 초에 형태학적 특성들로부터 진화적 연관성을 분석하기 위한 목적으로 만들어진 통계학적 방법이다. UPGMA법 역시 다른 거리기반법과 마찬가지로 비교하고자 하는 모든 분류군(taxa)들 사이의 쌍별 차이가 유전적 거리로 요약된 데이터를 필요로 한다. 4개의 분류군(A, B, C, D)들을 분석 대상으로 한다면, 다음과 같은 거리행렬이 필요하다.

Species	A	B	C
B	d_{AB}	-	-
C	d_{AC}	d_{BC}	-
D	d_{AD}	d_{BD}	d_{CD}

이 행렬에서 d_{AB}는 종 A와 B 사이의 거리(예를 들면, 일치하지 않는 핵산염기의 수를 전체핵산염기의 수로 나눈 것)를 나타내고, d_{AC}는 분류군 A와 C 사이의 거리에 해당된다.

UPGMA법은 가장 가까운 거리에 있는 두 종을 묶어 하나의 그룹을 형성시키는 것으로부터 시작된다. 거리행렬에서 가장 작은 값이 d_{AB}라면 종 A와 B가 가장 먼저 그룹(AB)으로 묶이게 된다. 첫 번째 그룹(AB)이 형성되면, 이 그룹과 다른

```
                10           20           30           40           50
A:     GTGCTGCACGG  CTCAGTATA   GCATTTACCC   TTCCATCTTC   AGATCCTGAA
B:     ACGCTGCACGG  CTCAGTGCG   GTGCTTACCC   TCCCATCTTC   AGATCCTGAA
C:     GTGCTGCACGG  CTCGGCGCA   GCATTTACCC   TCCCATCTTC   AGATCCTATC
D:     GTATCACACGA  CTCAGCGCA   GCATTTGCCC   TCCCGTCTTC   AGATCCTAAA
E:     GTATCACATAG  CTCAGCGCA   GCATTTGCCC   TCCCGTCTTC   AGATCTAAAA
```

FIGURE 4.5 *A five-way alignment of homologous DNA sequences.*

TABLE 4.2 A pairwise distance matrix that summarizes the number of nonmatching nucleotides between all possible pairs of sequences shown in Figure 4.5.

Species	A	B	C	D
B	9	-	-	-
C	8	11	-	-
D	12	15	10	-
E	15	18	13	5

분류군들 사이의 거리를 계산하여 새로운 거리행렬을 만드는데, 그룹 (AB)와 분류군 C, D 사이의 거리는 각각 $d_{(AB)C} = 1/2(d_{AC} + d_{BC})$, $d_{(AB)D} = 1/2(d_{AD} + d_{BD})$와 같이 계산된다. 그리고 새로운 거리행렬에서 가장 가까운 거리에 있는 종을 묶어 다시 새로운 그룹을 형성시켜 가는데, 이러한 과정은 모든 종들이 그룹화될 때까지 반복된다. 종들을 연결하는 분지의 길이가 종간의 진화적 거리를 나타내도록 하려면, 두 종이 분기되는 지점을 그룹화된 종들을 연결하는 분지의 절반

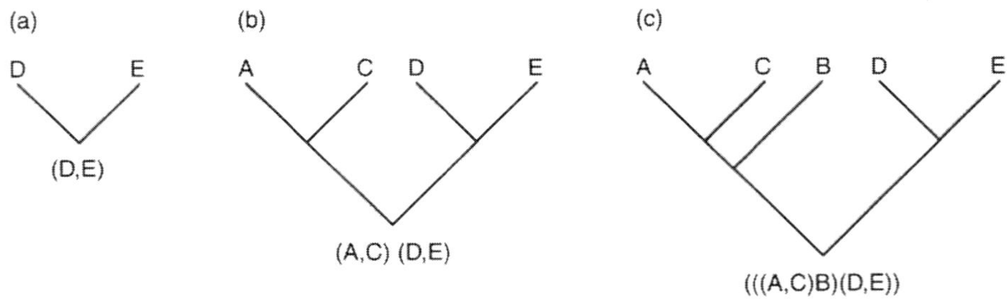

FIGURE 4.6 *A phylogenetic tree as it is constructed using the UPGMA method. (a) The first grouping (D,E) is between species D and E, which are connected by a single bifurcating branch. (b) The second grouping (A,C) is between species A and C, which are also connected to each other by a single bifurcating branch. (c) The last grouping ((A,C)B) unambiguously places the branching point for species B between that of the common ancestors of (A,C) and (D,E).*

거리에 두어야 한다. 예를 들어 첫 번째 군(AB)에 대해서는 $d_{AB}/2$에 해당하는 지점에 분기점을 두어야 한다.

실제 서열 데이터에 UPGMA법을 적용하는 예제를 살펴보면 앞서 서술한 방법을 쉽게 파악하는데 도움이 될 것이다. 그림 4.5에 예시한 5개의 DNA 서열들로 이루어진 정렬서열에 대해 생각해 보자. 주어진 서열들에 대한 쌍별 비교로부터 표 4.2에 나타낸 것과 같은 거리행렬이 생성될 것이다. 다섯 개의 서열 모두 길이가 같고 서열공백(gap)이 없기 때문에, 거리행렬은 쌍별 비교에서 측정된 일치하지 않는 핵산염기들의 수로 구성된다. 예를 들어 종 A와 B 사이에 일치하지 않는 핵산염기의 수는 9이다.

그림 4.5에 예시한 다중정렬서열(multiple alignment)에서 임의의 두 서열에 대한 거리가 최소인 것은 d_{DE}이므로 종 D와 E가 그룹화 된다(그림 4.6a). 이제 종 D와 E 대신에 그룹(DE)을 사용하여 새로운 거리행렬이 만들어진다(표 4.3). 그룹(DE)과 남은 종들 사이의 거리는 표 4.3에 예시된 바와 같이 남은 종과 그룹(DE)의 구성원인 종 D와 E 사이의 거리에 대한 평균을 취함으로써 결정된다. 즉, $d_{(DE)A} = 1/2(d_{AD} + d_{AE})$ 이므로 $d_{(DE)A} = 1/2(12 + 15) = 13.5$이다.

그런데 새로운 행렬에서는 종 A와 C 사이의 거리가 최소 값이기 때문에, 또 다른 새로운 그룹(AC)이 생성된다(그림 4.6b). 새로운 그룹을 이용하여 작성된 새로운 거리행렬은 표 4.4에 예시한 바와 같다. 이 최종 행렬에서는 (AC)와 B 사이의 거리($d_{(AC)B} = 10$)가 가장 짧기 때문에 그룹((AC)B)이 생성된다. 최종적으로 생성되는 군집은 그림 4.6c와 같으며, 뉴익체계를 이용하면 (((A,C)B)(D,E))로 나타낼 수 있다. 많은 경우에 있어서 UPGMA법이 필요로 하는 거리행렬들을 만들어내는 과정이 계통수를 추론하는 전체 과정 중에서 가장 많은 시간을 소요한다. 데이터가 많지 않은 경우에는 수작업으로 계산이 가능하지만, 분석하고자 하는 서열의 수나 길이가 큰 경우에도 컴퓨터 프로그램을 이용하면 쉽게 처리가 가능하다.

TABLE 4.3 The distance matrix that results when species D and E of Table 4.2 are combined and considered as a single group.

Species	A	B	C
B	9	-	-
C	8	11	-
DE	13.5	16.5	11.5

TABLE 4.4 The distance matrix that results when species A and C of Table 4.3 are combined and considered as a single group.

Species	B	AC
AC	10	-
DE	16.5	12.5

Estimation of Branch Lengths

서열들의 연관성을 서술하는 것과 더불어 계통수의 위상(**topology**)으로 서열들이 분기되는 상대적인 순서에 대한 정보를 나타낼 수 있다. 이러한 정보를 전달하는 척도화 계통수는 분기도(**cladogram**)라 불리기도 하는데, 분기도는 서열이 독립적으로 치환을 누적해 온 시간을 추론하여 이를 분지의 길이로 표시한다.

분기도에서 분지의 상대적인 길이는 거리행렬에 있는 정보를 이용하여 쉽게 계산될 수 있다. 만약 진화속도가 모든 계통에서 일정하다고 가정하면, 내부결절들은 하위 종으로부터 같은 거리에 위치하게 된다. 예를 들어 그림 4.5의 서열들과 표 4.2의 거리행렬을 이용하면, 종 D와 E 사이의 거리($d_{(DE)}$)는 5이므로 척도화 계통수에서 이 종들과 이들의 공통조상을 연결하는 분지의 길이는 $d_{(DE)}/2$ 또는 2.5 단위(unit)가 된다. 유사한 예를 들면, 그림 4.7에서 보듯이 A와 C는 그들의 공통조상과의 거리가 $d_{(AC)}/2$ 또는 4 단위만큼의 길이로 연결되고, (AC)와 (DE) 사이의 분지 역시 $d_{(AC)(DE)}/2$ 또는 6.25 단위만큼의 길이로 연결된다. 소수의 방법들만이 자체적으로 유근계통수를 작성할 수 있는데, UPGMA법은 위와 같은 간단한 방법으로 분지의 길이를 추정하여 유근계통수를 만들어낸다.

하지만 모든 계통의 진화속도가 동일하다고 가정 할 수 없을 때에는 척도화 계통수의 분지 길이를 결정하는 과정이 더 복잡해진다. 분지의 길이가 의미 있는 정보를 가질 수 있는 가장 간단한 형태는 그림 4.8에 예시한 것과 같이 3개의 종과 하나의 분기점으로 구성된 계통수이다. 이 계통수에서 세 분지의 길이를 x, y, z로 표시하면 다음의 수식들이 성립한다.

$$d_{AC} = x + y$$
$$d_{AB} = x + z$$
$$d_{BC} = y + z$$

그리고 위 식들을 간단한 연산을 통해 변형시키면, 쌍별 거리행렬의 원소들을 분지의 길이로 나타낼 수 있다.

$$x = (d_{AB} + d_{AC} - d_{BC})/2$$
$$y = (d_{AC} + d_{BC} - d_{AB})/2$$
$$z = (d_{AB} + d_{BC} - d_{AC})/2$$

2개 이상의 분지점을 갖고 있는 좀 더 복잡한 계통수에서 분지의 길이는 한 번

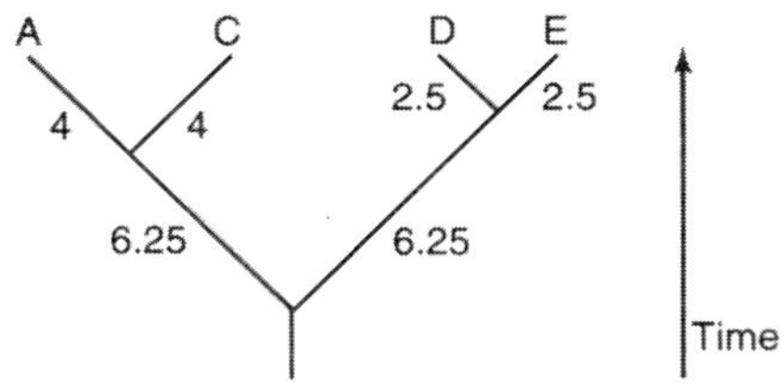

FIGURE 4.7 *A scaled tree showing the branch lengths separating four of the species depicted in Figure 4.6. Branch lengths are shown next to each branch. Branches are also drawn to scale to reflect the amount of differences between all species. If evolution has occurred at a constant rate for all of these lineages, then branch length also corresponds to divergence time.*

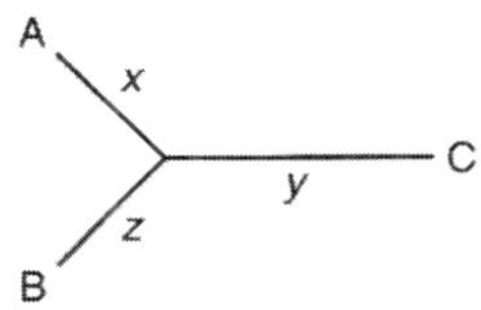

FIGURE 4.8 *The simplest tree whose branch lengths might have some meaningful information. Each of the three branches on this tree can be represented as a single variable (x, y, and z).*

에 단지 3개의 분지만을 고려하는 것을 연속적으로 반복함으로써 추정할 수 있다. 즉, 그림 4.8에 있는 x와 z는 거리행렬에서 가장 밀접하게 연관된 종들을 연결하는 분지들이며, 다른 한 분지인 y는 거리행렬에서 이들의 공통조상을 다른 모든 종의 공통조상으로 연결하는 분지로 간주하는 것이다. 예를 들어 5개의 종(1, 2, 3, 4, 5)에 대한 거리행렬에서 UPGMA법이 우선 종 1과 2를 그룹화 하면, 앞의 식에 있는 d_{AC}와 d_{BC}의 값은 종 1과 2와 다른 모든 종들 사이의 거리들에 대한 평균 값이 된다.

$$d_{AC} = (d_{13} + d_{14} + d_{15})/3$$
$$d_{BC} = (d_{23} + d_{24} + d_{25})/3$$

Transformed Distance Method

거리행렬을 이용한 접근법의 장점은 일반적으로 형태학적 데이터와 분자 데이터, 그리고 심지어는 두 개의 데이터가 혼합된 경우에도 잘 적용된다는 것이다. 또한 5장에서 설명할 축약접근법(parsimony approach)은 계통발생학적 정보를 포함하지 않은 서열위치들을 분석 대상으로 고려하지 않지만, 거리행렬접근법은 분석을 위해 데이터의 모든 부분을 사용한다.

UPGMA 접근법의 단점은 모든 계통의 진화 속도가 일정하다고 가정하고 있다는 것이다. 물론 3장에서 다룬 상대속도검정(relative rate tests)에 의하면 이 가정이 항상 맞는 것은 아니다. 치환속도가 일정치 않으면 UPGMA법에 심각한 문제를 야기할 수 있으며 부정확한 위상을 갖는 계통수가 생성될 수 있다. 실제로 그림 4.5의 UPGMA법을 설명하는데 사용된 5개의 DNA 조합에 대한 경우에서도 생성된 계통수의 분지 길이가 가법적인 것이 아닐 수 있다. 예를 들면, 표 4.2의 거리행렬에서 d_{AE}의 실제 값은 15인 반면, 그림 4.7에 나타낸 척도화 계통수에서는 d_{AE} = 4 + 6.25 + 6.25 + 2.5 = 19이다.

UPGMA법의 대안으로 사용되고 있는 몇 가지 다른 방법들은 계통 별로 진화속도가 달라질 수 있는 가능성을 고려하고 있다. 이 중에서 가장 오래되고 단순한 것이 **변환거리행렬법(transformed distance method)**이다. 1977년 J. Farris에 의해 처음 고안된 변환거리행렬법은 **외집단(outgroup)**분석대상인 종**(내집단, ingroups)**들이 이들의 공통조상으로부터 분기되기 전에 이미 분기되었던 종-의 장점을 충분히 활용하고 있다.

그림 4.5에 예시한 데이터에서 종 D가 종 A, B, C에 대한 외집단이고 이 종들의 실제 계통발생학적 관계는 그림 4.9에 나타낸 바와 같다고 가정하자. 만약 분지의 옆에 기입된 숫자가 진화과정 중에 계통에 축적된 돌연변이(치환)의 수에 해당한다면, 쌍별 진화거리는 표 4.5에 나타낸 바와 같다. 이는 표 4.2가 요약된 형태이다. 이런 경우에 종 D는 다음 식을 사용하여 다른 종간의 거리를 변환시키는 외부 기준으로 사용될 수 있다.

$$d'_{ij} = (d_{ij} - d_{iD} - d_{jD})/2 + \bar{d}_D$$

여기서 d'_{ij}는 종 i와 j 사이의 변환거리이며 $\bar{d}_D$는 외집단과 모든 내집단 사이의 평균 거리이다. 즉, $\bar{d}_D = (d_{AD} + d_{BD} + d_{CD})/3 = 37/3$이다. 진화적 견지에서 볼 때 음의 거리는 가능하지 않기 때문에 $\bar{d}_D$는 단지 모든 변환거리의 값이 양의 값임을 확실하게 하기 위해 도입된 것이다. $\bar{d}_D$에 대한 값과 표 4.5에 있는 거리를 이용하여 종 A, B, C의 변환거리행렬이 표 4.6과 같이 만들어 질 수 있다. 그리고 여기에 UPGMA 접근법이 적용된다. 먼저 d_{AB}가 가장 작은 값이기 때문에 A와 B가 첫 번째로 묶이게 될 것이다(A,B). 종 C는 다음으로 계통수에 더해지며 외집단인 D는 실제 위상(topology)을 갖는 하나의 계통수가 되기 위해 마지막에 더해진다. 최종적으로 얻어지는 계통수의 위상을 뉴익체계로 표시하면 (((A,B)C)D)이 된다.

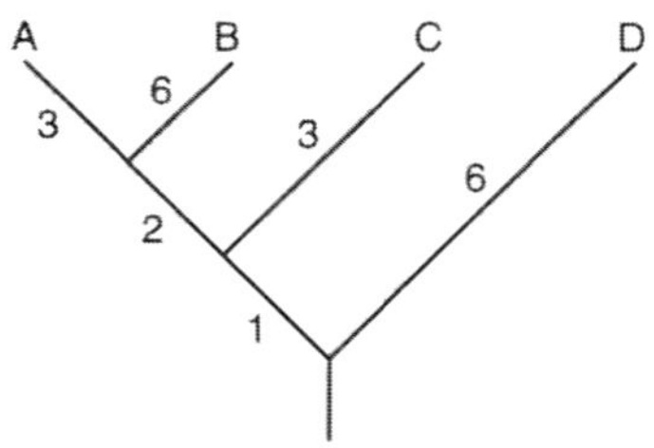

FIGURE 4.9 *The true phylogenetic relationship and branch lengths of four species: A, B, C, and D.*

TABLE 4.5 Pairwise evolutionary distances for the four species depicted in Figure 4.7, assuming that the tree is additive as it should be.

Species	A	B	C
B	9	-	-
C	8	11	-
DE	12	15	10

TABLE 4.6 Transformed distance matrix for the three ingroups of Table 4.5 when D is used as an outgroup.

Species	A	B
B	10/3	-
C	16/3	16/3

Neighbor's Relation Method

UPGMA법의 또 다른 변형으로는 모든 분지들의 길이가 최소화되도록 계통수를 작성하는 근친간의 관계에 중점을 둔 방법이 있다. 여기서 근친(**neighbors**)이란 오직 하나의 내부결절에 의해 분리된 한 쌍의 종들을 뜻한다. 그림 4.10에 예시한 계통수의 위상(topology)으로부터 근친간의 대수적(algebraic) 관계를 만들 수 있는데, 만일 그림 4.9에 나타낸 계통수가 가법성(additivity)을 갖는 계통수라면 다음 식들이 성립해야 한다.

$$d_{AC} + d_{BD} = d_{AD} + d_{BC} = a + b + c + d + 2e = d_{AB} + d_{CD} + 2e$$

여기서 a, b, c, d는 말단분지의 길이이며 e는 중앙분지의 길이이다. 따라서 사점조건(**four point condition**)이라 불리는 다음 조건식들이 성립하여야 한다.

$$d_{AB} + d_{CD} < d_{AC} + d_{BD}$$
$$d_{AB} + d_{CD} < d_{AD} + d_{BC}$$

근친접근법(**neighborliness approach**)은 4개의 종으로 만들 수 있는 모든 쌍의 배열 중에서 어떤 배열이 사점조건을 만족하는지를 결정한다. 사점조건의 중요한 가정은 계통수의 분지 길이들이 가법성을 가진다는 것인데, 이 가정으로부터 출발하는 것이 특별히 민감한 부분은 아니지만 가법성이 없는 데이터에 대해서는 잘못된 위상을 갖는 계통수가 생성될 수도 있다. 1977년 Sattach와 Tversky에 의해서 제안된 근친접근법은 4개의 종을 대상으로 하면, 다음과 같은 과정으로 이루어진다. 우선 거리행렬을 만들고, 그 행렬에 있는 값들을 사용하여 4개의 종에 대한 $d_{AB} + d_{CD}$, d_{AC}

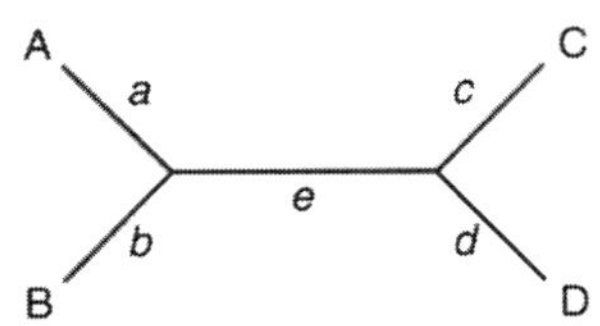

FIGURE 4.10 *A generic phylogenetic tree with four species (A, B, C, and D) and each branch uniquely labeled* (a, b, c, d, *and* e).

+ d_{BD}, d_{AD} + d_{BC}를 계산한다. 그리고 합이 가장 적은 두 개의 쌍에 1점을 부여하고 다른 4개의 쌍들에는 모두 0점을 부여한다. 이 과정을 데이터 세트에 있는 4개종으로 구성할 수 있는 모든 조합에 대해 반복하면서, 각 쌍에 부여된 점수를 누적해 나간다. 분석의 마지막 단계에서는 가장 높은 누적 점수를 갖는 한 쌍의 종이 종들이 근친 관계가 된다들을 그룹화하고 UPGMA법에서처럼 새로운 거리 행렬을 만든다. 이때 새로운 거리행렬은 3개의 종만 남음으로써 계통수의 위상이 명백하게(unambiguously) 결정될 때까지 만들어지게 된다. 이 방법은 종의 수가 5~6개일 때까지는 연산이 비교적 간단하지만, 종의 수가 이를 넘어서면 계산상의 부하가 매우 커지게 된다.

Neighbor-Joining Methods

근친연결법**(neighbor-joining methods)**은 근친접근법 중의 하나이며, 이 방법은 종의 수에 상관없이 모든 종을 한 개의 중앙 결절에서 파생시키는 별 모양의 계통수로부터 시작한다. 그리고 분지 길이의 총합을 최소화할 수 있는 근친들이 결정된다. 근친연결법과 다른 종류의 근친접근법과의 차이점은 분지 길이의 합을 결정하는 방식에 있다. 1987년 Saitou와 Nei는 계통수를 구성하는 분지의 총 길이는 다음의 식으로 계산될 수 있다고 제안하였다.

$$S_{12} = (1/(2(N-2))(\Sigma(d_{1k} + d_{2k}) + (1/2)d_{12} + (1/N-2)(\Sigma d_{ij})$$

여기서 N은 거리행렬에 표시된 종의 수이고 d_{ij}는 종 i와 j 사이의 거리이다. 그리고 어떤 종이든지 위 식의 종 1, 2가 될 수 있으며 k는 외집단을 의미한다. 1988년 Studier와 Keppler는 다음과 같은 계산 속도가 향상된 알고리즘을 제안하였다.

$$Q_{12} = (N-2)d_{12} - \Sigma d_{1i} - \Sigma d_{2i})$$

모든 단계마다 가능한 모든 쌍의 종들을 대상으로 분지의 전체 길이를 최소화하는(S_{12} 또는 Q_{12}의 값이 가장 작은) 계통수를 만드는 쌍이 그룹화 되고, 다시 새로운 거리행렬이 생성된다. 근친연결법과 근친관계법(neighbor's relation) 모두 기본적으로 사점조건을 사용하고 가법성을 가정한다는 점에서 이론적으로 동일하다고 볼 수 있으며, 실제로 두 접근법은 동일하거나 매우 유사한 계통수를 생성하는 경향이 있다.

Maximum Likelihood Approaches

최대가능도 접근법(**maximum likelihood approaches**)은 통계학에 기반을 둔 방법이라 할 수 있다. 이 접근법에서는 정렬서열 내에서 관찰되는 모든 종류의 염기치환에 대한 치환확률이 개별적으로 고려된다. 예를 들어 염기전이에 해당하는 치환이 염기교차에 해당하는 치환에 비해 3배 정도 빈번하게 관찰되는 정렬서열이 있다고 가정하자. 만약 이 정렬서열의 1개 열(column)에 대해서만 서열간의 차이(C, T, G)가 있다면, C와 G를 갖는 서열들 사이의 관계보다 C와 T를 갖는 서열들 사이의 관계가 더 밀접할 가능성이 높다고 보는 것이다. 하지만 대상 서열들의 공통조상에 대한 서열을 알 수는 없기 때문에 핵산염기들의 치환확률을 계산하는 것은 단순하지가 않다. 또한 1개 이상의 서열위치에 대해서 다중치환(multiple substitution)이 발생했을 수도 있고, 모든 서열위치가 반드시 서로 독립적이거나 이와 동등한 상태라고 할 수도 없기 때문에 문제가 더욱 복잡해진다. 그러나 객관적인 기준을 적용하여 모든 서열위치에 대한 치환확률을 계산할 수 있다면, 서열간의 관계를 표시할 수 있는 모든 계통수들에 대해서 치환확률의 총합을 계산할 수 있을 것이다. 모든 서열위치에서 계산된 치환확률의 총합이 가장 큰 계통수가 실제 계통 발생적 관계를 가장 잘 반영하는 계통수로 결정하는 것이 최대가능도 접근법이다. 하지만 최대가능도 접근법은 표 4.1에서 사용된 정도의 적은 수의 서열에 대해서도 많은 수의 계통수가 가능하기 때문에 계산상의 부하가 매우 큰 방법이다. 하지만 최근에는 컴퓨터의 성능과 처리용량이 향상됨에 따라 최대가능도 접근법을 실제 데이터에 적용하는 것이 가능해 졌으며, 이 방법으로 추론된 계통수들이 사용된 연구 논문도 늘어나는 추세이다.

Multiple Sequence Alignments

2장에서 설명한 것처럼 서열간의 유사도가 높고 삽입과 결실이 많이 발생하지 않은 서열에 대한 서열정렬은 비교적 쉬운데, 2개의 서열을 정렬하는 쌍별정렬법을 그대로 적용하여 3개 이상의 서열을 정렬할 수도 있다. 쌍별정렬과 마찬가지로 다중정렬에서도 서열 사이에 대응되는 핵산염기들이 같은 열에 위치하도록 수직방향으로 배열되지만, 쌍별정렬에 비해 다중서열정렬이 힘든 것은 다음과 같은 정렬점수 계산상의 문제점 때문이다. 예를 들어 1개의 서열에서만 1개의 핵산염기가 삽입되더라도 다중정렬 중인 다른 모든 서열들에는 이에 대응하는 서열공백

(gap)이 더해지게 되므로 정렬점수 계산에 사용되는 서열공백에 대한 모든 감점 기준들이 무의미하게 되어버린다. 또한 추가되는 서열의 순서가 다중서열정렬 결과에 심각한 영향을 미친다는 것도 여러 연구 결과에서 밝혀진바 있다.

유사한 서열들을 정렬하는 것이 더 쉽고 정확하다면, 다중서열정렬에서는 대상 서열들의 분기 순서를 고려해야 할 것이다. 즉, 정렬서열을 만들기 전에 서열간의 계통발생학적 관계를 파악하고, 가장 관계가 밀접한 것부터 순차적으로 서열을 추가해 가면서 다중서열정렬을 하여야 한다는 것이다. 또한 서열 자체의 분석을 위해서도 계통발생학적 관계를 파악하는 것이 최근의 연구 추세이기도 하기에 서열정렬과 계통발생학적 관계 파악을 동시에 할 수 있는 통합된 접근법이 일반적으로 사용된다. 이러한 통합된 접근법들의 대부분은 (1) 대상 서열간의 모든 쌍별 정렬들로부터 쌍별거리행렬의 생성, (2) UPGMA와 같은 통계적인 접근법을 이용한 시작계통수의 작성, (3) 서열간의 유사도에 따라 서열들을 점진적은 추가하면서 서열정렬 수행, (4) 새로운 다중정렬서열로부터 얻어진 쌍별거리로부터 새로운 계통수의 작성, (5) 새로운 계통수가 이전 단계의 계통수와 동일해질 때까지 위 과정을 반복하는 식으로 계통발생학적 분석과 서열정렬 과정을 여러 번 반복하는 알고리즘으로 구성된다.

Chapter Summary

상동서열간의 실제 계통발생학적 관계를 알 수는 없기 때문에 핵산염기와 아미노산의 서열 정보로부터 가장 가능성이 있는 계통발생학적 관계를 추론할 수 있는 다양한 접근법들이 사용되고 있다. 계통학적 관계를 재구성하기 위한 거리기반 접근법은 서열간의 전체적인 유사성을 고려하여 가장 유사한 서열들끼리 점진적으로 그룹화하는 방법이다. 최대가능도 접근법은 계통수 생성에 매우 복잡한 계산과정이 요구되나 통계적으로 가장 가능성이 높은 계통학적 관계를 찾아내도록 한다는 점에서 주목을 받고 있다.

Readings for Greater Depth

The general utility of molecular data in phylogenetic studies is succinctly reviewed in T. A. Brown and K. A. Brown, 1994, Using molecular biology to explore the past, *BioEssays* **16**:719–726.

The simplest method for tree reconstruction, UPGMA, was first applied in R. R. Sokal and C. D. Michener, 1958, A statistical method for evaluating systematic relationships, *Univ. Kansas Sci. Bull.* **28**: 1409–1438.

The algorithm underlying the neighbor-joining approach as well as a comparison to the neighbor's relation method are described in detail in N. Saitou and M. Nei, 1987, The neighbor-joining method: A new method for reconstructing phylogenetic trees, *Mol. Biol. Evol.* **4**: 406–425.

A detailed description and review of the maximum likelihood approach (as well as references to papers describing different substitution models and algorithms) can be found in J. P. Huelsenbeck and K. A. Crandall, 1997, Phylogeny estimation and hypothesis testing using maximum likelihood, *Annu. Rev. Ecol. Syst.* **28**: 437–466.

Questions and Problems

* **4.1** What are some of the advantages of using molecular data to infer evolutionary relationships?

4.2 As suggested by the popular movie *Jurassic Park*, organisms trapped in amber have proven to be a good source of DNA from tens and even hundreds of millions of years ago. However, when using such sequences in phylogenetic analyses it is usually not possible to distinguish between samples that come from evolutionary "dead ends" and those that are the ancestors of organisms still alive today. Why would it not be possible to use information from ancient DNA in a standard UPGMA analysis?

* **4.3** Draw the phylogenetic tree that corresponds to the one described in the standard Newick format as (((A,B)C)(D,E))F.

4.4 Draw all possible rooted and unrooted trees for four species: A, B, C, and D.

* **4.5** What is the chance of randomly picking the one rooted phylogenetic tree that describes the true relationship between a group of eight organisms? Are the odds better or worse for randomly picking among all possible unrooted trees for those organisms?

4.6 Why is it easier to convert character data into distance data than vice versa? Which type of data would be preferred by a pheneticist or a cladist?

* **4.7** Using the five-way sequence alignment shown in Figure 4.5, construct a distance matrix by weighting transversions (A's or G's changing to C's or T's) twice as heavily as transitions (C's changing to T's, T's changing to C's, A's changing to G's, or G's changing to A's).

4.8 Use UPGMA to reconstruct a phylogenetic tree using the following distance matrix:

Species	A	B	C	D
B	3	—	—	—
C	6	5	—	—
D	9	9	10	—
E	12	11	13	9

* **4.9** Using the same distance matrix provided for Question 4.8 and assuming that species D is an outgroup, reconstruct a phylogenetic tree with the transformed distance method. Does the topology of this tree differ from the one you generated with UPGMA alone?

4.10 Using the same distance matrix provided for Question 4.8 and assuming that species F is an outgroup, reconstruct a phylogenetic tree with the transformed distance method. Does the topology of this tree differ from the one you generated using D as an outgroup?

* **4.11** Assume that the rate of evolution is not the same for all lineages in the tree you generated for Question 4.10. What are the relative lengths of each of the branches in the tree?

CHAPTER

5

Character-Based Methods of Phylogenetics

There is grandeur in this view of life,··· from so simple a beginning endless forms most wonderful and most wonderful have been, and are being evolved.

Charles Darwin(1809-1882)

생명정보학에서는 염기서열 또는 종(species)간의 진화적 관계를 파악하는 작업을 다중서열정렬법(multiple sequence alignment)과 같은 다른 종류의 분석법들이 필요로 하는 기초 정보를 수집하는 과정의 하나로 본다. 따라서 생명정보학자들은 진화의 경로와 과정을 다루는 분기학(cladistics) 연구자보다는 표현학(phenetics, 4장 참조) 연구자에 더 가까운 성향을 보인다고 할 수 있다. 물론 표현학의 근간이 되는 거리기반법(distance-based method)이 큰 그림을 보는 것이라는 점을 부정할 수는 없지만, 거리기반법은 잠재적 가치가 있는 정보들을 간과하는 것도 사실이다. 반면, 분기학자들은 거리기반법이 간과하는 정보들을 더 중요시 여기며, 이러한 부가 정보의 해석에 복잡한 계산과정이 요구되기 때문에 컴퓨터 프로그래머들의 도움을 받는다. 5장에서는 분기학자들이 주로 사용하는 특성기반법(character-based method)에 대해서 설명하는데, 이를 이용하여 진화적 분기(divergence) 과정을 살펴봄으로써 염기서열이나 종간의 진화적 관계에 대해 보다 많은 것을 이해할 수 있을 것이다.

Parsimony

축약(**parsimony**)의 개념은 모든 특성기반법의 핵심이라고 할 수 있다. 용어 자체는 1930년대와 1940년대의 미국에서 극도의 절약생활을 하는 구두쇠를 경멸하는 의미로 부를 때 사용되었던 영어로부터 유래된 것이나, 생물학적 의미에서의 축약(이하 치환축약으로 번역함)은 여러 개의 진화적 경로들 중에서 가장 적은 수의 돌연변이가 요구되는 경로를 가장 가능성이 높은 진화적 경로로 선택하는 일련의 과정을 뜻한다. 계통수(phylogenetic tree)란 서열들에 내재된 진화의 역사(evolutionary history)를 묘사하는 이론적인 모델을 나타내는 것이기 때문에, 계통수 작성에 사용되는 치환축약의 개념은 (1) 돌연변이는 극히 드물게 발생하는 진화적 사건(event)이며 (2) 이렇게 드문 사건을 많이 요구하는 진화 모델일수록 그 모델이 맞을 확률은 낮아진다는 것을 전제로 한다. 따라서 현재의 서열들로부터 이들의 진화적 관계를 추론하고자 할 때, 가장 적은 수의 돌연변이만을 가지고 설명된 서열간의 진화적 관계가 가장 가능성이 높다는 것이다.

Informative and Uninformative Sites

치환축약이 서열간의 계통발생학적 관계를 추론하기 위해서 어떻게 이용되는가를

Sequence	Position 1	2	3	4	5*	6*
1	G	G	G	G	G	G
2	G	G	G	A	G	T
3	G	G	A	T	A	G
4	G	A	T	C	A	T

FIGURE 5.1 *An alignment of four homologous sequences, each of which is six nucleotides long. Asterisks (*) indicate the two columns within the alignment that correspond to informative sites. The four remaining sites are uninformative.*

설명하기 전에, 다중정렬서열의 어떤 서열위치(site)가 치환축약에 사용될 유용한 정보를 갖는가를 알아야 된다. 그림 5.1에 표시된 다중정렬서열의 서열위치들은 치환축약에 필요한 정보를 갖는지 여부에 따라 의미서열위치(**informative site**)와 무의미서열위치(**uninformative site**)로 구분된다 4개의 서열들에 대한 계통발생학적 관계는 그림 5.2에 예시한 것처럼 3개의 무근계통수(unrooted tree, 4장 참조)로 나타낼 수 있는데, 여기서 의미서열위치란 계통수의 구성을 위해 요구되는 돌연변이의 수가 계통수 중 하나를 다른 두 개와 구별되게 해주는 서열위치를 말한다. 그림 5.1에 나타낸 다중정렬서열의 제1서열위치는 네 개의 서열 모두 동일한 특성(G)을 갖기 때문에 변별력을 줄 수 없는(**invariant**) 서열위치이다. 따라서 변별력을 줄 수 없는 서열위치는 모두 무의미서열위치인데, 이는 이 서열위치에서는 모든 계통수에 요구되는 돌연변이의 수가 모두 0개로 동일하기 때문이다(그림 5.2.1). 제2서열위치 역시 3개의 계통수들(그림 5.2.2)에 필요한 돌연변이의 수가 모두 1개로 동일하기 때문에 무의미서열위치이다. 마찬가지로 제3서열위치(그림 5.2.3)와 제4서열위치(그림 5.2.4)도 3개의 계통수 모두 동일한 수의 돌연변이가 요구되기 때문에 무의미서열위치가 된다. 반면에 제5서열위치와 제6서열위치를 보면, 3개의 계통수 중에서 1개의 계통수는 돌연변이 1개를 필요로 하고 나머지 2개의 계통수는 각각 2개의 돌연변이를 필요로 하기 때문에, 이 서열위치들은 의미서열위치가 된다(그림 5.2.4와 그림 5.2.5).

일반적으로 최소한 2개의 서로 다른 핵산염기가 2번 이상 출현하는 서열위치가 의미서열위치이며, 얼마나 많은 수의 서열이 서열정렬(align)되었는지는 상관이 없다. 따라서 치환축약을 이용하는 모든 프로그램들은 분석할 데이터에 위와 같은 단순한 규칙을 적용하는 것으로부터 시작하게 된다. 그림 5.1에 예시한 정렬서열의 6개 서열위치 중에서 무의미서열위치에 해당하는 4개의 서열위치들은 이후의 치환축약 과정에서 전혀 이용되지 않는다. 하지만 거리기반법에서 사용되는 유사도(pairwise similarity score)의 계산에는 치환축약 과정에서는 사용되지 않고 버려지는 4개의 서열위치들이 포함된다. 따라서 위와 같은 차이점 하나만으로도 거리기반법과 특성기반법이 도출하는 결론이 달라질 수도 있다.

Unweighted Parsimony

무의미서열위치들을 파악하고 제거한 후의 치환축약 과정은 간단하다. 우선 각각의 의미서열위치에서 최소한으로 요구되는 치환의 수를 가능한 모든 경우의 계통수들을 대상으로 계산하여 표로 작성한다. 모든 의미서열위치들에 대해서 위와 같은 작업이 완료되면, 계통수 별로 의미서열위치들에서 요구되는 치환의 수를 합산한다. 최종적으로 계통수 구성에 필요한 치환의 총계가 가장 적은 계통수를 치환이 가장 축약된(parsimonious) 계통수로 결정한다. 그림 5.1과 그림5.2는 치환축약 과정을 보여주는 가장 단순한 경우의 예라고 할 수 있다. 4개의 서열에 대한 분석에서는 3개의 가능한 계통수 중에서 하나만이 각 의미서열위치에 의해서 선택될 수 있으며, 가장 많은 수의 의미서열위치들에 의해서 선택된 계통수가 가장 축약된 계통수가 된다.

이와는 달리 5개 이상의 서열에 대해서 치환축약을 하는 것은 다음에 열거하는 세 가지 이유 때문에 매우 복잡한 과정이 된다. 정렬서열을 구성하는 서열의 수가 4개를 넘어설 경우에는, 이로부터 구성될 수 있는 무근계통수의 수가 급격하게 증가하게 된다(표 4.1). 따라서 매우 적은 수의 의미서열위치를 갖는 7~8개 정도의 서열들을 대상으로 하더라도 위에 언급한 치환축약 과정을 수작업으로 하기는 불가능해진다. 계통수들의 구성에 필요한 치환의 수를 계산하는 과정 역시 더욱 복잡해진다. 또한 서열의 수가 4개를 넘어서면 각 의미서열위치들에 의해서 1개 이상의 계통수들이 선택될 수 있기 때문에, 모든 의미서열위치들에서 요구되는 치환의 수를 합산하여 찾아낸 최대축약(maximum parsimony) 계통수는 가장 많은 의미서열위치들에 의해서 선택된 계통수가 아닐 수도 있다.

그림 5.3에서는 5개의 서열로부터 구성될 수 있는 15개의 무근계통수 중에서 3개의 예를 들었다. 하나의 계통수가 성립되기 위해 요구되는 치환의 수를 합산하기 위해서는 4개의 내부결절(internal node)에 위치할 가능성이 가장 높은, 그리고 치환의 수를 최소화 하는 핵산염기들을 5개의 말단결절(terminal node)에 위치한 핵산염기들로부터 추론하여야 한다. 치환축약의 규칙에 따라 그림 5.3a의 6번 분기점에 위치할 조상염기(ancestral nucleotide)를 추론하는 것은 비교적 간단하다. 6번 분기점의 조상염기는 G로 결정될 것이다. G가 아닌 경우에는 1번 말단과 2

FIGURE 5.2 *Three possible unrooted trees that describe the possible relationships between the four sequences at all 6 positions shown in Figure 5.1. Each position is numbered as in Figure 5.1. The Newick format description of each of the trees is also shown. The two internal nodes of each tree contain a possible common ancestor's sequence, and lineages where mutations must have occurred are highlighted with arrows.*

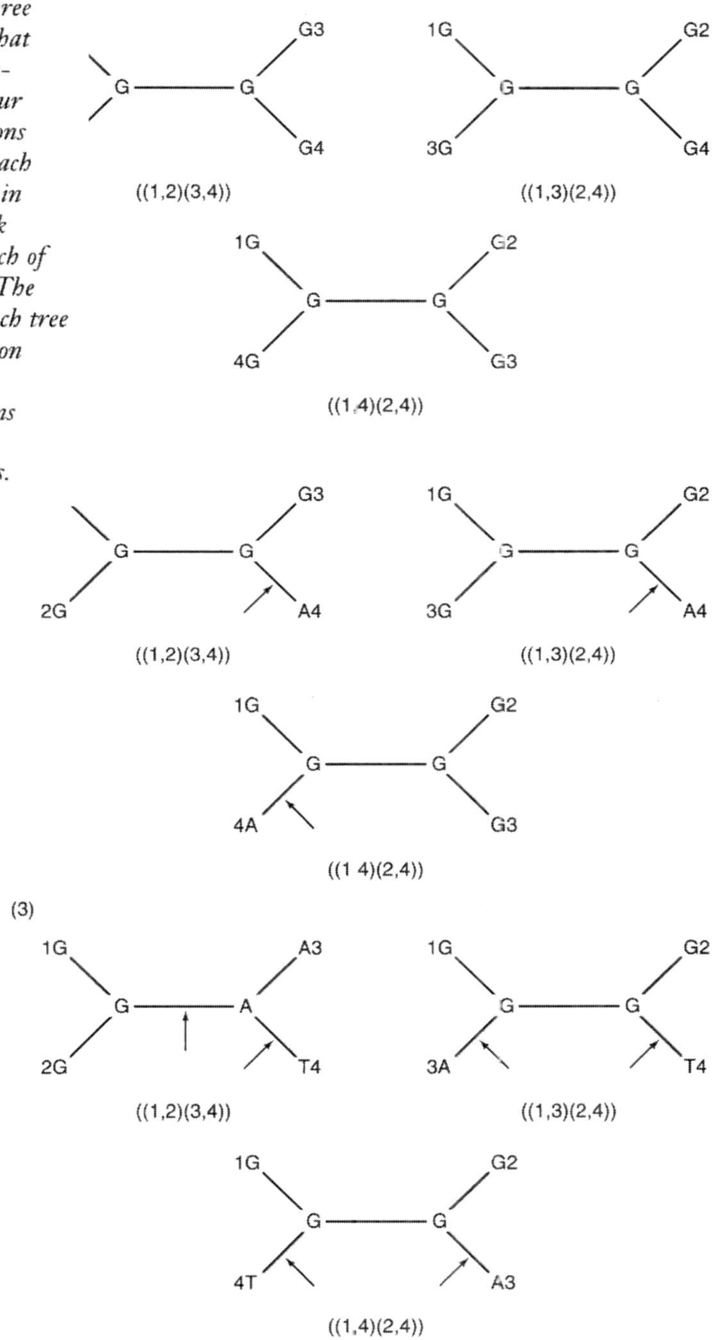

(4)

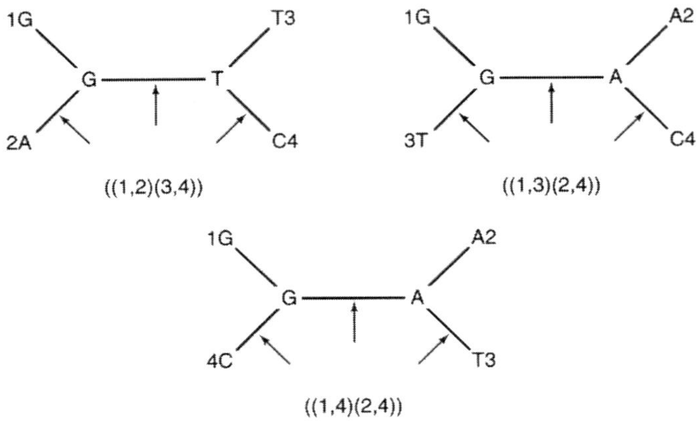
1G
T3
G
T
2A
C4
((1,2)(3,4))
1G
A2
G
A
3T
C4
((1,3)(2,4))
1G
A2
G
A
4C
T3
((1,4)(2,4))

(5)

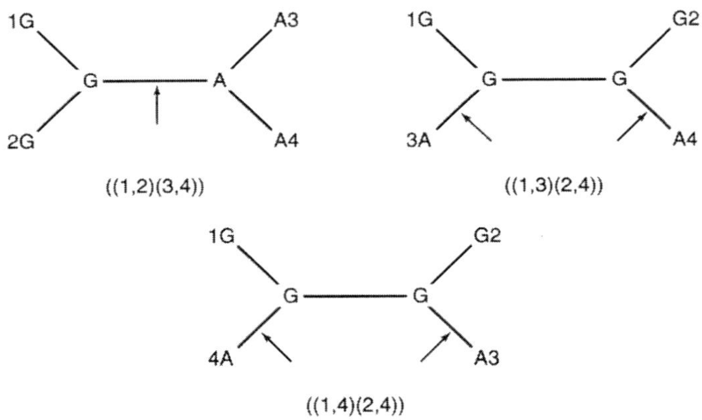
1G
A3
G
A
2G
A4
((1,2)(3,4))
1G
G2
G
G
3A
A4
((1,3)(2,4))
1G
G2
G
G
4A
A3
((1,4)(2,4))

(6)

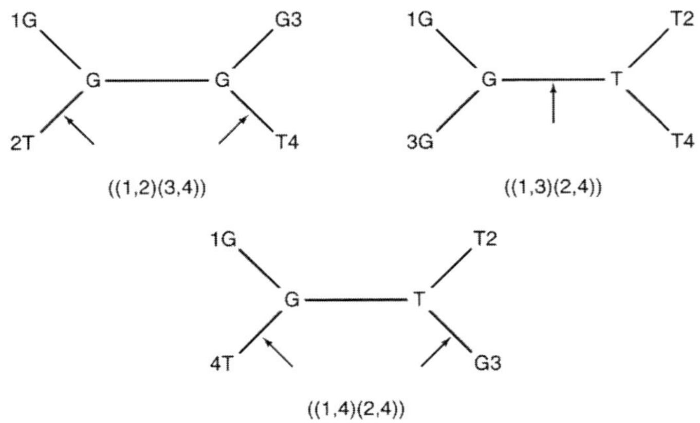
1G
G3
G
G
2T
T4
((1,2)(3,4))
1G
T2
G
T
3G
T4
((1,3)(2,4))
1G
T2
G
T
4T
G3
((1,4)(2,4))

번 말단으로 향하는 계통(lineage)들에 각각 1개씩의 치환을 야기 시키게 되기 때문이다. 같은 그림(5.3a)의 7번 분기점에는 A가 조상염기로 배정된다. 8번 분기점의 조상염기는 하나의 염기로 명확하게(unambiguously) 결정할 수 없기 때문에 G 또는 A가 될 것이다. 마찬가지로 9번 분기점에서도 치환의 수를 최소화하는 가장 축약된 조상염기는 G, A, T 중의 하나가 된다. 이제 그림 5.3c의 6번 분기점과 8번 분기점을 살펴보자. 1번 말단과 2번 말단은 이들의 조상염기로 6번 분기점에 G 또는 T 중의 하나를 지지하고 있으나, 3번 말단은 8번 분기점에 해당하는 조상염기 후보로 G를 지지하고 있다. 6번 분기점과 8번 분기점의 조상염기에 모두 G를 배정하면 6번 분기점에서 2번 말단으로 향하는 계통에서만 오직 1개(6번 분기점에서 2번 말단으로 향하는 계통에서)의 치환만이 요구된다. 하지만 6번 분기점에 T를 배정하거나 8번 분기점에 T를 배정하는 경우, 또는 6번과 8번 분기점

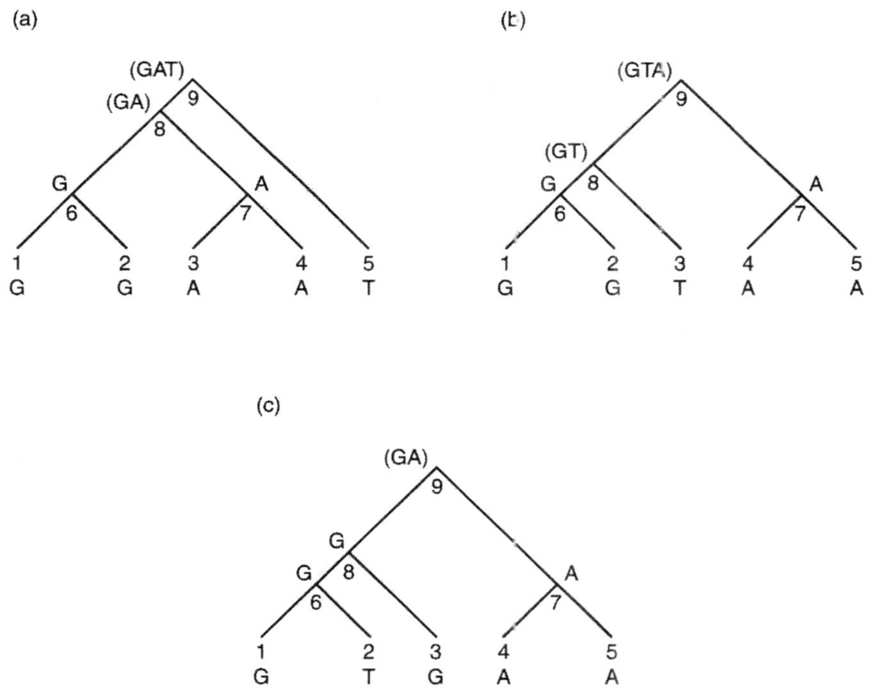

FIGURE 5.3 *Three of 15 unrooted trees that illustrate the relationship between five different taxonomic units. All three trees are equally parsimonious in that they each require a minimum of two substitutions. Terminal nodes are labeled 1 through 5 while the four internal nodes are labeled 6 through 9. The most likely candidates for inferred ancestral nucleotides according to the parsimony rule are shown at each internal node.*

에 모두 T를 배정하는 경우에는 이 부분에서 최소한으로 요구되는 치환의 수가 모두 2가 된다.

수학적인 또는 프로그래밍을 하는 관점에서 보면 분기점에 조상염기를 배정하는 알고리즘은 다음과 같다. 조상염기를 배정하려는 분기점의 바로 하위(descendant) 분기점 또는 말단에 배정된 염기들의 교집합(intersection)에 해당하는 염기가 가장 가능성이 있는 조상염기가 되고, 만약 교집합에 해당하는 염기가 없다면 하위 염기들의 합집합(union)이 가장 가능성이 있는 조상염기가 된다. 하위 염기들의 합집합을 조상염기로 배정할 경우에는 계통의 어딘가에 치환이 있게 된다.

물론 위와 같은 방법은 의미서열위치에 대해서만 적용되며, 치환축약의 첫 단계에서 제거된 무의미서열위치들은 일반적인 치환축약 과정에서는 사용되지 않는다. 무의미서열위치에서 요구되는 최소한의 치환 수를 계산하는 것은 간단하다. 하위 염기들이 몇 종류인가를 세고, 이로부터 1을 감하면 된다. 그리고 무의미서열위치에서 요구되는 치환의 수는 모든 무근계통수가 동일하다. 예를 들어 5개의 서열로 구성된 정렬서열의 어떤 서열 위치에 해당하는 핵산염기가 G, G, A, G와 T이라면, 최소한으로 요구되는 치환의 수는 계통수의 위상(topology)에 상관없이 (3 − 1 = 2)이다. 물론 일반적인 치환축약 과정에서 무의미서열위치로부터 얻어진 정보는 사용되지 않지만, 의미서열위치와 무의미서열위치 모두에서 최소한으로 요구되는 치환의 수를 합산한 것을 **계통수의 길이(tree's length)**라 한다.

Weighted Parsimony

치환축약의 기본 전제중의 하나인 돌연변이는 드물게 일어난다는 논리적으로 틀림이 없지만, 모든 종류의 돌연변이를 동일한 것으로 간주하는 이 전제는 치환의 종류를 너무 단순화하고 있다. 2, 3, 4장에서 이미 설명하였듯이 삽입(insertion)과 결실(deletion)은 한 핵산염기가 다른 종류의 핵산염기로 바뀌는 것보다 드물게 일어나고, 여러 개의 핵산염기가 연속적으로 삽입 또는 결실되는 것은 더욱 드물게 일어난다. 또한 치환에 있어서도 염기교차(transversion)가 염기전이(transition)보다 드물게 일어나며, 기능(function)에 영향을 주는 부분에서 일어나는 치환은 그렇지 않은 부분에서 일어나는 치환보다 드물다. 따라서 돌연변이의 종류별로 돌연변이가 일어날 가능성(likelihood)에 대한 상대적인 값을 알 수 있다면, 이 값을 치환축약에서 사용할 수 있는 가중치(weight)의 형태로 변환할 수 있을 것이다.

하지만 불행히도 모든 종류의 서열 데이터에 적용될 수 있는 범용(universal)

가중치들을 구하는 것은 불가능하다. 그 이유는 다음과 같다: (1) 기능을 부호화하고 있지 않은 서열들(noncoding sequence)과 특히 이들 중에서 짧은 직렬반복서열(tandem repeat)을 포함하는 서열들은 다른 서열보다 삽입/결실(indel)이 쉽게 일어난다. (2) 유전자가 갖는 기능상의 중요도는 유전자 마다 다르며 상동유전자(homologous gene)라고 할지라도 기능상의 중요도가 종(species)마다 다르다. (3) GC와 AT 염기쌍의 상대적 빈도, 또는 동일한 아미노산을 부호화하는 삼중부호(triplet codon)들의 상대적 빈도를 변화시키는 치환의 빈도는 종과 유전자 별로 미묘한 차이가 난다. 결과적으로 최상의 가중치 집합은 이론적인 방법보다는 실제 분석하고자 하는 데이터로부터 실험적(empirically)으로 얻을 수밖에 없다. 예를 들어 어떤 다중정렬서열에서 대표서열(consensus sequence)과 각각의 서열들을 비교했을 때, 염기전이가 염기교차에 비해 3배 정도 빈번히 관찰되었다고 가정 하자. 그렇다면 동일한 데이터에 대하여 치환축약 과정을 수행할 때 염기교차를 유발하는 모든 치환에 대해서는 가중치 1을 부여하고 염기전이를 유발하는 치환에 대해서는 가중치 0.33을 부여하는 것이다. 그리고 가중치를 고려하여 계산된 치환 수의 합이 가장 작은 계통수가 가장 가능성이 높은 계통수로 선정하면 된다.

Inferred Ancestral Sequences

치환축약 과정에서는 조상서열(inferred ancestral sequence)의 추론이 가능하다. 그림 5.1에 예시한 1번 서열과 2번 서열의 공통조상(common ancestor)이 수 억년 전에 절멸(extinct)했다 할지라도, 치환축약 분석에 의해서 조상서열의 5번째 서열위치는 염기 G이었을 것이라는 상당히 가능성 높은 추측을 할 수 있다. 한 개의 조상 염기를 파악하는 것은 큰 의미가 없을 수도 있지만, 모든 유전자 또는 유전체(genome)에 대해서 조상서열을 파악할 수 있다면 이는 지난 오랜 세월 동안 진행되어왔던 진화과정과 진화압력(선택압력)을 이해하는데 큰 도움을 줄 것이다. 또한 단백질의 구조와 기능을 잘 이해하게 되면, 아미노산의 치환 과정으로부터 고대 생명체들의 생리(physiology)는 물론 이들이 접하고 있었던 환경을 이해하는데 필요한 정보를 얻을 수도 있을 것이다. 창조론자들은 종종 화석기록(fossil record)상의 수많은 공백을 이유로 진화론을 무시하고 있으며, 인류학자들은 잃어버린 고리(missing link)라 불리는 화석기록상의 공백을 찾으려고 많은 시간과 노력을 들이고 있지만, 치환축약을 통해서 조상서열을 추론해 낼 수 있기 때문에 분자진화(molecular evolution) 연구에서는 잃어버린 고리란 있을 수 없으며, 진화의 과정 중에 있었던 어떠한 조상의 서열일지라도 현재 생존해 있는 후손들의 서열로부터 객관적으로 추론해 낼 수 있다.

보다 전문적인 용어로 설명하자면, 추론된 계통수의 내부분지(internal branch)를 뒷받침하는 의미서열위치의 핵산염기는 분류군들이 공통조상으로부터 물려받아 공유하고 있는 **공유파생형질(synapomorphy)**이라 볼 수 있으며, 이외의 모든 의미서열위치들에 있는 핵산염기는 공통조상으로부터 물려받기보다는 분류군들이 수렴진화(convergence), 평행진화(parallelism), 역진화(reversal)와 같은 과정을 통해 획득한 형질을 일컫는 성인적 상동(**homoplasy**)에 해당한다.

Strategies for Faster Searches

치환축약의 기본원리는 분석하고자 하는 서열의 수에 상관없이 동일하게 적용되지만, 여러 개의 서열을 분석 할 때는 의미서열위치의 수가 적더라도 치환축약을 수작업으로 하기가 불가능해진다. 10개 이상의 서열을 분석하기 위해서는 2,000,000개 이상의 계통수를 대상으로 분석 과정을 수행 하여야 하는데(표 4.1), 컴퓨터를 사용하더라도 모든 무근계통수를 하나씩 전부 평가하는 **완벽한 분석(exhaustive search)**을 하기란 어렵다. 하지만 분석에 실제로 사용되는 데이터의 크기는 위에 언급된 한계점의 수 천, 수백 배 이상이기 때문에, 가능한 계통수들을 모두 분석하지 않고도 가장 축약된 계통수를 효율적으로 찾을 수 있는 다양한 방법들이 개발되었다.

Branch and Bound

1982년 Hardy와 Penny는 최대치환축약(maximum parsimony) 계통수를 효율적으로 검색하는 방법 중의 하나로 분지한계법(**branch and bound method**)을 제안하였다. 분지한계법은 두 단계로 이루어진다. 첫 번째 단계는 치환이 가장 축약된 계통수의 길이에 대한 상한치(upper bound, *L*)를 찾는 과정이다. 계통수 길이의 상한치(*L*)는 무작위적으로 선택된 어떠한 계통수로부터도 얻을 수 있으나, 분지한계법을 효율적으로 사용하기 위해서는 치환이 가장 축약된 계통수에 가장 근사(approximation)한 계통수를 찾은 다음, 이를 계통수 길이의 상한치(*L*)를 계산하는 데 사용한다. 이러한 목적으로는 UPGMA법과 같이 계산상의 부하가 적은 방법이 사용된다. 두 번째 단계는 소수의 서열들로 이루어진 계통수에 분지(branch)를 하

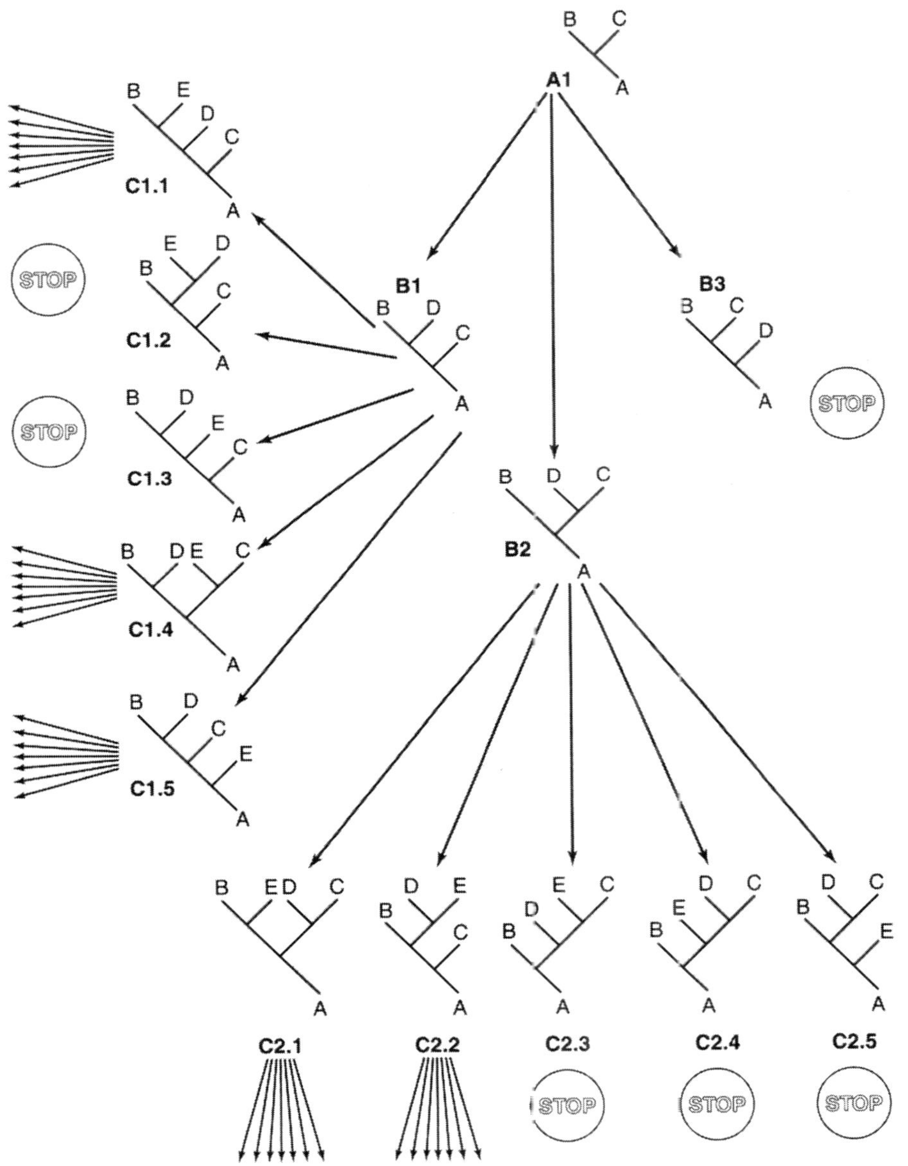

FIGURE 5.4 *A diagrammatic representation of the branch and bound approach for maximum parsimony analysis. Only one tree can describe the relationship between three sequences (A, B, and C) and it is used as a starting point (tree A1). A fourth sequence (D) from the data set can be added to tree 1 in only three different ways to give rise to trees B1, B2, and B3. If the length of one of those trees is greater than that of the upper bound, then that tree is discarded and no additional branches are added to it in subsequent steps. An additional (fifth) branch is then added to all remaining trees and the process is repeated until a branch has been added for all sequences being analyzed.*

나씩 추가해 가면서 계통수를 성장시키는 과정이다(그림 5.4). 만약 이 과정 중 데이터의 일부분을 사용하여 얻어진 계통수가 *L*보다 많은 치환을 요구한다면, 이 계통수는 데이터의 나머지 부분에 해당하는 분지를 추가하더라도 계통수의 길이가 더 길어질 수밖에 없기 때문에 분석의 대상에서 제외된다. 이러한 점이 분지한계법의 효율적인 면인데, 다시 말하자면 보다 더 축약된 계통수가 데이터 전체로부터 이미 얻어져 있기 때문에 위와 같은 계통수는 앞으로 어떠한 분지양상(branching pattern)을 갖도록 성장하더라도 가장 축약된 계통수는 될 수 없다는 것이다. 또한 위와 같은 과정이 진행되는 중에 초기에 설정되었던 계통수 길이의 상한치보다 적은 수의 치환을 요구하는 계통수가 발견되면, 이에 따라 *L* 값이 재조정되므로 이 후의 분석은 더욱 효율적이게 된다.

분지한계법은 검색의 대상에서 누락되는 계통수가 없도록 완벽한 검색을 보장하면서도 가능한 계통수들을 하나씩 모두 평가하는 검색법에 비해 굉장히 빠른 방법으로써, 약 20개 정도의 서열을 분석하고자 할 때도 사용될 수 있다. 하지만 분지한계법 역시 1×10^{21}개 이상의 무근계통수가 가능할 경우에는 사용하기 힘든 방법이다.

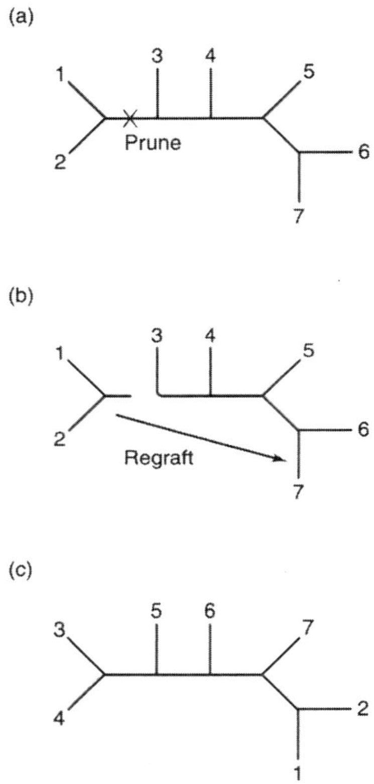

FIGURE 5.5 *An example of branch swapping for an unrooted tree that describes the relationship between seven sequences labeled 1 through 7. The branch containing sequences 1 and 2 is randomly chosen for pruning and then randomly placed between terminal nodes 6 and 7 to generate a new tree with a topology that is similar to the original.*

Heuristic Searches

서열정보의 양은 갈수록 증가하고 있으며 20개 이상의 서열로 구성된 다중정렬서열을 대상으로 계통발생학적 분석을 하는 경우도 흔하다. 따라서 많은 수의 서열들을 분석하기 위한 목적으로, 언제나 가장 축약된 계통수를 찾는 것을 보장하지는 않지만 시행착오(trial-and-error)를 거쳐 자기교육(self-education)을 할 수 있는 기법들이 제안되었다. 이와 같은 자기발견적 방법(**heuristic method**)들의 대부분은 계통수들이 모두 서로 독립적이지는 않다는 가정을 두고 있는 방법들이다. 즉, 가장 축약된 계통수의 위상은 이보다 약간 덜 축약된 계통수들의 위상과 매우 유사하다고 가정한다는 것이다. 따라서 모든 자기발견적 검색법(heuristic search)들은 시작계통수를 임의로 구성한 후, 이를 시작점으로 하여 보다 길이가 짧은 계통수를 찾아가는 과정으로 이루어진다.

분지한계법과 같이 자기발견적 검색법도 가장 축약된 계통수에 근사한(예를 들어 UPGMA법으로부터 얻어진) 계통수를 시작점으로 하였을 때 효과적으로 실행될 수 있다. 하지만 분지한계법처럼 가능한 모든 계통수들을 부분으로부터 시작하여 완전한 계통수가 되도록 구성해가는 것과는 달리, 대부분의 자기발견적 검색법은 계통수의 일부분에 대한 **분지교환(branch swapping)**과 분지재접합(regrafting) 과정을 통해 시작계통수와 유사한 위상을 갖는 완전한 계통수들을 만들어간다(그림 5.5). 분석의 첫 단계에서는 시작계통수로부터 수백 개의 새로운 계통수들이 만들어지고, 이들 중에서 시작계통수보다 짧은 계통수만을 대상으로 다음 단계에서 계통수의 일부분에 대한 분지절단(prune)과 분지접합(graft) 과정이 수행된다. 그리고 이 과정은 분지교환을 통해 이전 단계의 계통수 길이와 동일하거나 짧은 계통수를 더 이상 만들지 못할 때까지 반복된다.

많은 수의 서열로 구성된 정렬서열로부터 작성될 수 있는 무근계통수의 수는 천문학적이기 때문에 과거에는 이들의 일부분만을 분석하는 것조차도 불가능하였지만, 자기발견적 알고리즘은 점진적으로 더욱 축약된 계통수를 만들어가는 분지교환이라는 방법으로 문제를 해결하였다. 하지만 자기발견적 알고리즘은 치환을 최소한으로 요구하지 않을 수도 있는 계통수의 위상을 처리하는 과정에 교착(stall)될 수도 있다. 즉, 분지교환 과정의 초기에 사용된 계통수가 가장 축약된 계통수와 유사하지 않다면, 첫 단계에서 치환의 수를 증가시키는 변화를 주지 않고서는 이 계통수로부터 가장 축약된 계통수로 도달할 가능성이 없을 수도 있다는 것이다. 물론 경우에 따라서 자기발견적 알고리즘이 계통수의 길이를 증가시키는 경로를 탐색하도록 설정할 수는 있지만, 부분적인 단점의 해결을 위해 위와 같은 절차를 추가하는 것은 분석 시간의 증가라는 대가를 요구할 것이다. 계산상의 부하를 증가시키는 가장 큰 요인은 분석에 사용된 서열의 길이가 아니라 정렬서열을 구성하는 서열의 수이기 때문에, 많은 수의 서열들로 이루어진 정렬서열을 적은 수의 서열로 구성된 몇 개의 정렬서열들로 나누어 분석하는 경우도 있다. 예를 들어 많은 수의 포유류를 대상으로 상동서열을 분석한다면, 목(order)에 해당하는 분류수준에서 서열들을 영장류(primate), 설치류(rodent), 토끼(lagomorph), 소(artiodactyl)에 관련된 것들로 구분하여 독립적으로 분석한 후, 각 목에서 선택된 소수의 서열들을 분석하여 목 수준에서 작성된 계통수에 독립적으로 작성된 세부 계통수를 첨가하는 방법을 사용할 수도 있다. 이러한 전략을 사용하기 위해서는 대상 서열들에 대한 사전 지식을 가지고 있어야 하지만, 서열간의 유사도가 정해진 기준점을 넘는 서열들은 그룹별로 분리하여 독립적으로 분석되도록 자기발견적 알고리즘 자체를 설정해 줄 수도 있다.

Consensus Trees

치환축약의 결과로 1개 이상의 동등한(equally) 수준으로 축약된 계통수들이 나타나는 경우는 흔히 있다. 특히 대상 서열들의 수가 많고 서열간의 유사도가 높을 때는, 수백에서 수천 개의 동등한 수준으로 축약된 계통수들이 생성되어 계통발생학적 결론을 도출해내기가 불가능해지기도 한다. 이와 같은 경우에 대한 단순한 해법은 여러 개의 계통수를 하나로 요약하는 **대표계통수(consensus tree)**를 사용하는 것이다. 대표계통수는 모든 계통수들이 공통적으로 제시하는 분기점(branching point)들은 이분기점(bifurcation)으로 표시하고, 그렇지 않은 분기점들은 3개 이상의 하위(descending) 분지가 함께 묶이는 다분기점(miltifurcation)으로 표시한다. **진정대표계통수(strict consensus tree)**는 모든 불일치 분기점들을 동등하게 취급하는데, 예를 들어 수백 개의 계통수 중에서 단 한 개의 계통수라도 다른 형태의 분지양상을 보이는 분기점은 모두 다른 불일치 분기점과 동등하게 표시한다(그림 5.6a). 가장 많이 사용되는 대표계통수인 **50% 다수결원칙 대표계통수(50% majority-rule consensus tree)**는 절반 이상의 계통수들이 지지하는 분기점만 이분기점으로 표시하며, 그렇지 않은 분기점들은 모두 다분기점으로 표시한다(그림 5.6b). 물론 어느 정도의 수준을 불일치 분기점으로 보는가에 따라 역치값(threshold)을 0%~100% 사이에서 조정할 수도 있다. 역치값으로 100%가 사용되면, 다수결원칙 대표계통수는 진정대표계통수와 같아진다.

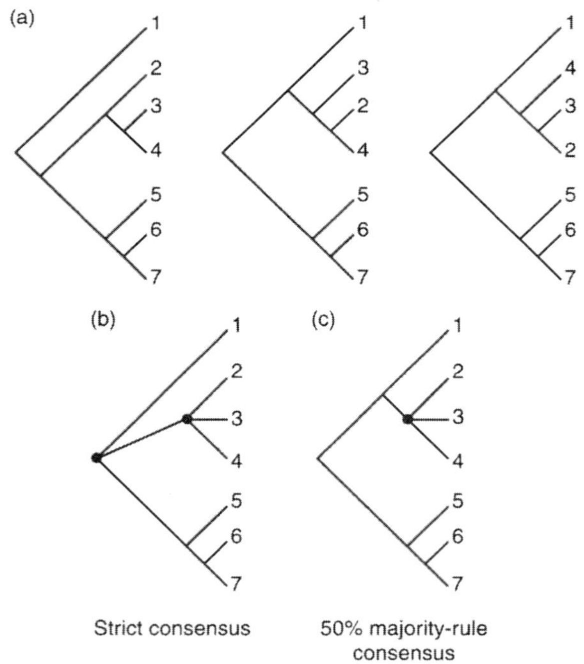

FIGURE 5.6 *Three trees (a) inferred from a single data set can be summarized in a single consensus tree using either (b) strict consensus criteria or (c) 50% majority-rule consensus criteria.*

Tree Confidence

모든 계통수는 데이터를 구성하는 서열들에 내재된 진화의 역사를 설명하는 가설을 나타낸 것이다. 따라서 이러한 가설이 서열 데이터를 얼마나 잘 설명하는지를 평가하기 위해서 다음과 같은 두 가지 질문을 할 수 있다. (1) 계통수 전체, 그리고 계통수의 부분(분지)들이 갖는 신뢰도(confidence)는 어느 정도 인가? (2) 선택된 계통수가 다른 계통수에 비해 어느 정도 더 신빙성이 있는가? 두 질문에 답을 줄 수 있는 다양한 방법들이 제안되었으나, 붓스트렙 검정법(bootstrapping)이라 불리는 반복표본추출법(resampling)과 두 계통수에 대한 모수적(parametric) 비교법이 가장 많이 사용된다.

Bootstrapping

추론된 계통수의 부분(분기점)별 신뢰도는 붓스트렙 검정법(**bootstrap test**)을 이용하여 평가할 수 있다. 붓스트렙 검정법은 기본적으로 그림 5.7에 나타낸 바와 같이 원래의 데이터로부터 중복을 허용하면서(with replacement) 데이터의 일부분을 반복적으로 추출하여 새로운 데이터를 구성하는 방법을 말한다. 예를 들면 다음과 같은 과정이다. 다중정렬서열을 종이에 인쇄하여 각 열(column)이 하나의 조각이 되도록 절단 후, 이를 모두 상자에 넣는다. 그리고 상자로부터 조각 하나씩을 무작위적으로 선택하여 조각에 인쇄된 서열정보를 받아 적은 후에 다시 상자에 돌려 넣는데, 이 과정을 새로이 받아 적어 만들어지는 데이터의 크기가 원래의 다중정렬서열의 크기가 될 때까지 반복하여 새로운 인위적인 데이터를 만드는 것이다. 위와 같은 과정 전체를 반복하면 수백에서 수천 개 이상의 반복 추출된(resampled) 재표본에 해당하는 데이터들을 얻을 수 있으며, 이 표본들로부터 새로운 계통수들을 작성할 수 있다. 이러한 과정을 통해 얻어진 계통수를 붓스트렙 계통수(bootstrapped tree)라 하며, 많은 수의 붓스트렙 계통수에 공통적으로 나타난 분기점들이 원래의 데이터에 의해 높은 지지를 받는 분기점이 된다. 또한 계통수의 분기점들에 대한 상대적인 신뢰도는 도든 붓스트렙 계통수 중에서 어느 정도 비율(%)의 붓스트렙 계통수가 해당 분기점을 나타내는지로 표시한다.

붓스트렙 검정법은 계통도를 추론하는 방법에 따라 분석에 요구되는 시간이 매우 길어지나 계통학적 분석에서 흔히 쓰이는 방법이다. 하지만 붓스트렙 검정법으로 얻은 결과의 해석에는 많은 주의를 기울여야 한다. 반복(iteration)의 횟수가 수백 이하인 경우는 붓스트렙 검정 결과의 신뢰성이 떨어질 수 있다. 특히 많은 수의 서열을 대상으로 할 때는 붓스트렙 검정 결과의 해석에 유의하여야 한다. 모의 실험(simulation study)을 통해서 밝혀진 바에 의하면, 붓스트렙 검정법으로 측정된 신뢰도가 실제로 높은 신뢰도를 갖는 분기점에 대해서는 과소평가되고, 실제로 낮은 신뢰도를 갖는 분기점에 대해서는 과대평가되는 경향이 있는 것으로 나타났다. 대부분의 계통수들은 많은 수의 분지들을 갖는데, 어떤 경우에는 분석

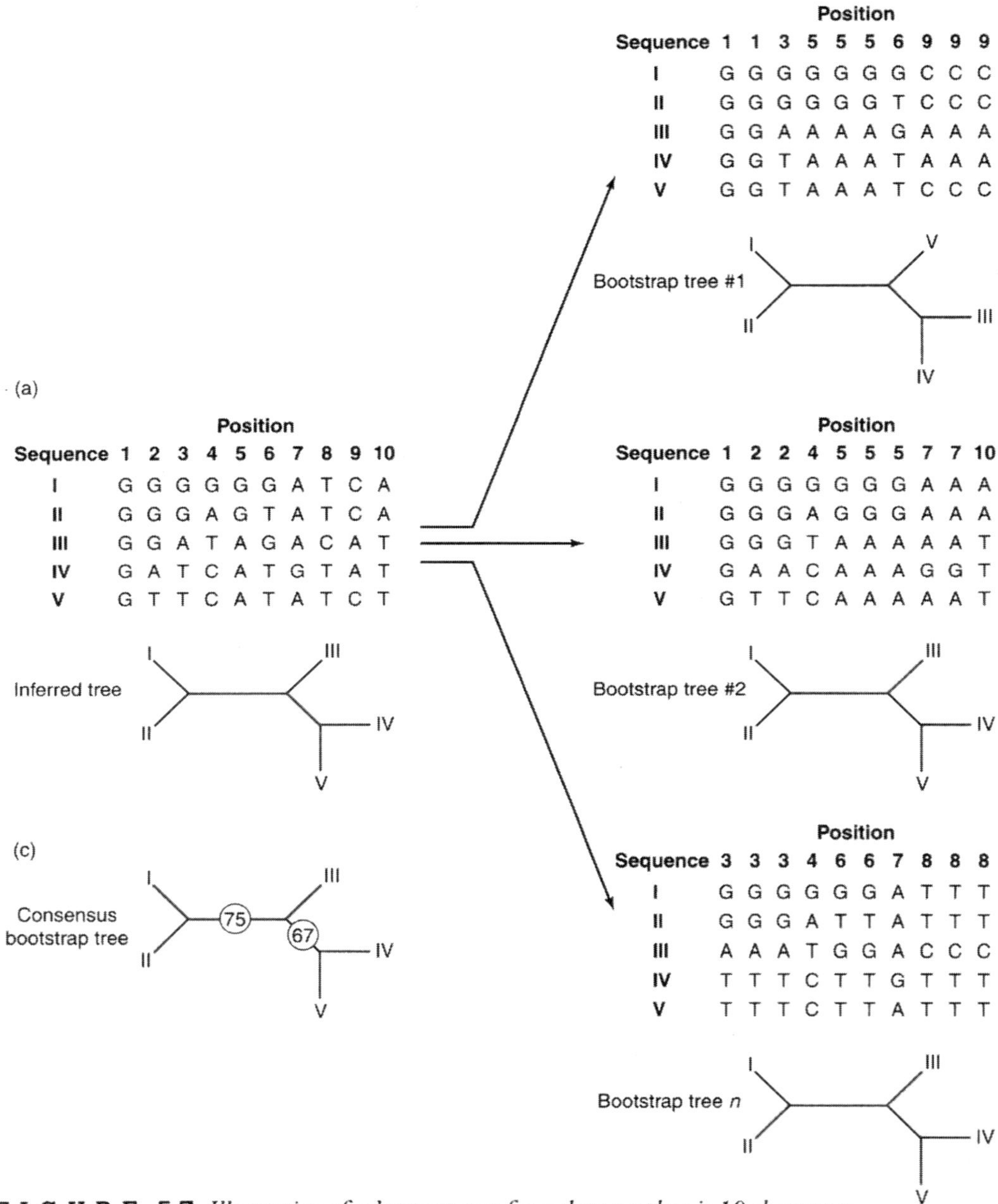

FIGURE 5.7 *Illustration of a boostrap test for a data set that is 10 characters long (positions are labeled 1 through 10) and five sequences (labeled I through V) deep. (a) The original data set and its most parsimonious tree is also shown. A random number generator chooses 10 times from the original 10 positions and creates the three resampled data sets with their corresponding trees (b). A consensus tree (c) for the three resampled data sets is shown with circled values indicating the fraction of bootstrapped trees that support the clustering of sequences I and II and sequences IV and V.*

에 많은 분지들이 포함되었다는 단순한 이유 때문에 통계학적으로 유의미한 결과가 얻어지는 다중검정의 오류(the fallacy of multiple tests)와 같은 심각한 위험성이 있을 수도 있다. 하지만 위와 같은 잠재적인 문제점들은 반복의 수를 수천 회 정도로 증가시키거나, 과소 또는 과대평가된 신뢰도의 편차를 보정하는 방법, 붓스트렙 검정법의 결과치가 주어진 역치 값을 만족하지 못하는 분기점들을 모두 다중분기점으로 표시하는 방법 등을 이용하여 해결할 수 있다.

Parametric Tests

계통수 구성에 최소한으로 요구되는 치환의 수가 동일한 계통수는 여러 개가 될 수 있는 것처럼, 계통수 구성에 요구되는 치환의 수가 이들 계통수보다 단지 몇 개만 적은 계통수 역시 여러 개가 될 수 있다. 치환축약에 내재된 원리를 다시 언급하자면, 계통수 구성에 요구되는 치환의 수가 최소인 계통수가 서열간의 관계를 가장 잘 설명한다는 것이다. 하지만 많은 수의 서열 또는 유사도가 낮은 서열들로 이루어진 데이터로부터 작성되는 계통수의 구성에는 흔히 수천 개의 치환이 요구되며, 가장 축약된 계통수의 구성에 요구되는 치환의 수에 대한 제한은 없다. 따라서 실제 진화적 관계를 설명할 가능성이 낮은 것으로 이미 판정된 계통수가 계통수 구성에 10,000개의 치환을 요구한다면, 이 계통수가 10,001개의 치환을 요구하는 다른 계통수에 비해서 실제 진화적 관계를 설명할 가능성이 유의미하게 높을지에 대한 질문을 해 볼 수 있다. 어떤 분류군들 사이의 진화적 관계를 설명하기 위해 기존에 사용되었던 특정한 계통수에 비해, 새롭게 만들어진 가장 축약된 계통수가 대상 분류군들 사이의 실제 진화적 관계를 설명할 가능성은 어느 정도인가? 역시 이와 유산한 질문이다. 1989년 Kishino와 Hasegawa는 이와 같은 질문에 답을 줄 수 있는 모수적(parametric) 방법을 최초로 고안하였으며, 이들의 방법은 다음과 같다. 정렬서열의 의미서열위치들이 서로 독립적이며 동등하다는 가정 하에, 2개의 계통수가 최소한으로 요구하는 치환의 수에서 나타나는 차이(D)를 검정통계량(test statistic)으로 사용하면, D에 대한 분산(V, variance)은 다음의 수식으로 계산된다.

$$V = n/(n - 1)\Sigma[D_i - (1/n)(\Sigma D_k)]^2$$

여기서 n은 의미서열위치의 수이다. 그리고 2개의 계통수가 서로 다르지 않다는 귀무가설(null hypothesis)에 대한 검정법으로는 자유도(degree of freedom)가 (n 1)인 대응비교 t-검정(paired t-test)을 사용한다.

$$t = (D/n)/[(V)^{1/2}n^{1/2}]$$

치환축약뿐만 아니라 거리행렬법과 최대가능도법으로 작성된 계통수들에 대한 모수적 비교법도 존재한다.

Comparison of Phylogenetic Methods

거리기반법이나 특성기반법 모두 서열들의 진화역사를 완벽하게 반영하는 계통수를 보장하지는 않는다. 4장과 5장에서는 여러 방법들 중에서 극히 일부분만을 설명하였으나, 방대한 양의 모의실험을 통해 현존하는 거의 모든 계통수 작성법들이 갖는 통계학적 신뢰성에 대한 비교연구가 이루어진바 있으며, 그 결과는 다음과 같이 요약할 수 있다. 임의로 선택된 방법을 이용하여 계통발생학적 관계를 정확히 추론할 수 있는 데이터에는 나머지 다른 방법을 적용하여도 정확한 계통발생학적 관계가 추론될 수 있으나, 데이터를 구성하는 서열에 많은 양의 치환이 존재하고 분지마다 치환속도가 다를 경우에는 어떠한 방법도 큰 신뢰성을 갖지 못한다. 그러나 근본적인 원리가 다른 거리기반법과 특성기반법 모두로부터 유사한 계통수가 얻어졌다면, 이 계통수는 상당히 높은 신뢰성을 갖는다고 판단하는 것이 일반적인 통례이다.

Molecular Phylogenies

지난 30년 동안 서열분석을 통해 진화적 관계를 추론한 많은 연구 결과물들이 축적되었고, 의약학, 농축산업, 종 다양성 보존 등과 같은 다양한 분야의 발전에 지대한 공헌을 하였다. 이 중에서 두 가지 예를 아래에 자세히 기술하였다.

The Tree of Life

서열 데이터로부터 진화적 관계를 추론함으로써 밝혀낸 사실 중의 하나는 생명체의 근원적 분류에 관한 것이다. 초기 생물학자들은 모든 생명체를 동물과 식물이라는 두 개의 그룹으로 분류하였지만, 새로운 생명체들이 발견되고 이들의 특징이 더욱 세부적으로 연구됨에 따라 동물 또는 식물이라는 이분법(dichotomy)적

분류는 불가능하게 되었다. 이후에는 생명체들을 세포의 기본구조에 따라 원핵생물(prokaryote)과 진핵생물(eukaryote)로 구분할 수 있다는 것을 알게 되었으며, 보다 최근에는 Whittaker가 제안한 5계(five kingdom; prokaryotes, protista, plants, fungi, animals)에 따라 생명체를 여러 개의 그룹으로 분류하게 되었다. 하지만 비슷한 시기에 원핵생물과 진핵생물을 구별하기 위해 사용되는 기본적 단서인 세포 내부막(internal membrane)의 부재(absence)와 같은 부정적 증거(negative evidence)들이 분류학적 단서로 사용되기에 적절치 않다는 것 또한 인식하게 되었다.

1970년대 후반에 들어서야 RNA와 DNA 서열들이 생명체들의 진화역사를 밝히는데 이용되었다. Woese와 동료 연구자들은 미토콘드리아(mitochondria)와 엽록

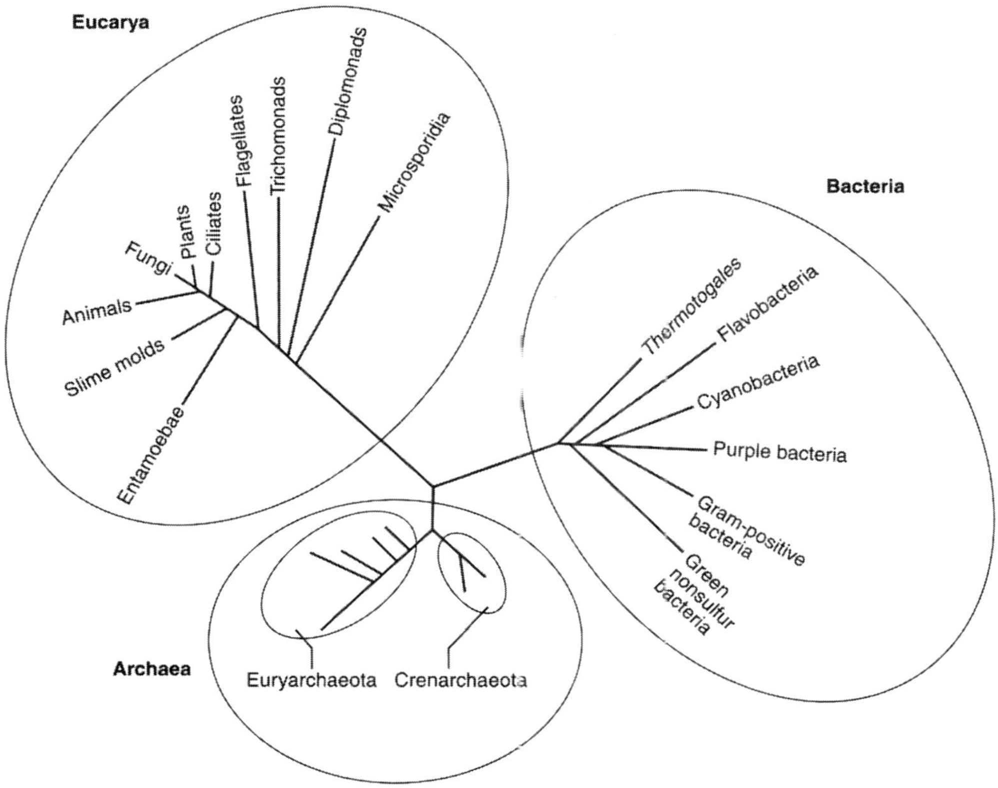

FIGURE 5.8 *An unrooted "tree of life" as determined by parsimony and distance matrix approaches using sequence data from 16S ribosomal RNA genes. The three main lines of descent are Eucarya, Bacteria, and Archaea. (Adapted from C. R. Woese, 1996. Phylogenetic trees: Whither microbiology?* Curr. Biol. *6: 1060–1063.*

체(chloroplasts)를 포함하여 모든 생명체가 갖는 16S rRNA의 염기서열로부터 생명체의 진화역사를 보여주는 계통수를 작성하였다(그림 5.8). 이 계통수에서는 생명체가 세 가지 진화적 그룹인 Bacteria, Eucarya, Archaea로 분류된다. Bacteria는 원핵생물(고전적 의미에서의 원핵생물)은 물론 미토콘드리아와 엽록체를 포함하고 있으며, Eucarya는 식물, 동물, 그리고 균류(fungi)와 같은 진핵생물을, 그리고 Archaea는 호열성 세균(thermophilic bacteria)과 rRNA 서열만 알려진 다수의 잘 알려지지 않은 생명체들을 포함한다. 세포 내부막이 없는 원핵생물이라는 점에서 공통점을 갖는 Archaea와 Bacteria가 유전적으로 매우 상이한 생명체인 것도 이 연구로부터 밝혀 졌다. Archaea와 Bacteria의 진화적 차이점은 표현형의 비교나 화석기록으로는 찾을 수 없으며, 오직 염기서열의 비교를 통해서만 밝힐 수 있다. 5S rRNA 또는 이외의 필수적인 단백질을 부호화하는 유전자들의 염기서열 분석 결과 역시 그림 5.8과 같이 생명체를 3개의 진화적 그룹으로 분류하는 것을 뒷받침 하고 있다.

Human Origins

인류의 진화과정을 연구하기 위해서도 DNA 염기서열이 이용된 바 있다. 인간은 몸체의 크기와 형태, 얼굴의 생김새, 피부색 등과 같은 표현형질이 굉장히 다양하지만, 이에 비해 인간 개체군들 사이의 유전적 차이는 그리 크지 않다. 인간 개체군 사이의 미토콘드리아 DNA(mtDNA) 염기서열의 차이는 약 0.33% 정도에 불과하다. 하지만 인간 외의 영장류들은 이보다 훨씬 큰 차이를 보이는데, 예를 들어 오랑우탄(orangutan)의 두 아종(subspecies)은 약 5% 정도의 차이를 보인다. 이는 모든 인간 개체군들이 서로 밀접한 진화적 관계(closely related)에 있다는 것을 의미하지만, 인간 개체군 사이의 유전적 차이가 있는 것도 분명하다.

한 가지 놀라운 사실은 인간 개체군 사이에서 관찰되는 최대의 유전적 차이는 서로 다른 대륙에서 살고 있는 인간 개체군 사이에서가 아니라 아프리카 대륙에서 살고 있는 인간 개체군들 사이에서 관찰된다는 것이다. 즉, 아프리카 대륙 외에서 살고 있는 모든 인간 개체군들 사이의 유전적 차이는 아프리카 대륙 내에서 살고 있는 인간 개체군들 사이의 유전적 차이보다 작다는 것이다. 많은 전문가들은 위와 같은 사실이 인류가 아프리카 대륙에서 기원했으며, 이 곳에서 초기의 진화적 분기가 있었음을 의미하는 것이라고 설명한다. 아프리카 대륙에서 유전적으로 분화된 다양한 인간 개체군들이 발생한 후, 이 중에서 어떤 작은 그룹 하나가 아프리카 대륙 외부로 이주하였었으며, 이들이 다른 모든 인간 개체군들이 근원이 되었다는 아프리카 기원설(out-of-Africa theory) 역시 미토콘드리아 DNA와

Y 염색체(남성을 결정하는 성 염색체)의 염기서열 데이터에 의해 뒷받침된다.

Chapter Summary

특성기반법은 치환은 드물게 일어나는 진화적 사건이기 때문에 계통수 구성에 요구되는 치환의 수가 가장 적은 계통수가 대상 서열간의 진화적 관계를 가장 잘 반영하는 것이다라는 축약의 개념으로부터 만들어진 계통발생학적 재구성 방법이다. 치환축약을 통해서 서열간의 진화적 관계는 물론 현존하는 생명체들의 조상들이 가졌던 서열을 추론할 수도 있다. 하지만 치환축약은 계산상의 부하가 크다는 단점이 있으며, 동등한 수준으로 축약된 여러 개의 계통수가 분석의 결과로 얻어지는 경우도 있다. 여러 개의 계통수를 하나로 요약하기 위해서는 대표계통수가 사용된다. 또한 계통수의 신뢰도를 평가하기 위한 방법에는 붓스트렙 검정법과 모수적 검정법 등이 있다.

Readings for Greater Depth

Every scientist should be able to point to a single paper that is their favorite. This one is ours. A thoroughly intimate understanding of the function of hemoglobin and an abundance of data that can be used to infer ancestral states are combined to produce a masterwork in the field of molecular evolution in M. Perutz, 1983, Species adaptation in a protein molecule, *Mol. Biol. Evol.* **1:** 1–28.

The most commonly used program for parsimony analysis has been and continues to be D. L. Swofford, 1993, *PAUP: Phylogenetic Analysis Using Parsimony*, Sinauer Associates, Sunderland, MA.

An efficient and popular method for calculating the substitution number associated with a specific tree is described in mathematical terms in W. Fitch, 1971, Toward defining the course of evolution: Minimum change for a specific tree topology, *Syst. Zool.* **20:** 406–416.

One of the first and largest simulation studies designed to put character- and distance-based methods of phylogenetic reconstruction to the test is described in J. Sourdis and M. Nei, 1988, Relative efficiencies of the maximum parsimony and distance-matrix methods in obtaining the correct phylogenetic tree. *Mol. Biol. Evol.* **5:** 298–311.

The possible existence of a mitochondrial Eve remains controversial among anthropologists while an African origin for humans is generally better accepted. The two hypotheses are related and both are discussed in E. Watson, P. Forster, M. Richards, and H. J. Bandelt, 1997, Mitochondrial footprints of human expansions in Africa. *Am. J. Hum. Genet.* **61:** 691–704.

Kishino's and Hasegawa's parametric test for parsimony analyses is described in H. Kishino and M. Hasegawa, 1989, Evolution of the maximum likelihood estimate of the evolutionary tree topologies from DNA sequence data, and the branching order in Hominoidae, *J. Mol. Evol.* **29:** 170–179.

Questions and Problems

* **5.1** What sites in the following alignment would be informative for a parsimony analysis? How many sites are invariant?

```
1   GAATGCTGAT   ATTCCATAAG   TCACGAGTCA   AAAGTACTCG
2   GGATGGTGAT   ACTTCGTAAG   TCCCGAGTCG   AAAGTACTCG
3   GGATGATGAT   ACTTCATAAG   TCTCAAATCA   AAGGTACTTG
4   GGATGCTGAC   ACTTCATAAG   TCGCGAGTCA   AAAGTACTTG
5   GGATGCTGAC   ACTCCGTAAG   TCCCGAGTCA   AATGTACTCG
```

5.2 Draw the 3 alternative unrooted trees for four taxa whose nucleotides at a position under consideration are T, T, C, and C. Label each of the internal nodes with the most likely candidates for inferred ancestral sequences.

* **5.3** How many of the 3 possible unrooted trees for the taxa used in the previous question are equally parsimonious in that they invoke a minimum of one substitution? How many invoke a minimum of two substitutions? Do any invoke more than a minimum of two substitutions?

5.4 Draw any 3 of the 105 alternative tree topologies that describe the relationship between six sequences. Using those 3 trees that you have drawn, infer the most likely ancestral sequences at each internal node if the terminal nodes are G, G, A, T, G, C. What is the minimum number of substitutions required by each of your 3 tree topologies?

* **5.5** Draw a strict consensus tree for the same 3 trees that you drew for Question 5.4. What would a strict consensus of all possible 105 trees look like?

5.6 What factor would have the greatest impact on the number of computations needed to complete a bootstrap analysis: doubling the depth or doubling the length of an alignment? Why?

CHAPTER

6

Genomics and Gene Recognition

Now we see through a glass, darkly.

New Testament,
1 Corinthians xiii, 12

인간이 사용하는 언어와 유전체 사이의 유사성을 설명한 바 있다. 대략적으로 하나의 핵산염기는 한 글자에 해당되고, 한 유전자는 한 문장에, 그리고 한 생명체의 염색체는 한 세트의 백과사전 중 한 권에 해당된다고 볼 수 있다. 그러나 유전체가 포함하고 있는 정보를 이해하는 것은 익숙하지 않은 용어로 쓰인 글에서 한 문단의 의미를 유추하는 것보다 훨씬 더 어렵다. 주석이 없는 유전체 염기서열이란 새로운 문단의 시작이나, 한 문장의 마침을 지시하는 신호가 없는 것과 마찬가지이기 때문이다. 이러한 문제는 진핵생물의 유전체처럼 유전정보를 거의 갖지 않는 junk DNA가 매우 많이 존재할 때 더 복잡해진다. 하지만 다른 종류의 정보저장 시스템과 마찬가지로, 유전체는 유전자의 시작과 끝을 알리고, 필요시에 유전정보의 발현을 가능케 하는 분명한 신호들을 가지고 있다. 현재까지 생명정보학의 가장 큰 과제는 이러한 신호들을 찾는 것이었다. 6장에서는 유전체 염기서열 데이터를 구성하는 G, A, T, C 배열에 내재된 생물학적 의미와 함께 유전자의 시작과 끝을 알리는 신호를 유전자 탐지 알고리즘으로 변환하는 방법을 설명한다.

Prokaryotic Genomes

모든 생명체는 자극에 반응할 수 있는 능력을 갖는다. 가장 간단한 생명체의 일종인 원핵생물들은 이러한 자극에 대한 반응을 분자수준에서 이해할 수 있는 기회를 제공해 주는데, 자극에 대한 원핵생물의 반응은 부분적이라 할지라도 유전자 발현수준의 변화를 동반하기 때문이다.

세균의 유전체를 완전히 해독할 수 있게 됨으로써 생명현상에 요구되는 최소한의 유전적 요소에 대한 정보를 얻게 되었다. 원핵생물 유전체의 정보 대부분은 DNA의 복제(32개 이상의 유전자가 필요), 새로운 단백질의 합성(적어도 100~150개의 유전자가 필요), 에너지를 획득하고 저장(약 30개 이상의 유전자 필요)하는 것과 같은 세포의 기초적 인프라를 유지하는데 사용된다. 예를 들어 유전체 염기서열이 최초로 완벽하게 해독된 세균인 *Haemophilus influenza*와 같은 매우 간단한 원핵생물은 256~300개 정도의 기본적인 유전자만을 가지고 있다. 반면, 이보다 많은 수의 유전자를 가지는 다른 원핵생물들은 이들이 가지는 부가적인 유전자들의 대부분을 주변 환경에 존재하는 다양한 자원을 더 유용하게 활용하는데 사용한다.

현재 사용되는 DNA 염기서열 결정법으로 한번에 분석될 수 있는 염기서열의 길이를 1,000bp 정도로 가정하면, 약 460만개의 핵산염기로 이루어진 대장균

(*Escherichia coli*)의 유전체 염기서열을 완전히 파악하기 위해서는 4,600번 정도의 서열결정(sequencing) 반응이 필요하다고 생각될 것이다. 이는 유전체를 한번에 1,000bp씩 순차적으로 분석할 때의 경우이고, 실제로 사용되는 유전체 염기서열 결정법은 유전체로부터 유전체 염기서열 데이터의 일부분에 해당하는 하위클론(subclone)을 무작위적으로 생성한 후, 하위클론들로부터 얻어진 염기서열 데이터에서 중복된 부분을 추적하여 연속서열**(contig)**을 만들고, 연속서열들을 조합하여 유전체 염기서열 전체를 완성하는 과정으로 이루어진다(그림 6.1). 따라서 유전체의 모든 부분들이 전부 분석된다는 보장이 없고, 두 번 이상 중복되어 분석된 부분도 있기 때문에, 4,600번보다 훨씬 많은 수의 서열결정 반응이 필요하다. 4.6Mb의 유전체 상에 위치한 어떤 염기서열이 하위클론(1,000bp) 하나에 포함될 확률은 1,000/4,600,000이며, 반대로 포함되지 않을 확률은 4,599,000/4,600,000이다. 따라서 95%의 피도(coverage)를 얻기 위해 필요한 하위클론의 수(N)는 $(4{,}599{,}000/4{,}600{,}000)^N = (1 - 0.95 = 0.05)$으로 계산된다. 460만개의 핵산염기로 이루어진 유전체에 대해서 모든 핵산염기가 최소한 95%의 확률로 최소 1회 이상 읽혀지기 위해서는 실제로 20,000,000bp 이상에 해당하는 하위클론들을 분석해야 하는데, 이는 유전체 4개에 상응하는**(genome equivalent)** 핵산염기의 수를 조금 더 초과하는 수준이다.

유전체 염기서열 분석의 실험적, 계산적 측면의 어려움에도 불구하고, 1990년대 중반 이후에 60종 이상의 원핵생물 유전체의 염기서열이 완벽히 해독되었다. TIGR(The Institute of Genetic Research)와 같은 연구소는 세균 유전체의 염기서열 분석작업을 작은 산업으로 발전시키기도 하였다. 하위클론들로부터 얻어진 염기서열 데이터를 연속서열 조립용 컴퓨터로 자동으로 보내주는 DNA 염기서열

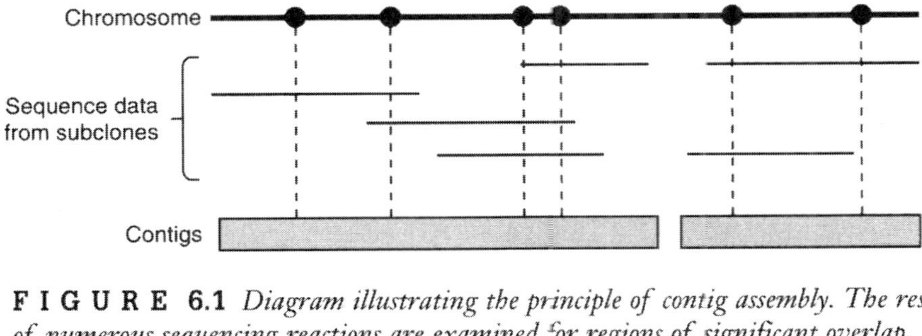

FIGURE 6.1 *Diagram illustrating the principle of contig assembly. The results of numerous sequencing reactions are examined for regions of significant overlap. Various unique points within the genome that may have been previously sequenced (often STSs, sequence tagged sites, or even ESTs, expressed sequence tags) are shown as dark circles on the chromosome and can be used to help order the sequence information. Contigs of the sequencing information are assembled and, in this case, the STSs and ESTs can be grouped into two contigs that are separated by a comparatively short gap.*

TABLE 6.1 Partial list of the many prokaryotic genomes that have been sequenced to date.

Organism	Genome size (Mb)	Gene number	Web site
Mycoplasma genitalium	0.58	470	Http://www.tigr.org/tigr-scripts/CMR2/Genomepage3.spl?database=gmg
Helicobacterpylori	1.66	1,590	Http://www.tigr.org/tigr-scripts/CMR2/Genomepage3.spl?database=ghp
Haemophilus influenzae	1.83	1,727	Http://www.tigr.org/tigr-scripts/CMR2/Genomepage3.spl?database=ghi
Bacillus subtilis	4.21	4,100	Http://www.pasteur.fr/Bio/SubtiList.html
Escherichia coli	4.60	4,288	Http://www.genome.wisc.edu/k12.htm
Mesorhizobium loti	7.04	6,752	Http://www.kazusa.or.jp/rhizobase/

Note: Genome sizes (in megabases) and predicted numbers of genes are based on complete genome sequence data maintained at the listed web sites.

분석기(sequencer)를 수백 대 보유하고 있는 TIGR의 인프라는 매년 수 종의 세균 유전체 염기서열을 분석하는 능력을 갖추고 있다. TIGR를 포함한 여러 연구소들이 분석을 완료한 원핵생물 유전체의 유전체 길이(genome size)와 추정되는 유전자의 수를 표 6.1에 예시하였다. 보다 자세한 내용은 TIGR의 웹사이트(http://www.tigr.org)에서 찾을 수 있다. 세균의 유전체 염기서열 분석작업은 이제 매우 효율적으로 발전해서 실제로 미국의 질병통제센터(U.S. Centers for Disease Control and Prevention, CDC)에서는 2001년 후반기에 미국에서 바이오테러를 목적으로 우편 배달된 탄저균(anthrax)의 유전체를 배달 후 수주 만에 완벽히 분석할 수 있었다.

Prokaryotic Gene Structure

원핵생물의 유전자 구조는 그림 6.2에 예시한 바와 같이 비교적 간단하다. 우리가 문장을 읽을 때 구두점을 지표로 이용하는 것과 마찬가지로, 유전자 발현을 담당하는 단백질 역시 유전자가 가지고 있는 어떤 신호를 지표로 사용한다. 때때로 아주 작은 변이가 있기도 하지만, 유전자상의 구두점은 발현될 유전자와 그렇지 않은 유전자를 구분할 수 있게 해주고, RNA로 전사(transcription)될 지점의 시작

F I G U R E 6.2 *The structure of a typical prokaryotic gene. A promoter region where RNA polymerase initiates transcription is shown as a gray box while an operator sequence (sometimes found to overlap or precede the promoter for some genes) to which a regulatory protein might bind is shown a darker gray box. Protein coding regions are shown as a black box, while transcription and translation start and stop sites are labeled with arrows.*

과 끝을 표시하며, 리보솜이 RNA상에서 번역(translation)을 시작하고 마치는 곳을 구분할 수 있게 해준다. 유전체에 포함된 다른 정보들과 마찬가지로, 이러한 신호들은 비교적 짧은 일련의 핵산염기들이다.

Promoter Elements

1장에서 설명했듯이 유전자 발현의 시작은 RNA 중합효소가 유전자의 RNA 사본을 만드는 과정인 전사이다. 원핵생물의 RNA 중합효소는 각기 중요한 역할을 하는 수 종의 단백질로 구성된 복합체이다. 모든 원핵생물은 RNA 중합효소를 DNA 주형에 부착시키기 위해 β′이라는 단백질을 이용하고, 핵산염기를 연결하는 데에는 β를, 모든 소단위 단백질을 한 덩어리로 유지하는 데에는 α를, 프로모터(promoter) 서열을 인식하는 데에는 σ를 이용한다. β, β′, α는 진화적으로 잘 보존되어있기 때문에 세균 종간의 유사도가 매우 높다. 프로모터 인식을 담당하는 소단위체인 σ는 이보다 덜 보존되어 있어서, 한 세포 내에서도 매우 다른 변이(variant)들이 존재한다.

대장균은 7개의 σ factor를 가지고 있으며 *Bacillus subtilis*는 10개의 σ factor를 가지고 있는데, 여러 종류의 σ factor를 이용하여 RNA 중합효소를 구성함으로써 세포가 여러 세트의 유전자발현을 동시에 시작하거나 중지시킬 수 있는 능력을 갖도록 해준다. 대장균의 σ factor와 RNA 중합효소가 부착하는 −35/−10 염기서열(1장 참조)을 표 6.2에 나타내었다. 대장균이 열충격(heat shock)에 반응하는데 관련된 유전자들을 발현하는 것이 적절할 때에는 σ^{32}를 가진 RNA 중합효소가 σ^{32} 프로모터들을 찾아낸다. 전체 유전자의 70%에 해당하는 평상시 생장

TABLE 6.2 The seven σ factors known to be used by *E. coli*.

σ factor	Gene family	−35 sequence	−10 sequence
σ^{70}	General	TTGACA	TATAAT
$\sigma^{32}(\sigma^{H})$	Heat shock	TCTCNCCCTTGAA	CCCCATNTA
$\sigma^{54}(\sigma^{N})$	Nitrogen stress	CTGGCAC	TTGCA
$\sigma^{28}(\sigma^{F})$	Flagella synthesis	CTAAA	CCGATAT
$\sigma^{38}(\sigma^{S})$	Stationary phase genes	CGTCAA	CTNNTATAAT
$\sigma^{20}(\sigma^{FecI})$	Iron-dicitrate transport	TGGAAA	TGTAAT
$\sigma^{24}(\sigma^{E})$	Extracytoplasmic proteins	GAACTTC	TCTGA

Note: Consensus nucleotides associated with the -35 and -10 sequences of *E. coli*'s promoters are shown (*N* = any nucleotide). The names of the σ factors are derived from their molecular weights measured in terms of kilodaltons (i.e., the molecular weight of σ^{70} is 70 kDa). Alternative, commonly used names for *E. coli*'s σ factors are also shown. Some -35 and -10 sequences have not yet been well characterized (n.a.).

에 필요한 대장균 유전자들은 σ^{70}을 가진 RNA 중합효소에 의해서 발현된다.

RNA 중합효소가 유전자의 프로모터를 얼마나 잘 인식하느냐에 따라 전사의 시작이 얼마나 신속히 일어날 것인지가 결정된다. 동일한 σfactor를 가지는 RNA 중합효소에 의해서 인식되는 유전자들에서 가장 빈번하게 발견되는 −35/−10 염기서열을 컨센서스서열**(consensus sequence)**이라 하며, 유전자의 −35/ −10 염기서열이 컨센서스서열에 가까울수록 RNA 중합효소가 전사를 시작할 가능성이 높아진다.

원핵생물들은 서로 연관되는 기능을 가진 유전자들의 발현이 1개의 프로모터에 의해 동시에 조절되도록 오페론**(operon)**을 구성한다. 어떤 유전자가 발현될 때, 기능상 관련이 있는 다른 유전자들도 함께 발현되도록 동시에 조절하기 위한 목적이라고 볼 수 있다. 전형적인 예가 락토오스(lactose) 오페론으로 락토오스 대사에 연관되어 있는 3개의 유전자(β-galactosidase, lactose permease, lactose transacetylase)로부터 한 개의 폴리시스트론 **RNA(polycistronic RNA)**가 만들어 진다.

또한 조절단백질들은 σfactor와 프로모터 사이의 친화성을 이용한 것보다 훨씬 더 정교한 방식으로 환경조건에 반응하여 유전자 발현을 조절한다. 예를 들어 락토오스 오페론에서는 σ^{70}을 가지는 RNA 중합효소가 오페론의 프로모터를 인식하지만, 유전자의 발현수준은 세포 주위의 환경에 락토오스가 풍부하고 포도당(glucose, 락토오스보다 박테리아가 더 선호하는 당)이 결핍되었을 때에 최고가 된다. 락토오스 농도에 대한 반응을 담당하는 것은 락토오스 억제자(repressor)라고 불리는 음성조절자**(negative regulator)**인 pLacI이다. 락토오스의 농도가 낮을 때에는 pLacI가 락토오스 오페론 프로모터의 −10 서열 바로 뒤에 위치하는 작동자서열(**operator sequence**)에 결합하는데(그림 6.3), pLacI가 작동자 서열에 부착하면, RNA 중합효소가 DNA를 주형으로 전사를 진행하는 과정의 장애물로 작용한다.

또한 pLacI는 락토오스에도 특이적으로 결합할 수 있는데, pLacI가 락토오스에 결합된 상태에서는 작동자서열에 대한 결합력이 현저히 감소하여 유전자발현을 가능케 한다. 포도당의 농도에 대한 락토오스 오페론의 조절은 cAMP 수용단백질(cyclic AMP receptor protein, CRP)이라 불리는 양성조절자(**positive regulator**)의 작용에 의하여 이루어진다. 락토오스 오페론 프로모터의-35(5′-TTTACA-3′)와 -10(5′-TATGTT-3′) 서열은 RNA 중합효소의 σ factor가 인지하는 최적의 서열은 아니다(표 6.2 참조). 그 결과, 락토오스 오페론은 pLacI가 작동자에 결합하지 않은 상태에서도 높은 수준으로 발현하지는 않지만, 프로모터에 CRP가 결합하면 발현수준이 증가한다. 이 CRP는 오직 세포 내의 포도당 농도가 낮을 때만 락토오스 오페론 프로모터의 특정 염기서열에 결합한다.

생명정보학자들에게는 원핵생물의 프로모터 서열과 구조에 관하여 관심을 가질 만한 점이 많이 있다. 컴퓨터 프로그램을 이용하여 RNA 중합효소가 선호하는 −35와 −10 염기서열을 쉽게 찾을 수 있으며, 프로모터 서옅들 중에서 컨센서스 서열과 일치하지 않는 핵산염기에 대해서 감점을 주는 방식으로 양성조절자 없이 가장 높게 발현될 오페론의 순서를 정할 수도 있기 때문이다. 또한 프로모터 탐색 알고리즘을 이용하여 염기서열이 밝혀진 유전체에서 오페론들을 발현양상에

```
-81            -71            -61            -51            -41
   AACGCAATTAATGTGAGTTAGCTCACTCATTAGGCACCCC
-40            -30            -20            -10             -1
   AGGCTTTACACTTTATGCTTCCGGCTCGTATGTTGTGTGG
1              10             20             30              40
   AATTGTGAGCGGATAACAATTTCACACAGGAAACAGCTat
41             51             61             71              81
   gaccatgattacggattcactggccgtcgttttacaacgt
```

FIGURE 6.3 *Actual nucleotide sequence of the promoter region of* E. coli*'s lac operon (GenBank accession #AE000141). Nucleotides associated with the −35 and −10 sequences are italicized; those associated with the binding site for pLacI are underlined; those for the binding site of CRP are double underlined. The transcriptional start site (+1) is shown in boldface italics as are the nucleotides associated with the operon's Shine-Delgarno sequence. The start codon for the beta-galactosidase gene and its downstream ORF are shown in lowercase letters.*

일련의 핵산염기가 1개 이상의 오페론에 존재하는 점을 이용하여 발견되었다.

Open Reading Frames

리보솜은 RNA상의 삼중부호(triplet genetic code)를 단백질의 아미노산으로 번역한다. 대부분의 원핵생물 단백질은 60개 이상의 아미노산으로 이루어져 있는데, 대장균 단백질의 경우 평균 316.8개의 아미노산으로 이루어져 있으며 1.8% 미만의 단백질만이 60 개미만의 아미노산으로 이루어져 있다. 그리고 4종의 핵산염기를 3개씩 배열할 수 있는 64개의 가능한 조합 중에서는 3개의 코돈(UAA, UAG, UGA)이 리보솜의 번역을 중단하는 마침표인 종결코돈**(stop codon)**역할을 한다. 종결코돈은 유전정보를 가지지 않는 지역에서도 대략 21개의 코돈마다 한번(64/3) 정도의 빈도로 발견되므로, 30개 이상의 코돈이 종결코돈을 갖지 않고 연속되어 있으면, 원핵생물의 유전자의 부호화서열(coding sequence)인 개방번역틀**(open reading frame, ORF)**일 가능성이 높다. 무작위적인 염기서열에서, 종결코돈을 가지지 않는 N개의 코돈이 연속될 확률은 $(61/64)^N$이다. 따라서 95%의 신뢰도를 갖는 유의미한 ORF의 길이(N)는 종결코돈의 무작위적 출현확률 5%를 고려하면 $[(61/64)^N = 0.05]$, N=60이 된다. 원핵생물의 유전자 지도를 작성하는 알고리즘은 이 기준에 크게 의존한다.

3개의 코돈이 종결코돈으로 정해져 있는 것처럼, 1개의 코돈은 시작코돈**(start codon)**으로 작용한다. AUG라는 코돈은 메티오닌(methionine)을 지정하기도 하며, 동시에 RNA의 번역이 시작되는 지점을 지정하기도 한다. 실제로 대장균의 시작코돈은 83%가 AUG이며, 나머지 17%는 UUG와 GUG이다. 어떤 ORF 뒤에 시작코돈을 포함한 ORF가 연속되고 그 사이에 적절한 프로모터 서열이 없다면, 두 유전자는 상류(upstream)쪽에 위치한 하나의 프로모터에 의하여 조절되는 오페론에 속한다고 할 수 있다.

번역 과정과 관련된 원핵생물 유전자의 또 다른 특징은 ORF의 5′ 말단에 존재하는 리보솜이 결합하는 염기서열이다. 전사의 시작점과 번역의 시작점 사이에 발견되는 리보솜 결합위치는 샤인-달가르노서열**(Shine-Dalgarno sequence)**라 불리며, 이 염기서열은 5′-AGGAGGU-3′이다. 따라서 어떤 유전자의 샤인-달가르노서열에 점 돌연변이가 일어나면 mRNA가 번역되지 못한다. ORF들 사이에 매우 적은 수의 핵산염기가 삽입되어 있는 일부 세균의 polycistronic mRNA에서는 근접한 ORF사이의 번역과정이 연속적으로 일어난다. 이는 리보솜이 첫 번째 ORF의 번역을 마치면서 다음 ORF의 시작코돈에 바로 접근할 수 있기 때문이다. 하지만 일반적으로 대부분의 시작코돈 앞에는 샤인-달가르노 서열이 있다.

Conceptual Translation

1960년대와 1970년대에는 유전자의 염기서열을 분석하는 것보다 단백질의 아미노산 서열을 분석하는 것이 더 쉬웠다. 1980년대에 이르러 염기서열 분석법이 발달하였고, 이제는 단백질의 아미노산 서열은 대부분 유전자 염기서열로부터 유추하게 되었다. 유전자 서열을 아미노산서열로 변환하는 가상번역**(conceptual translation)**은 표 1.1에 나타낸 유전자 부호를 이용하여 컴퓨터상에서 쉽게 행할 수 있다. 아미노산 서열은 다음 장에 기술될 알파나선(alpha helix)이나 베타박판(beta sheet)등과 같은 단백질의 구조를 예측하는 근거가 된다. 그러나 아미노산 서열에 근거한 단백질 구조의 예측은 현재 막연한 추측만이 가능한 수준이다. 물론 구조가 잘 알려진 단백질의 아미노산 서열과 비교함으로써 좀 더 믿을 만한 단서를 얻을 수 있지만, 현재의 수준에서는 생화학적 접근방법으로 효소를 정제하고 기능을 밝히는 노동집약적인 과정이 최선의 방법이다.

Termination Sequences

RNA 중합효소가 프로모터 서열을 인지하여 전사를 시작하는 것과 마찬가지로, 90% 이상의 원핵생물 오페론은 내부종결자**(intrinsic terminator)**라 불리는 전사종결신호를 갖는다. 내부종결자는 (1) 반전반복(inverted repeat)이 있는 일련의 염기서열(예를 들어 5′-CGGATG|CATCCG-3′은 | 중심으로 반전반복)과 (2) 반전반복 서열의 바로 뒤에 6개 가량의 우라실(uracil)이 있는 특징을 갖는다.

RNA는 전형적으로 단일사슬 상태로 존재하지만, 반전반복을 이용하여 같은 사슬 내에서 안정된 염기결합을 하는 이차구조를 형성할 수 있다. RNA 이차구조의 안정성은 염기결합을 이루는 반전반복의 길이와 반복서열 내에서 G와 C가 A와 T에 비하여 얼마나 높은 비율로 존재하는지에 의해 결정된다(8장 참조). 내부종결자의 반전반복은 7~20개의 염기로 이루어져 있으며 G와 C의 비율이 높다.

전사과정 중에 형성되는 RNA의 이차구조(그림 6.4)는 RNA중합효소를 평균 1분 동안 정지시킨다는 것이 실험적으로 증명된 바 있다. 원핵생물의 RNA 중합효소가 1초에 100개의 핵산염기를 연결한다는 사실에 비추어 보면, 1분은 매우 긴 시간이다. 또한 RNA 중합효소가 새로운 RNA를 합성할 때 일련의 우라실 서열에서 멈춘다면, RNA의 U와 원본 DNA의 A 사이에 형성된 매우 약한 결합이 두 가닥을 서로 떨어지게 만들어 전사가 종결되도록 할 것이다. 이러한 RNA의 이차구조로 인한 전사의 중지는 매우 정확하고 효율적인 전사의 종결을 유도한다.

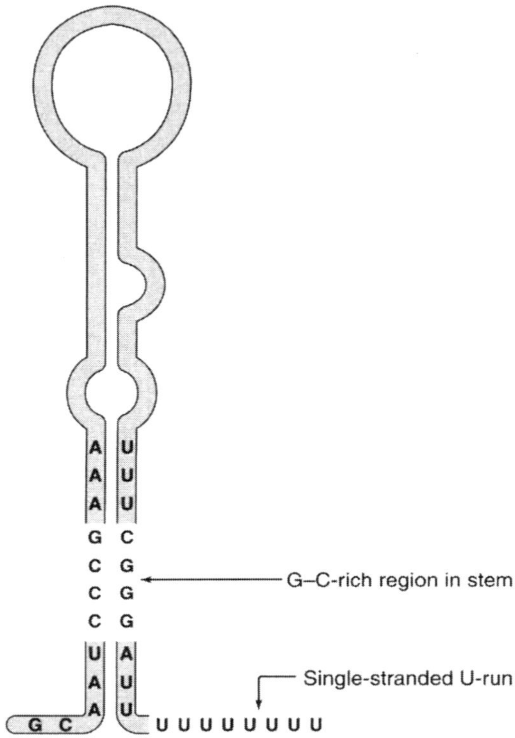

FIGURE 6.4 *Molecular structure of a prokaryotic intrinsic terminator of transcription. Intrinsic terminators include palindromic sequences that vary in length from 7 to 20 bp and tend to be rich in G's and C's. The stem-loop structure that results from intramolecular base pairing is immediately followed by a run of uracils in the RNA*

GC Contents in Prokaryotic Genome

염기결합의 법칙에 따르면 이중나선의 DNA 내에는 같은 수의 G와 C가 존재하고, G + C의 비율과 A+T비율을 합하면 100%가 되어야 한다. 원핵생물은 종 별로 GC 함량이 25%~75%로 크게 변하기 때문에 GC 함량을 측정하는 것도 세균의 종을 동정하는 목적으로 유용하게 사용된다. 세균 종의 GC 함량은 오랜 기간 동안 DNA 중합효소와 DNA 복구 메커니즘이 가지는 돌연변이의 종류별 발생빈도에 대한 편향성 때문에 종마다 독립적으로 변하게 되었다. 많은 원핵생물의 유전체 서열이 밝혀지고 이로부터 이들의 GC 함량을 측정한 결과, 세균은 진화과정 중 수평적 유전자전달(**horizontal gene transfer**)이란 과정을 통하여 타 생물 종의 유전자를 대량(수십 내지 수백 염기쌍)으로 획득해 왔음을 알 수 있었다. 세균은 종별로 매우 상이한 GC 함량을 갖기 때문에, 최근에 얻어진 유전자의 GC 함량은 오랫동안 존재했던 유전자의 GC 함량과 크게 다르게 된다. 한편, 이러한 GC 함량의 차이는 모든 삼중부호 코돈이 동일한 빈도로 이용되지 않는 코돈 편향성으로도 나타나며, 아미노산 종류에 따라 이용 빈도도 달라지게 된다. 간단히 말하면, 세균의 유전체는 GC 함량이 다른 DNA 조각들의 조합이라고 할 수 있다.

Prokaryotic Gene Density

Bacteria와 Archaea의 유전체 염기서열은 85~88%가 부호화 서열에 해당할 정도로 유전자 밀도가 매우 높다. 대장균의 유전체에는 평균길이가 950bp인 유전자 4,288개가 평균적으로 118개의 핵산염기를 사이에 두고 분포한다. 이는 염색체의 부호화 효율을 극대화하여 DNA의 복제에 소요되는 시간을 줄임으로써 번식력을 최대화하려는 진화적 필요성의 결과일 것이다. 하지만 근래의 연구에서는 염색체의 상당 부분을 제거하는 것도 그 만큼을 얻는 것만큼이나 일반적이라는 것도 밝혀진 바 있다. 이유야 어찌되었든, 원핵생물의 유전체에서 유전자를 찾는 것은 1) 60개 이상의 코돈으로 이루어진 긴 개방번역틀의 유무, 2) 프로모터 서열의 유무, 3) 전사종결신호의 유무, 4) 다른 생명체의 단백질을 부호화 하는 핵산염기 서열 또는 아미노산 서열과의 비교 등과 같은 소수의 특징만을 고려하는 비교적 간단한 과정으로 이루어져 있다.

Eukaryotic Genomes

진핵생물은 모든 면에서 원핵생물보다 더 복잡하다. 내부에 막으로 둘러싸인 세포 소기관들이 있어서 하나의 세포 내에서도 매우 다양한 화학적 환경들이 존재하기도 하고, 다세포 진핵생물의 경우에는 모든 세포가 동일한 유전정보를 갖지만 유전정보의 발현양상은 세포에 따라 달라지기도 한다. 진핵생물은 유전체 크기에서도 제한을 받지 않으며, 불필요할 수도 있는 염기서열(junk DNA)들을 갖고 있다. 또한 원핵생물이 1개의 환형 염색체를 갖는 것과는 달리, 진핵세포의 핵에는 많은 수의 선형 염색체들과 이 염색체들의 사본들이 있다. 예를 들어 정상적인 인간 세포에는 1번에서 22번까지 번호가 브여된 22개의 상염색체(autosome)가 2개씩, 그리고 성염색체(여성은 2개의 X, 남성은 1개의 X와 1개의 Y) 2개가 존재한다. 이 중에서 가장 짧은 것이 55,000,000 bp (55Mbp)이고 가장 긴 것은 250,000,000 bp (250Mbp)이며, 모든 염색체의 길이를 더하던 약 3,200,000,000 bp (3200Mbp)가 된다. 만약 인간의 유전체 염기서열을 백과사전의 글자로 배열한다면, 2002년에 출판된 브리태니카 백과사전 한 질의 10배에 해당하게 된다.

진핵생물의 유전체 염기서열을 분석하는 작업에서는 원핵성물 유전체를 대상으로 할 때 발생하는 문제점에 진핵생물의 유전체가 훨씬 더 크고 복잡하기 때문에

TABLE 6.3 Partial list of eukaryotic genome sequencing projects.

Organism	Genome size (Mb)	Gene number	Web site
Saccharomyces cereviseae (yeast)	13.5	6,241	http://genome-www.stanford.edu/Saccharomycds
Caenorhabditis elegans	100	18,424	http://www.sanger.ac.uk/Projects/C_elegans/
Arabidopsis thaliana (thale cress)	130	25,000	http://www.tair.org
Drosophila melanogaster (fruit flies)	180	13,601	http://flybase.bio.indiana.edu
Danio rerio (zebrafish)	1,700	na	http://zfish.uoregon.edu/
Homo sapiens (humans)	3,000	45,000	http://www.ncbi.nlm.nih.gov/genome/guide/

Note: Genome sizes (in megabases) and predicted numbers of genes are based on data maintained at the listed web sites.

발생하는 문제점들이 더해진다. 때문에 유전체 서열결정 작업에서 만들어지는 대량의 연속서열들 사이에 중복되는 부분을 찾는 것은 계산상의 부하가 너무 커서 클론간의 염기서열 유사성을 이용하는 것 이상의 방법이 요구된다. 이를 위해 사용되는 매우 유용한 전략으로는 교배실험을 통해 자손들이 가지는 형질들을 조합해 봄으로써 추론된 유전자지도(genetic map)와 그림 6.1에 예시하였던 STS나 EST를 이용하여 작성된 물리적지도(physical map)를 대응시켜 보는 것인데, 이러한 전략은 효모, 초파리(*Drosophila melanogaster*), 겨자식물(*Arabidopsis thaliana*), 인간 등과 같은 진핵생물의 유전체 서열결정 작업에서 성공적으로 적용된 바 있다. 표 6.3에 나타낸 진핵생물들의 유전체 크기만 보더라도 표 6.1에 포함된 원핵생물들의 유전체보다 수십 배 이상 크다는 것을 알 수 있다. 물론 DNA 염기서열 정보만으로 원핵생물과 진핵생물의 유전자의 수를 비교하는 것은 진핵생물 유전자 예측법이 갖는 불확실성 때문에 정확하지는 않겠지만, 표 6.3에 나타낸 진핵생물 유전자 수에 대한 최선의 추정치는 진핵생물이 원핵생물보다 더 복잡한 유전체를 가질 것이라는 예상에 부합한다.

Eukaryotic Gene Structure

진핵생물의 유전체에서 유전자에 해당하는 부분을 예측하는 것은 원핵생물의 경우보다 훨씬 더 어렵다. 진핵생물의 유전체 크기만을 고려하면, 진핵생물의 유전체에서 유전자를 찾는 일은 건초 더미 속에서 바늘을 찾는 것에 비유할 수 있다. 하지만, 실제로는 6000kg의 건초 더미에서 2g의 바늘을 찾는 것이 1,000배 정도 더 쉬운 일이다. 원핵생물의 경우처럼 통계적으르 유의미한 길이의 ORF를 찾는 것도 진핵생물에서는 인트론의 존재 때문에 불가능하다. 물론 원핵생물에서와 마찬가지로 진핵생물의 프로모터도 일정한 염기서열로 이루어져 있기 때문에 유전자 탐색 알고리즘을 통해 탐색할 수 있으나, 시작 코돈으로부터 멀리 떨어져 있다는 문제점이 있다.

진핵생물의 유전체 염기서열에서 유전자에 해당하는 부분을 찾는 방법을 완성하는 일은 생물정보학에 주어진 커다란 과제 중의 하나라고 할 수 있다. 현재 사용되고 있는 최선의 방법은 Grail EXP나 GenScan과 같은 소프트웨어들이 기반으로 하고 있는 신경네트워크**(neural network)**와 역동연산법**(dynamic programming)**이다. 기본적인 개념을 설명하자면, 신경네트워크를 이용한 접근법은 인간 유전체 프로젝트로부터 얻어진 원(raw) 데이터와 같은 특성이 규명되지 않은 데이터를 분석하기 위해 이미 알려진 인간 유전자 염기서열과 같은 특성이 규명된, 그리고 연관성이 있는 데이터와의 통계적 유사성을 살펴보는 방법이다. 역동연산법은 2장에서 설명한 바와 같이 어떤 복잡한 문제의 해결을 위해 가능한 모든 해답을 고려해보는 방법이라고 할 수 있다. 물론 현재의 알고리즘이 유전자를 정확히 예측하는 비율은 50% 정도로 그리 믿을만한 수준은 아니지만, 이보다 진보된 방법을 개발하는 출발점이 될 수 있을 것이다. 위에 언급한 알고리즘들은 염기서열의 방향과 상대적 서열위치 등을 고려하여 유전체에서 유전자로 예측될 수 있는 염기서열의 특징들을 검색하여 확률로 표현하는데, 프로모터 서열, 인트론과 엑손의 경계, 코돈 편향성이 있는 잠정적인 ORF등이 동시에 존재하는 부분일수록 유전자일 가능성이 높은 것으로 판단한다. 유전자로 예측될 수 있는 염기서열의 특징들이 갖는 생물학적 중요성과 이들이 유전자와 유전자가 아닌 부분을 구별하는데 어떻게 사용되는지는 아래에 설명하였다.

Promoter Elements

간세포(liver cell)가 간세포로써의 역할을 하기 위해서 필요한 모든 정보는 근육세포나 뇌세포에도 존재한다. 하지만 세포의 종류데 따른 기능의 차이가 있는 이유는 세포마다 유전자의 발현 여부가 다르게 조절되기 때문이다. 원핵생물과 마찬가지로 진핵생물 역시 유전자 발현을 조절하기 위해서 전사의 시작점을 조절하지만, 진핵생물은 원핵생물에 비해 매우 정교한 조절기작을 갖고 있다. 진핵생물이 여러 개의 RNA 중합효소를 갖는다는 점이 한 예가 될 것이다. 원핵생물은 한 종

TABLE 6.4 The three eukaryotic RNA polymerases.

RNA polymerase	Promoter location	Promoter complexity	Transcribed genes
RNA polymerase I	−45 to +20	Simple	Ribosomal RNAs
RNA polymerase II	Far upstream to −25	Very complex	Protein-coding genes
RNA polymerase III	+50 to +100	Simple	tRNAs, other small RNAs

Note: Positions of promoter sequences relative to the transcriptional start site, the complexity of sequences, and the types of genes they transcribe are listed.

류의 RNA 중합효소를 갖지만, 모든 진핵생물은 적어도 8개 내지 12개의 단백질들로 이루어진 3가지 종류의 RNA 중합효소를 가지고 있다. 표 6.4에 나타낸 바와 같이 진핵생물의 RNA 중합효소는 종류별로 다른 종류의 프로모터들을 인지함으로써 각각 다른 유전자들을 전사하는데 사용된다. RNA 중합효소 I과 III는 RNA 자체가 중요한 기능을 하고 항상 일정한 수준의 양이 필요한 RNA들을 전사하는 데에 사용되며, 단백질을 부호화하는 RNA를 전사하는 과정에는 RNA 중합효소 II만이 사용된다.

원핵생물과 마찬가지로 진핵생물의 프로모터도 유전자의 전사가 시작되는 과정에 필수적인 염기서열이다. 하지만 여러 개의 유전자가 한 개의 프로모터를 공유하고 있는 원핵생물의 오페론과는 달리, 진핵생물의 유전자는 개별적으로 고유한 프로모터를 가지고 있다. RNA 중합효소 II가 인식하는 프로모터들의 대부분은 기본 프로모터**(basal promoter)**로 불리는 일련의 염기서열들이며, 이곳에서 **RNA 중합효소 II 복합체(initiation complex)**가 조립되고 전사가 시작된다. 그리고 기본 프로모터 앞쪽에는 RNA 중합효소 외의 단백질들이 특이적으로 부착하는 부위인 프로모터 상류요소**(upstream promoter element)**가 존재한다. 진핵생물의 유전체에 포함된 유전자의 수와 세포의 유형들을 고려하면, 진핵생물은 특정한 단백질을 부호화하는 유전자를 인식하고 적절한 방법으로 발현시키기 위해서 적어도 5개의 프로모터 상류요소를 필요로 한다.

전사의 시작 과정에서 원핵생물과 진핵생물이 보이는 근본적인 차이점은 진핵생물의 RNA 중합효소 II는 프로모터의 기본서열(basal sequence)을 직접적으로 인지하지 않는다는 점이다. 대신 1개의 TBP(TATA-binding protein)와 적어도 12개의 TAF(TBP-associated factor)를 포함하는 기본전사인자**(basal transcription factor)**가 프로모터 서열에 정해진 순서대로 부착하고 RNA 중합효소의 촉매부위가 이곳에 부착하도록 유도한다(그림 6.5). 진핵생물의 프로모터에는 전사가 시작되는 위치(+1)로부터 −25에 해당하는 위치에 TATA box가 존재한다. TATA box

의 실제 염기서열은 5′-TATAWAW-3′이며, W는 A 또는 T를 의미한다. 그리고 Inr(initiator)라고 불리는 염기서열인 5′-YYCARR-3′(Y는 C 또는 T, R은 G 또는 A를 의미한다)의 A가 대부분 +1 위치에 해당한다. 물론 한 개체 내에서도 세포의 유형에 따라 기본전사인자들 사이에 미묘한 차이가 있고 조금씩 다른 서열들을

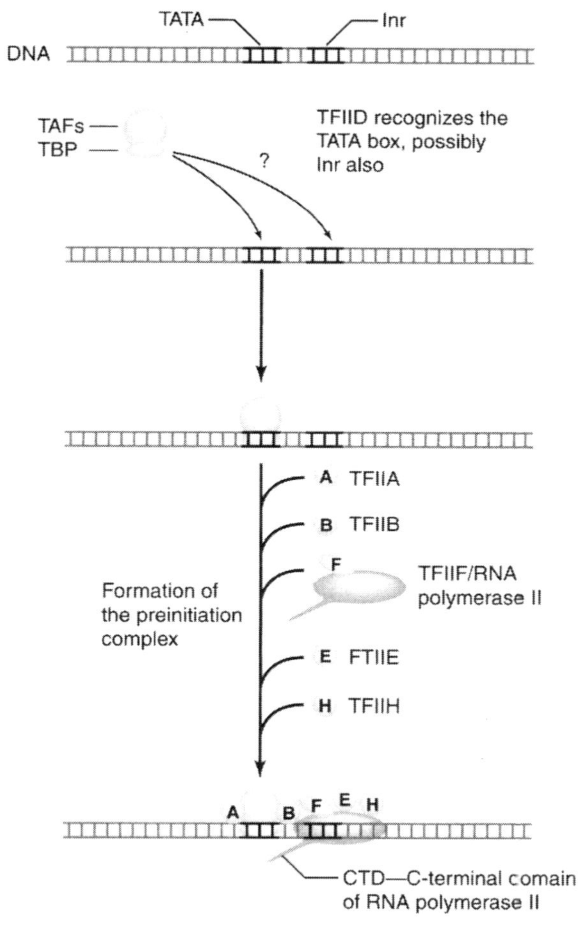

F I G U R E 6.5 *Assembly of the RNA polymerase II preinitiation complex. Assembly of the preinitiation complex begins with recognition of the TATA box and possibly the Inr sequence by TBP (probably in conjunction with TAFs). Other components of the preinitiation complex assemble in the order shown and with known protein contacts in place. (Based on Roeder, 1996.)*

TABLE 6.5 Examples of several eukaryotic transcription factors.

Protein factor	Consensus sequence	Role
Constitutive factors		
CAAT transcription factor	5′-GCCAATCT-3′	Ubiquitous
CP family	5′-GCCAATCT-3′	Ubiquitous
Sp1	5′-GGGCGG-3′	Ubiquitous
Oct-1	5′-ATGCAAAT-3′	Ubiquitous
Response factors		
Heat shock factor	5′-CNNGAANNTCCNNG-3′	Response to heat shock
Serum response factor in serum	5′-CCATATTAGG-3′	Response to growth factors
Cell-specific factors		
GATA-1	5′-GATA-3′	Only in erythroid cells
Pit-l	5′-ATATTCAT-3′	Only in pituitary cells
MyoDl	5′-CANNG-3′	Only in myoblast cells
NF-kB	5′-GGGACTTTCC-3′	Only in lymphoid cells
Developmental regulators		
Bicoid	5′-TCCTAATCCC-3′	Early embryo organization
Antennapedia	5′-TAATAATAATAATAA-3′	Embryonic head development
Fushi tarazu	5′-TCAATTAAATGA-3′	Embryonic segment pairing

Note: Examples include the sequences that the transcription factors specifically interact with and their roles. "N" means that all four nucleotides occur with roughly the same frequency.

프로모터 서열로 인지한다고 알려져 있으나, 적절한 위치에 적절한 방향으로 존재하는 TATA box와 Inr 서열은 진핵생물의 유전체 염기서열에서 단백질을 부호화하고 있는 부분을 찾는 지표로 유용하게 사용되고 있다. 참고로 조직(tissue) 특이적인 발현양상을 보이는 유전자들의 전사에는 이와 같은 전사인자의 차이점이 중요한 역할을 한다.

Regulatory Protein Binding Sites

세균의 RNA 중합효소는 프로모터에 대한 친화성이 높기 때문에 불필요한 상황에 유전자 발현을 억제하는 음성적 조절에 의해 유전자 발현이 조절되는 경우가 많다. 하지만 진핵생물의 RNA 중합효소 II와 III는 프로모터에 대한 친화성이 낮아서 프로모터가 컨센서스 서열과 일치하더라도 기본적인 전사 속도는 매우 느리다. 그 결과, 진핵생물에서는 양성적 조절자의 역할을 하는 단백질들에 의해서 유전자 발현이 조절되는 경우가 많은데, 유전자의 발현을 조절하는데 관여하는 단백질들을 전사조절인자(transcription factor)라 한다. 전사조절인자를 1) 외부의 신호들에 반응하여 제한된 수의 유전자들의 발현을 조절하는 조절성**(regulatory)** 전사조절인자와 2) 여러 종류의 유전자들의 발현에 관여하지만 외부 신호에 반응하지 않는 지속성**(constitutive)** 전사조절인자로 구분하기도 하지만, 이러한 구분의 기준이 아직 명확하지는 않다.

표 6.5에 예시한 바와 같이, 대부분의 전사조절인자는 서열 특이적으로 DNA에 부착하는 단백질이다. CAAT 전사조절인자와 CP계열의 단백질들은 −80 위치의 주변에 있는 **CAAT box**와 같은 전사 시작점을 알리는 컨센서스 서열을 인지하며, Sp1과 같이 촉진자**(enhancer)**라고 명명된 조절인자들은 보통 −500~+500 위치의 넓은 범위의 서열에 작용한다. 촉진자들은 여러 개가 결합하여 누적효과를 보이기도 하며, 일부는 전사시작 위치에서 상당히 떨어진 곳에서도 기능을 하는 것으로 알려져 있다. 촉진자는 DNA가 특정한 형태로 구부려지게 함으로써 많은 전사조절 인자들이 접촉하여 촉진체**(enhanceosome)**라는 구조를 형성하도록 한다. 이외에도 열과 같은 자극에만 반응한다든지, 특정한 조직이나 발달 단계의 특정한 시점에서만 유전자의 발현에 관여하는 전사조절인자들이 존재한다.

Open Reading Frames

원핵세포에서는 RNA 중합효소가 부호화서열에 대한 전사를 시작함과 동시에 리보솜에 의한 번역이 일어나게 되지만, 진핵세포의 전사와 번역과정은 핵막에 의해서 물리적으로 분리되어있다. 또한 진핵세포의 세포핵 내부에서 RNA 중합효소 II에 의해 전사된 RNA는 다양한 변형 과정을 거친 후, 핵 밖으로 이동된다. 변형이 일어나기 전 상태를 **hnRNA(heterogeneous nuclear RNA)**라고 부르는데, hnRNA는 캡핑(capping)과 스플라이싱(splicing), 폴리아데닐레이션(polyadenylation) 과정을 거쳐서 리보솜이 번역할 수 있는 형태로 변형된다. 캡핑**(capping)**이란 메틸화(methylation)와 같은, hnRNA의 5′ 말단에 일어나는 화학적 변화를 의미하며, 스플라이싱**(splicing)**은 hnRNA 내부의 인트론 부분이 제거되는 과정을, 그리고 폴리아데닐레이션**(polyadenylation)**은 hnRNA의 3′ 말단에 약 250개의 A(poly-A tail)를 연속적으로 결합시키는 과정을 의미한다.

위에 언급한 3종류의 변형 과정은 세포의 종류에 따라 다르게 나타날 수도 있다. 특히 세포의 종류에 따라 스플라이싱 방법이 달라지게 함으로써, 종류가 다른 세포들이 다른 유전정보를 가질 필요 없이 세포별로 발현양상이 달라지게 할 수 있다. 하지만 스플라이싱은 유전자를 예측하는 알고리즘에 심각한 문제를 초래한다. 간단히 말하면, 진핵유전자의 DNA 염기서열은 원핵생물의 DNA 염기서열과 같이 통계학적으로 유의미한 길이의 ORF를 가질 필요가 없는데, 그것은 스플라이싱 과정에서 수많은 정지 코돈들이 제거되기 때문이다. 만약 유전자 예측 알고리즘이 스플라이싱 과정을 정확히 모델링 할 수 있다면, 진핵생물의 유전자 예측에서도 ORF가 유용하게 사용될 것이다. 하지만 조직에 따라 스플라이싱 양식이 매우 다양하기 때문에 스플라이싱 과정을 정확히 모델링하는 것은 매우 어려운 일이다.

Introns and Exons

진핵세포 유전자의 단백질을 부호화하고 있는 부분들은 그림 6.6과 같이 인트론 **(intron)**이라 불리는 염기서열들에 의해서 분절되어 있으나, 전사 후에는 스플라이싱 과정을 통해 서로 연결된다. 진핵세포는 적어도 8 종류의 인트론을 갖는다고 알려져 있으며, 단백질을 부호화하고 있는 유전자에 포함된 인트론들에 대해서는 GU-AG 법칙이 적용된다. **GU-AG 법칙(GU-AG rule)**은 인트론의 5′ 말단 부분에 위치한 엑손-인트론 연결부위(splice junction)의 처음 두 염기는 항상 5′-GU-3′이고, 3′ 말단 부분에 위치한 마지막 두 염기는 5′-AG-3′라는 것이다. 스플라이싱 기구(splicing machinery)는 위에 언급된 엑손-인트론 연결부위와 더불어 인트론의 3′ 말단 부분에 위치한 엑손-인트론 연결부위로부터 상류(upstream) 쪽으로 18~40bp에 해당하는 곳에 위치한 가지부위(branch site)에 있는 염기서열을 인식하여 스플라이싱 과정을 수행한다. 스플라이싱 기구에 의해 인식되는 대부분의 염기서열들은 인트론 내부에만 존재하며, 단백질을 부호화하는 정보를 가지고 있는 엑손에는 영향을 주지 않는다.

인트론은 스플라이싱에 관련된 신호만 포함하더라도 길이가 최소 60bp 정도가 되며, 인트론의 길이에 대한 상한은 없는 것으로 생각되고 있다. 인간의 유전체에는 수십만 개의 핵산염기로 이루어진 인트론들도 다수 존재한다. 반면, 척추동물의 유전체에 존재하는 엑손**(exon)**은 작은 것은 100bp, 큰 것은 2,000bp인 것도 있으나, 대부분이 450bp 정도의 크기이다. 또한 인트론이 출현하는 양상에도 일정한 법칙이 있는 것은 아니다. 진핵생물의 유전자 중에는 인트론을 가지고 있지 않은 것도 있다. 예를 들어 효모는 6,000개의 유전자 중에서 239개만이 인트론을 갖고 있으며, 인간의 어떤 유전자는 100개 이상의 인트론을 갖기도 한다. 하지만 대부분의 척추동물 유전자는 인트론을 포함하는데, 인간의 경우는 모든 유전자의 95% 정도가 1개 이상의 인트론을 갖고 있다(표 6.6). 스플라이싱에 필요한 염기서열들을 제외한 나머지 염기서열과 인트론의 길이는 특별한 진화적 구속을 받지

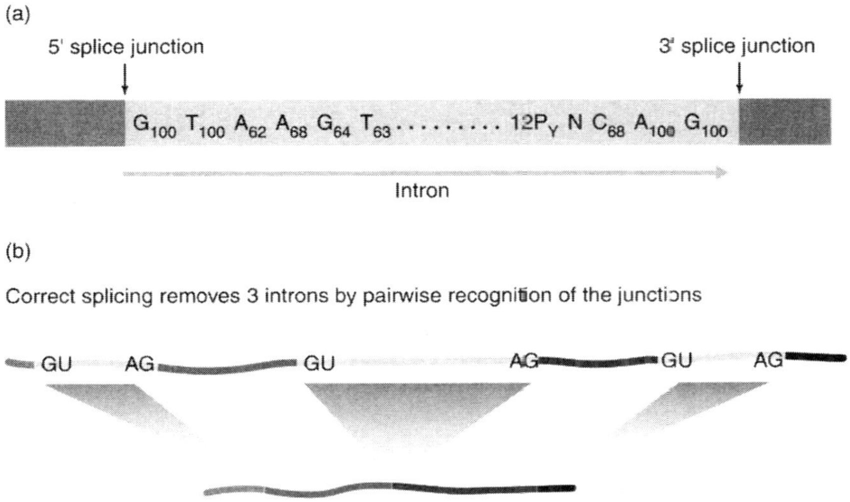

FIGURE 6.6 *A diagram representing the intron/exon structure of a eukaryotic gene and the mRNA it gives rise to after processing of an hnRNA transcript. (a) Conserved sequences associated with the 5′ and 3′ splice junctions of yeast introns are shown. Subscript numbers beside each consensus nucleotide indicate the frequency with which the nucleotide occurs in the introns of all known yeast genes. "Y" means that the consensus nucleotide is either a C or a T while "N" means that no one nucleotide is found at higher than expected frequency. (b) Splice junctions are recognized in pairwise recognition of the splice junctions by spliceosomes to give rise to mRNAs ready for translation by ribosomes.*

않는 것으로 보이지만, 상동유전자들의 동일한 위치에서 인트론들이 관찰되는 것을 보면 유전자 내에서 인트론의 위치는 진화적으로 보존되어 있다고 생각된다.

Alternative Splicing

일반적으로 스플라이싱이 일어나는 부분은 인트론의 5′ 말단과 3′ 말단에 위치한 엑손-인트론 연결 부위들이지만, 스플라이싱 과정은 스플라이싱 기구가 hnRNA의 염기서열에 대해서 단순히 엑손-인트론 연결부위만을 탐색하는 것보다는 훨씬 더 복잡하다. 물론 스플라이싱 기구는 대부분의 인트론과 엑손을 동일한 방식으로 인식하고 처리하여 하나의 유전자로부터는 한 종류의 mRNA만을 만들지만, 한 유전자로부터 한 종류 이상의 mRNA들이 만들어지는 경우도 있다. 이를 선택적 스플라이싱(**alternative splicing**)이라 하며, 인간 유전자의 20% 정도는 선택적 스

TABLE 6.6 Intron/exon structure of some human genes.

Gene (GenBank Acc. #)	Intron #	Coding sequence (bp)	Intron length (bp)
Histone H3 (X83550)	0	410	0
α-Globin (J00153)	2	426	261
β-Globin (AF083883)	2	441	982
Insulin (J00265)	2	332	963
Keratin, type (Y16787)	6	1,248	2,267
Alpha albumin (U51243)	13	1,797	20,273
Phosphofructokinase (AJ005577)	14	1,512	17,421
RECQL4 helicase (AB026546)	20	3,624	2,592
Factor VIII (M14113)	25	7,053	≈179,000
Cystic fibrosis TR (AH006034)	26	4,440	≈226,000
Hyperion protein (AJ010770)	49	11,733	≈160,000
Dystrophin (M18533)	78	11,057	≈2,400,000
Type VII collagen (NM_000094)	117	8,833	21,932

Note: The number of introns in each gene are shown as well as the total length of each gene's coding region and the total length of its intron sequences.

플라이싱에 의해서 한 종류 이상의 mRNA들을 만드는 것으로 알려져 있다. 즉, hnRNA에서 mRNA로 변환되는 스플라이싱 과정이 모든 종류의 세포에 대해서 동일한 방식으로 이루어지지는 않는다는 것이다(그림 6.7).

예를 들어 쥐의 트로포닌(troponin) T 유전자에 있는 2번 엑손과 3번 엑손은 상호 배타적이라고 할 수 있는데, 2번 엑손은 근육(smooth muscle) 세포에서만 사용되고 다른 모든 조직의 세포에서는 3번 엑손만이 사용된다(그림 6.7.b). 쥐의 근육 세포는 hnRNA의 3번 엑손의 양 말단에 위치한 반복적인 염기서열들을 인식하여 결합하는 단백질을 갖고 있으며, 이 단백질이 3번 엑손의 엑손-인트론 연결부위를 차폐(masking)하여 스플라이싱 기구가 3번 엑손의 엑손-인트론 연결부위를 인식하지 못하게 함으로써 3번 엑손이 mRNA에 포함되지 않게 한다. 또한 스플라이싱 기구는 snRNA(small nuclear RNA)와 몇 개의 단백질들로 구성되어 있는데, 스플라이싱 기구를 구성하는 단백질들이 세포의 종류에 따라 달라진다는 것도 선택적 스플라이싱에 있어서 중요한 역할을 한다. 이는 유전자 별로 엑손-인트론 연결부위와 가지부위의 염기서열에 변이가 있는 점을 이용하여 세포의 종류별로 스플라이싱 방식을 다르게 하기 위함이다. 따라서 스플라이싱 모델을 수립하는 것이 진핵생물의 유전체에서 유전자에 해당하는 부분을 예측하는 알고리즘의 핵심이라고 할 수 있다. 현재까지 밝혀진 스플라이싱 신호로 사용되는 염기서열에 대한 변이들은 인트론 데이터베이스에 수록되어있다(http://www.introns.com/front.html).

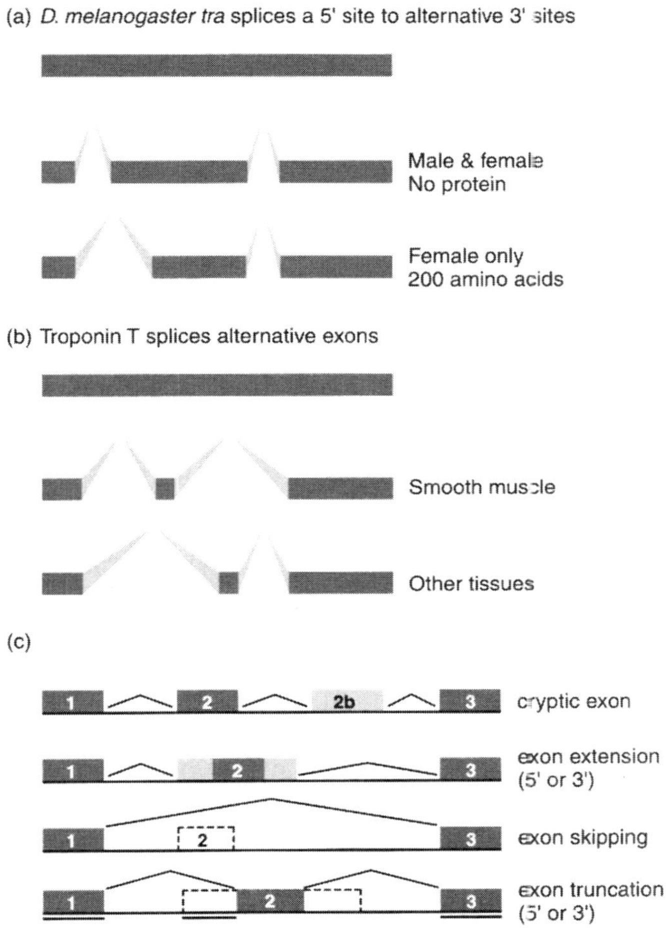

FIGURE 6.7 *Possible products of alternative splicing of a eukaryotic gene. (a) Alternative splicing of the* tra *gene in* D. melanogaster *is responsible for sex determination in fruit flies. (b) Alternative splicing of troponin T leads to distinctly different protein products in human smooth muscle cells relative to other tissues. (c) Many variants on the theme of alternative splicing are known.*

GC Content in Eukaryotic Genomes

원핵생물과는 달리 진핵생물 유전체의 GC 함량은 종에 따라 크게 변화하지 않는다. 하지만 진핵생물의 유전체는 유전체 염기서열 전체에 대한 GC 함량과 큰 차이를 보이는 부분들을 갖고 있으며, 이러한 부분들도 진핵생물의 유전자를 예측하는 알고리즘에서 매우 중요하게 이용된다.

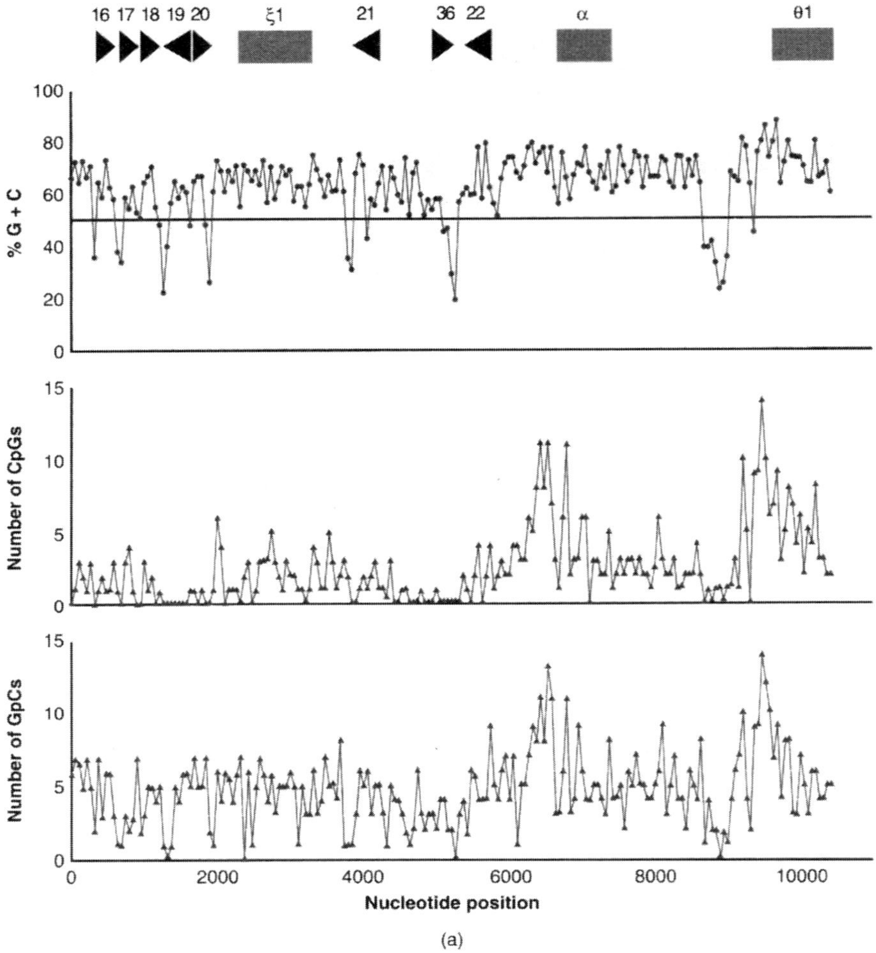

FIGURE 6.8 *Gene map, dinucleotide frequency, and GC content of the rabbit alpha- and beta-like globin gene clusters. (a) The rabbit alpha-like globin gene cluster: a set of tissue-specific genes in a GC-rich portion of the human genome. Regions corresponding to genes are shown as filled boxes while copies of the predominant SINE in rabbits (C repeats) are numbered and shown as filled arrows. The number of occurrences of the dinucleotide 5'-CG-3' in a sliding window of 200 bp is shown in the panel immediately below the gene map. A CpG island can be seen to be associated with the 5' ends of both the alpha- and theta$_1$-globin genes. The number of occurrences of the dinucleotide 5'-GC-3' in a 200-bp window such as those shown is generally higher than those for CpGs because only CpGs are hypermutable due to methylation. The bottom panel simply shows what fraction (%) of nucleotides within the same sliding window of 200 bp is either G or C. (b, opposite) The rabbit beta-like globin gene cluster: tissue-specific genes in a GC-poor portion of the human genome. Genes and repeated sequences are shaded as for the alpha-globin gene cluster of part (a). Occurrences of CpGs are placed above those of GpCs and overall GC content using the same 200-bp window as part (a).*

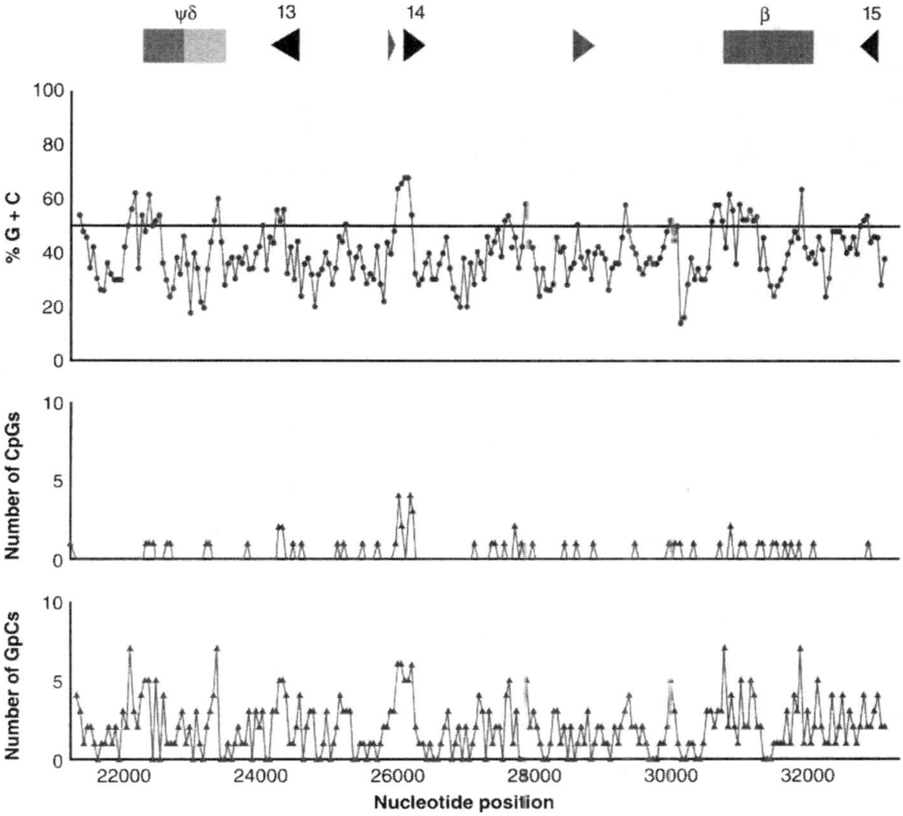

(b)

CpG Islands

인간 유전체의 염기서열에서 GG, GA, GT, GC, AG 등과 같은 두 개의 핵산염기 조합들이 출현하는 빈도를 관찰하면, 다른 조합들과는 달리 CG로 이루어진 조합은 무작위 서열로부터 얻을 수 있는 기대치의 20% 수준밖에 되지 않는 적은 빈도로 출현한다는 사실을 알 수 있다(그림 6.8). 하지만 유전자의 5′ 말단 부분(−1,500 ~ +500)에서는 CG 조합이 출현하는 빈도가 기대치 수준으로 증가하는데, 이렇게 CG 조합이 출현하는 빈도가 높아지는 부분을 **CpG 제도(island,** 諸島)라 한다. 여기서 p는 두 핵산염기를 연결하는 인산에스테르결합을 p로 표시한 것이다. CpG 제도에 있는 많은 CpG들은 전사 촉진자의 결합과 관련이 있을 것으로 생각되고 있다. 인간의 유전체에는 약 45,000개의 CpG 제도들이 발견되었으며, CpG 제도의 절반가량은 생필유전자(**housekeeping gene,** 生修遺傳子)의 5′ 말단 부분에 존재한다. 나머지 CpG 제도들 중 많은 수는 알파글로빈 유전자와 같이 조직-특이적으로 발현되는 유전자의 프로모터와 연관되어있다(그림 6.8a). 하지만 베타글로빈 유전자의 경우(그림 6.8b)처럼 조직-특이적으로 발현되는 유전자가 모두 CpG 제도를 갖고 있는 것은 아니며, CpG 제도를 갖고 있는 조직-특이적 유전자의 비율은 40% 미만이다. CpG 제도는 유전자가 없는 부위나 불활성화 돌연변이가 많이 일어난 유전자에서는 거의 발견되지 않는다.

CpG 제도는 진핵생물 DNA의 **메틸화(methylation)**와도 관련이 있다. 메틸화(그림 6.9)는 DNA 메틸화효소(methylase)가 싸이토신의 염기에 메틸기를 부착시키는 것으로써 5′-CG-3′와 같은 조합의 서열위치에서만 일어난다. 유전체의 염기서열에서 CG 조합이 출현하는 빈도가 낮은 이유는 메틸화된 싸이토신에 대한 돌연변이 발생률이 높기 때문이다. DNA 염기서열의 일부분에 메틸화가 많이 일어나면, 해당 부분의 DNA를 밀집시키는 역할을 하는 히스톤 단백질의 아세틸화(acetylation) 수준은 줄어들게 된다. 역으로 히스톤 단백질의 아세틸화(acetylation) 수준이 증가하면 DNA 메틸화는 감소하게 된다. 또한 DNA 메틸화는 유전자 발현 수준과도 관계가 있는데, DNA 메틸화 수준이 낮고 히스톤의 아세틸화 수준이 높은 부분의 유전자는 발현 수준이 증가하게 된다. 예를 들어 인간의 감마글로빈 유전자의 −200과 +90 사이의 서열위치에 메틸화된 핵산염기들이 있으면 전사가 억제된다. 약간의 예외는 있지만, 프로모터 부분에 메틸기가 없어야만 전사가 시작되기 때문이다. DNA가 메틸화되는 양상은 세포의 유형별로 달라지는데, 감마

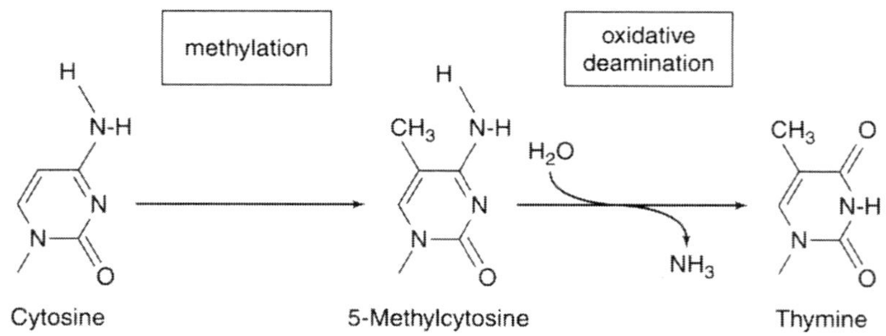

FIGURE 6.9 *Methylation of cytosine by DNA methylase in eukaryotes. Methylases add methyl groups (—CH_3) to the nitrogenous base cytosine only when they occur as part of a CpG dinucleotide. A common type of chemical damage to DNA, oxidative deamination, converts methylcytosine to thymine and, as a result, makes CpGs hypermutable relative to all other possible dinucleotides.*

글로빈 유전자는 일반적으로 혈구 세포에서만 데틸화가 일어나지 않는다. 물론 CpG 제도가 발견되면 CpG 제도의 근처에 진핵세포의 유전자가 존재할 가능성이 매우 크지만, 염기서열만으로는 DNA가 메틸화되어 있는지의 여부를 알 수는 없다.

히스톤은 양성하전된 단백질이며 음성하전된 DNA에 대해서 높은 친화성을 갖는다. 진핵생물의 핵 속에 존재하는 DNA는 히스톤 단백질 주위에 조밀하게 감겨 있는 상태로 존재하며, 히스톤과 DNA의 복합체를 염색질(**chromatin**)이라 한다. 앞에 언급한 것과 같이, 전사가 활발히 일어나는 부분은 일반적으로 히스톤의 아세틸화에 의해서 히스톤의 양전하가 감소한 곳이다. 히스톤의 양전하가 감소하면, DNA에 대한 히스톤의 친화력이 감소하게 되고, 염색질에 있는 DNA 사슬의 밀집도가 낮아지게 되어 RNA중합효소가 보다 쉽게 접근할 수 있게 된다. 염색질에서 DNA 사슬의 밀집도가 낮은 부분을 진정염색질(**euchromatin, 眞正染色質**)이라 하고, DNA 사슬의 밀집도가 높아서 전사가 쉽게 일어나지 않는 부분은 이질염색질(**heterochromatin, 異質染色質**)이라 한다. 따라서 이질염색질의 유전정보가 유전자 발현에 사용되는 빈도는 낮아질 것이다.

Isochores

항용적선(**isochore, 杭容積線**)의 생물학적 정의는 염기 조성이 균일한 부위이며, 1Mb 이상에 걸쳐서 GC 함량이 균일한 부분을 뜻한다. 즉, 항용적선을 구성하는 염기서열의 일부분(1Kb)은 어느 위치에 있더라도 GC 함량이 항용적선을 구성하는 전체 염기서열의 GC 함량과 1% 이상의 차이를 보이지 않는다는 것이다. 물론 항용적선간의 GC 함량에는 차이가 나기도 한다. 인간의 유전체는 GC 함량이 낮은 L1(39%)과 L2(42%), GC 함량이 비교적 높은 H1(46%), H2(49%), H3(54%)와 같은 다섯 종류의 항용적선들이 모자이크된 형태로 볼 수 있다. GC 함량이 높은 항용적선은 유전자의 밀도가 높은데, GC 함량이 가장 높은 H3 항용적선은 GC 함량이 가장 낮은 L1 항용적선에 비해 20배의 유전자 밀도를 보인다.

또한 GC 함량이 높은 항용적선과 GC 함량이 낮은 항용적선에서 발견되는 유전자들의 종류는 매우 다르다. 인간의 H3 항용적선은 유전체의 3~5% 정도이지만, 생필유전자의 80% 가량이 H3 항용적선에 위치하고 있다. 반면, L1과 L2 항용적선은 인간 유전체의 66%를 차지하고 있으며 조직 특이적으로 발현되는 유전자의 85%를 포함하고 있다. 진핵생물의 유전체를 항용적선으로 구획화(isochore compartmentalization)해보면, 이외에도 다음과 같은 다양한 특징들이 항용적선과 연관되어 있음을 알 수 있다. 즉, 메틸화 양상(GC 함량이 높은 항용적선에 있는

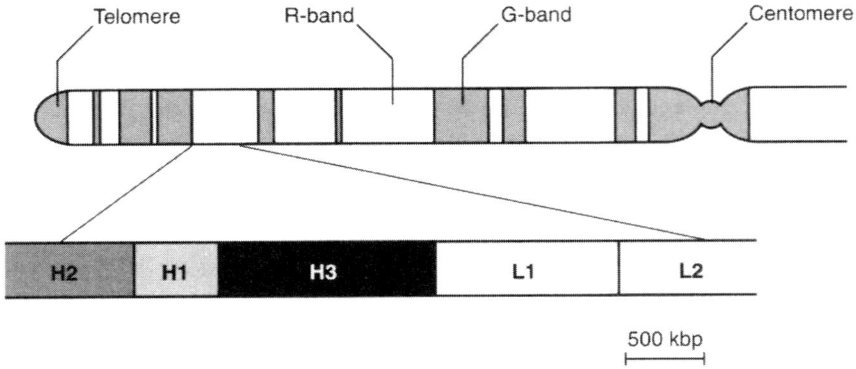

FIGURE 6.10 *The isochore compartmentalization of the human genome. This schematic shows a portion of a metaphase human chromosome with a blowup showing the mosaic nature of its underlying isochores. Metaphase chromosomes are often treated with dyes like Giemsa to generate characteristic banding patterns such as the G-band (Giemsa staining) and R-band (reverse Giemsa staining) bands. The five putative isochores of the human genome (L1, L2, H1, H2, and H3) have each been assigned a different shade of gray according to their relative GC contents with the GC-poorest isochore (L1) being white and the GC-richest being black. Human chromosomes are essentially random assortments of long fragments from different isochores as shown. L1 regions from all chromosomes together comprise approximately half of all of the human genome.*

CpG는 메틸화되는 수준이 낮은 경향이 있다), 염색질의 구조(GC 함량이 높은 항용적선은 주로 전사가 활발히 일어나는 진정염색질에 위치한다), 유전자의 발현(GC 함량이 높은 부분에서는 프로모터 서열이 전사가 시작되는 서열위치에 더 가까이 존재한다), 인트론과 유전자 길이(GC 함량이 높은 부분에 위치한 유전자는 인트론과 유전자의 길이가 짧은 경향이 있다), 반복서열의 빈도(SINE은 GC 함량이 높은 항용적선에, LINE은 GC 함량이 낮은 항용적선에 주로 나타난다), 단백질의 아미노산 조성(GC 함량이 높은 항용적선에 위치한 유전자는 G와 C가 많이 포함된 코돈을 더 많이 사용하는 경향이 있다)과 같은 다양한 특징들이 항용적선과 연관되어 있음을 알 수 있다. 위와 같은 특징들 역시 유전자 예측 알고리즘에서 중요하게 사용된다.

Codon Usage Bias

동일한 아미노산에 대해 특정한 코돈의 사용을 더 선호하는 것을 코돈 편향성이라고 하며, 생명체의 종류별로 선호하는 코돈이 다르다. 효모를 예로 들면, 아르기닌(arginine)을 부호화하는 코돈의 48%는 AGA이고, 나머지 5개 코돈(CGT, CGC, CGA, CGG, AGG)은 각각 10% 정도의 낮은 비율을 보인다. 초파리의 경우에는 아르기닌을 부호화하는 코돈의 33%가 CGC이고 나머지 5개 코돈은 각각 13% 정도의 낮은 비율로 차지한다. 이러한 코돈 편향성은 종결코돈과 유사한 코돈은 되도록 사용하지 않고 해당 세포에 풍부하게 존재하는 tRNA를 사용하여 번역과정의 효율을 증가시키기 위한 것으로 생각되고 있다. 특정한 코돈을 선호하는 이유야 어떻든, 엑손의 염기서열은 이러한 코돈 편향성을 반영하고 있다. 코돈 편향성에 대한 데이터베이스는 http://www.kazusa.or.jp/codon/CUTG.html를 참조하기 바란다.

Gene Expression

진핵생물의 유전자는 프로모터 서열(예를 들어 TATA나 CAAT), CpG island, 인트론과 관련된 스플라이싱 신호, 특징적인 코돈이 사용된 개방번역틀, 다른 생명체로부터 얻어진 유전자의 염기서열과 같은 DNA 서열상의 특징들을 이용하여 예측 가능하지만, 유전자 예측 알고리즘이 가지는 불확실성 때문에 실험을 통해 유전자의 위치를 찾는 수준을 크게 벗어나지 못한다. 하지만 mRNA의 염기서열을 파악할 수 있을 때에는 2장에서 설명한 데이터베이스 검색이나 서열정렬 과정을 통해서 유전자 예측 작업의 정확도를 크게 증진시킬 수 있다. 즉, 한 생명체가 갖는 모든 RNA 서열을 총체적으로 의미하는 전사체**(transcriptome)**가 유전자를 찾고자 하는 목적으로 매우 유용하게 사용될 수 있다는 것이다. 하지만 생명체는 환경조건에 반응하여 유전자 발현을 조절하는 능력이 있기 때문에, 세포의 종류에 따라 유전체의 어느 부분이 실제로 전사되는지를 파악할 수 있는 방법이 필수적이다.

cDNAs and ESTs

유전체 염기서열 중에서 RNA 중합효소 II에 의해서 전사되는 부분을 찾는 목적으로 **cDNA**(complementary DNA)가 사용되기도 한다. cDNA는 진핵세포에서 분

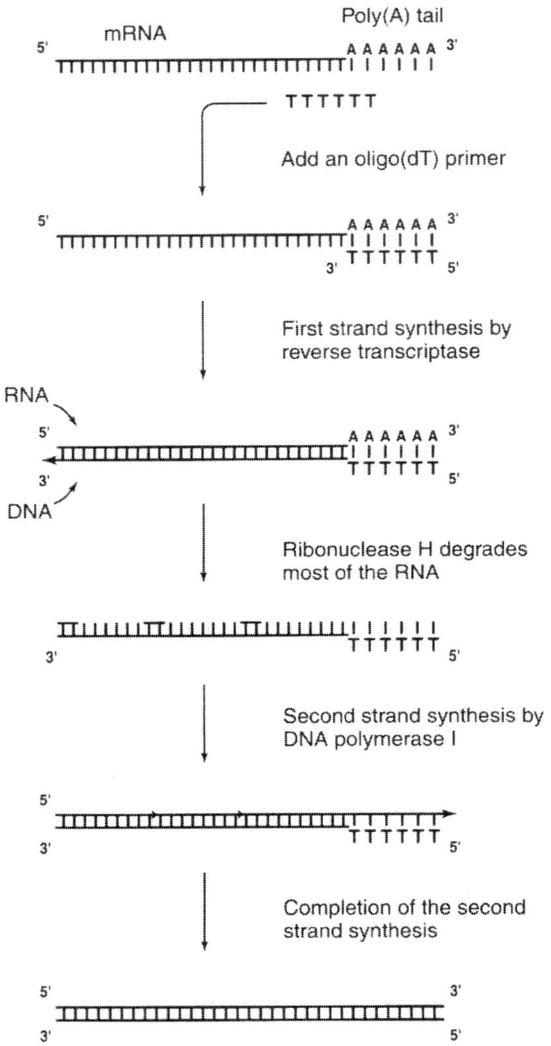

FIGURE 6.11 *A commonly used method for preparing cDNAs from a diverse population of mRNAs. Twenty-nucleotide-long oligo(dT) primers specifically hybridize to the poly(A) tail of processed mRNAs and are used by an enzyme (reverse transcriptase) to synthesize a DNA copy. Ribonuclease H is then used to specifically degrade most of the RNA component of the resulting RNA–DNA hybrids. Some remaining portions of the original RNA are then used as primers for a DNA polymerase. The resulting double-stranded DNA molecules can then be cloned into a vector and maintained as a cDNA library.*

리된 RNA로부터 그림 6.11에 나타낸 간단한 방법에 의해 만들어지며, 벡터에 삽입되어 **cDNA library** 형태로 보관될 수 있다. 유전체 서열 중에서 어느 부분이 전사되었는지를 파악하는 것만으로도 분자 생물학자들에게는 큰 의미가 있는 일이다. cDNA 염기서열의 일부분이라 할지라도 연속서열을 조립(contig assembly, 그림 6.1)하는 작업이나 유전자지도의 제작을 비롯하여 유전자 예측에 이용될 수 있는 **EST**(expressed sequence tag)를 제공하기에 충분하다. 또한 cDNA는 전사된

mRNA들의 상대적 비율뿐만 아니라 주어진 시간 동안 발현되는 유전자 군(population)에 대한 중요한 정보를 제공해 줄 수 있을 것이다. 그리고 한 생명체의 유전체로부터 전사될 수 있는 모든 mRNA에 대한 cDNA들로 이루어진 cDNA library를 얻을 수 있다면, cDNA 염기서열을 유전체 염기서열과 비교함으로써 엑손과 인트론 사이의 경계를 확실히 구분할 수도 있을 것이다.

하지만 위와 같은 목적의 연구는 cDNA library를 만드는데 사용된 mRNA pool이 해당 생명체의 유전체로부터 전사될 수 있는 모든 mRNA를 포함하는지의 여부에 크게 의존적일 것이다. 어떤 mRNA pool이 얼마나 다양한 종류의 mRNA를 포함하고 있는지는 mRNA pool의 다양성(complexity)을 반영하는 $C_0t_{1/2}$과 같은 재결합 반응속도(reassociation kinetics)를 이용하여 파악할 수 있다. 이는 한 세포로부터 추출된 과량의 RNA를 같은 세포로부터 만들어진 cDNA와 혼성화(hybridization)하는 과정에서 측정되며, RNA의 시작 농도를 R_0라 하면 그 결과는 **$R_0t_{1/2}$**로 표현된다. $R_0t_{1/2}$ 분석결과에 따르면 RNA 군을 구성하는 요소들은 각 요소들의 상대적 비율에 따라 크게 세 가지로 구분될 수 있음을 보여주었다. 예를 들어 닭의 나팔관(oviduct) 세포에 대한 $R_0t_{1/2}$ 분석의 결과를 보면, 난백단백질(ovalbumin)에 대한 mRNA 사본이 세포 1개당 100,000개 정도로 전체 mRNA의 50%($R_0t_{1/2}$ = 0.0015)를 차지하는 것으로 나타났다. 그 다음으로 수가 많은 mRNA는 종류별로 4,000개씩의 사본을 가지는 8 종류의 mRNA로써 이들은 전체 mRNA의 15%($R_0t_{1/2}$ = 0.04)를 차지하였으며, 나머지는 종류별로 1~5개씩의 mRNA 사본을 갖는 13,000 종류의 mRNA로써 전체 mRNA의 35%($R_0t_{1/2}$ = 30)를 차지하였다. 난백단백질이 나팔관에서만 만들어지는 것처럼, 일반적으로 한 세포가 가지는 mRNA의 50% 가량은 이 세포가 속한 특정한 조직에서만 나타나는 mRNA라는 것이다. 따라서 여러 조직에 공통적으로 존재하는 소량의 mRNA들에 대한 분석을 위해서는 아래에 기술하는 것과 같은 좀 더 민감도가 높은 방법이 사용된다.

Serial Analysis of Gene Expression

세포에서 얻어진 모든 cDNA들의 염기서열을 알 수 있다면 유전자의 발현 양상에 대한 매우 자세한 정보를 얻을 수 있겠지만, 평균 1,000bp 이상의 cDNA를 포함하는 클론 100,000개 이상에 대해 염기서열 결정법을 수행하기는 어려울 것이다. 따라서 민감도가 높으면서도 실질적인 대안이 될 수 있는 방법이 필요하며, 이러한 목적으로 사용되는 방법이 **SAGE(serial analysis of gene expression)**이다. SAGE는 1) mRNA pool로부터 cDNA의 제작, 2) 제한효소를 사용하여 cDNA

를 10~14bp 정도의 길이로 절단, 3) 수백 개의 cDNA 절편이 무작위적으로 연결된 긴 DNA를 제작하여 클로닝, 4) 클론들에 대한 염기서열 결정, 5) 컴퓨터를 이용하여 사용된 제한효소 인지서열을 고려하여 절단된 짧은 절편을 찾거나 이미 알려진 mRNA 서열과 비교하는 과정으로 이루어져 있다. 결과적으로 특정한 mRNA의 일부분(tag)이 관찰되는 빈도는 cDNA pool에 해당 mRNA가 존재하는 상대적 양을 반영하게 된다.

$R_0t_{1/2}$ 실험으로부터 얻어진 많은 결과들이 SAGE를 통해 확인된 바 있다. 예를 들어 닭의 간과 나팔관에서 발현되는 유전자는 75%가 동일하다는 것이 밝혀 졌는데, 세부적인 결과는 다음과 같다. 약 12,000개의 유전자가 간과 나팔관에서 모두 발현되고, 5,000개는 간에서만 그리고 3,000개는 나팔관에서만 발현된다는 것이었다. 포유류의 경우에서도 약 10,000개의 생필유전자가 모든 세포에서 공통적으로 요구되는 기능을 수행하기 위한 단백질을 부호화하며 지속적으로 발현되고 있음이 밝혀진바 있다.

Microarrays

유전자 발현에 관한 정보를 SAGE보다도 더 자세히 파악하기 위해서는 Southern 혼성화 기법의 변형이라 할 수 있는 마이크로어레이(microarray)가 사용된다. 마이크로어레이는 작은 유리판 위에 이미 알려진 염기서열들로부터 만들어진 수천~수만 개의 탐침자를 부착시킨 것이다. 이미 상품화 되어있는 마이크로어레이의 한 예는 효모의 유전자 발현분석을 위해 만들어진 고집적 마이크로어레이(high-density oligonucleotide array, HDA)로써 효모의 유전체 상에 존재하는 6,181개의 ORF들에 대한 발현양상을 한번의 실험으로 분석할 수 있다. 이 마이크로어레이는 6,181개의 mRNA에 대해서, 1개의 mRNA마다 25개의 핵산염기로 이루어진 탐침자 20개가 대응되도록 제작된 것이다. 20개의 탐침자는 각각 1개의 서열위치에서만 대응하는 mRNA와 염기서열이 불일치하도록 만들어져 있다. 또한 탐침자들은 혼성화 반응의 결과를 확인하는 과정에 있을 수 있는 오류를 방지하기 위해 여러 개가 동시에 사용된다. 마이크로어레이에 따라서 1.25 cm^2 정도의 면적에 500,000개까지의 탐침자를 갖기도 하고 어떤 마이크로어레이는 1,000,000개 이상의 탐침자를 갖기도 한다. 25개의 핵산염기로 이루어진 짧은 탐침자를 이용하는 이유는 혼성화 조건을 민감하게 설정하여 한 개의 염기라도 일치하지 않는 표적에 대해선 혼성화되지 않도록 하기 위함이다. 예를 들어 250nt 정도의 긴 염기서열로 이루어진 탐침자를 이용하는 마이크로어레이는 더 적은 양의 표적과 혼성화 할 수는 있으나 불일치 서열을 구분하는 특이성이 감소하게 된다. 마이크

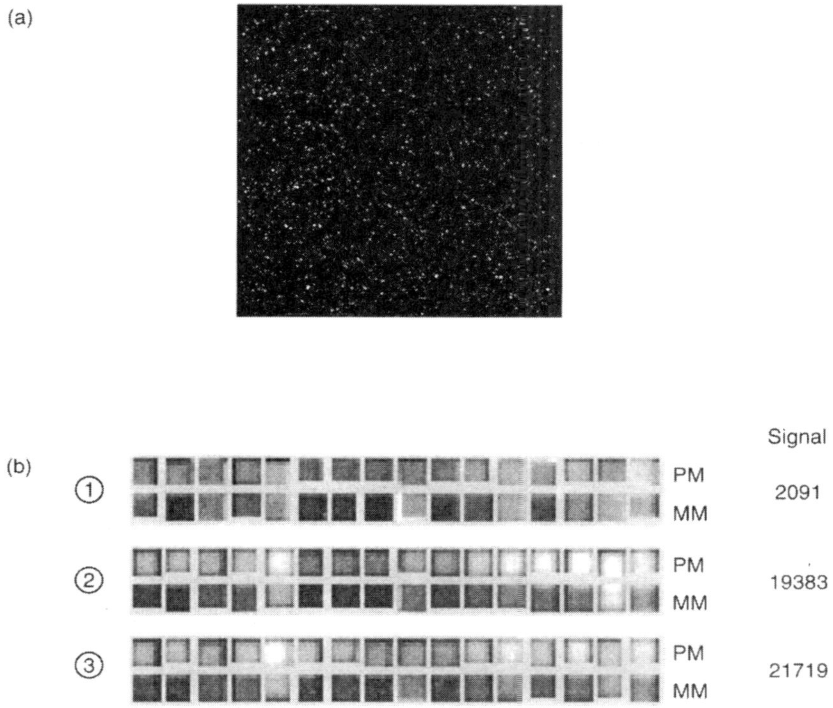

FIGURE 6.12 *"Gene chip" microarray analyses allow changes in gene expression to be sensitively measured for very large numbers of genes. (a) An Affymetrix U95Aver2 GeneChip containing 12,625 rat genes represented as sets of 16 probe pairs. Each "cell" or spot contains a 25-mer oligonucleotide. The intensity of signal in each probe cell is proportional to the amount of hybridized, biotin-labeled cDNA bound to it. (b) Expression levels of a single gene from three different U95Aver2 GeneChips. The relative expression of this gene is represented by the signal value that is calculated using the intensities of the 16 probe pairs. PM, probe cells containing oligonucleotides that are "perfect matches" to the gene; MM, probe cells containing oligonucleotides with mismatches in the central nucleotide of the 25-mer. Conditions 2 and 3 result in an elevation in this gene's expression relative to condition 1. (Images kindly provided by Dr. Steven Berberich, Wright State University.)*

로어레이를 이용한 혼성화 실험에서 유전자의 발현 정도는 형광으로 표지된 cDNA가 이에 대응하는 탐침자(perfect match, FM)와 결합한 양의 평균에서 부분적 불일치가 있는 탐침자(mismatch, MM)에 결합한 양의 평균을 감해 줌으로써 결정된다. 또한 유전자 발현의 상대적 정도를 그림 6.12처럼 유전자의 종류를 나타내는 사각형 격자에 컬러나 그레이 스케일로 표시하기도 한다.

유전자 발현 양상을 관찰하는 것은 대사회로(metabolic pathway), 조직분류(tissue typing), 환경 모니터링, 질병의 진행 정도에 대한 임상검사 등을 포함한 다양한 생물학적 분석에 응용될 수 있으며, 보다 자세한 자료는 http://www.ncbi.nlm.nih.gov/UniGene/ddd.cgi?ORG=Hs에서 찾아볼 수 있다. 근래의 한 예를 보면, 자주 오진되는 두 종류의 임파종(diffuse large B cell과 follicular)을 구분하기 위해 유전자 발현양상을 비교하였는데, 6,187개의 인간 유전자에 대한 탐침자들로 이루어진 마이크로어레이를 이용하여 두 종양에서 30개의 유전자가 발현 정도의 차이가 있음을 알아내었다. 이 차이를 이용하여 77개의 종양 중에서 71개(91%)를 정확히 진단할 수 있었다. 이와 같은 임상진단의 정확도 향상은 질병에 따라 치료 방법이 매우 달라질 경우에 특히 중요할 것이다. 유전자 발현양상 분석이 의학적으로 응용되는 예는 진단만으로 끝나지 않는다. 앞서 말한 B세포 임파종을 가진 58명의 환자에 대하여 치료 중에 일어나는 유전자 발현 양상의 변화를 평가한 연구에서는 기계학습법(supervised machine learning prediction)을 이용하여 데이터를 분석한 결과, 치료된 환자들을 5년 생존율이 70%와 12%인 두 부류로 구분할 수도 있었다. 이와 같은 연구 분야를 약물유전체학(pharmacogenomics)이라 하며, 그 목적은 어떤 치료법에 환자가 반응하지 않는다고 판단되면 다른 치료법을 빨리 적용하여 좋은 치료 결과를 얻게 하자는 것이다. 개인별 유전정보를 활용하여 치료 효율을 극대화시킴과 동시에 부작용은 최소화시킬 수 있는 현재보다 훨씬 더 개인화된 치료법을 개발 할 수 있는 가능성을 보여주는 예라고 할 수 있다.

Transposition

원핵생물의 유전체는 정보의 함량이라는 측면에서 지극히 능률적이기는 하지만, 종종 유전자 하나에 대해서 다수의 사본이 존재하기도 하고 숙주에게는 불필요할 것으로 생각될 수 있는 DNA 트랜스포존(transposon)이 발견되기도 한다. 트랜스포존 역시 원핵생물 유전체의 중요한 요소이며, 대장균의 유전체에 존재하는 20종류의 **IS(insertion sequence)**가 한 예가 될 것이다. IS의 전이(transposition)는 전이효소(transposase)에 의해 사본의 수가 변하지 않는 보존적(conservative) 방식 또는 사본의 수가 증가하는 복제적(replicative) 방식으로 일어나며, IS의 대부분은 전이효소(transposase)를 부호화하는 한 개 또는 두 개의 유전자에 집중되어있다. 다른 종류의 트랜스포존으로는 전이와 수평적 유전자 전달을 일으키는 복합 트랜스포존(composite transposon), 복제적 전이만을 일으키는 Tn-3형 트랜스포존, 복제적 전이를 일으키는 전이성 바이러스(transposable phages) 등이 있다. 원핵생물의 DNA 트랜스포존은 종종 유전체 전체에 무작위적으로 분포하기도 하는데, 같은 종에 속하는 균주(strain)라 할지라도 트랜스포존이 분포하는 위치가 다른 경우도 있다.

비부호 서열과 번역에 불필요한 DNA를 많이 갖고 있는 진핵세포의 유전체에서도 DNA 트랜스포존이 발견된다. 인간의 유전체에는 1,000개 미만의 DNA 트랜스포존이 있을 것으로 추정되고 있다. 진핵세포의 트랜스포존에 대한 잘 알려진 예는 1950년대에 McClintock에 의해서 연구되었던 옥수수(maize)의 *Ac/Ds* element이다. 또 다른 예는 1,250bp 길이의 mariner로 원래 초파리에서 발견되었지만, 이 후에 인간을 비롯한 다른 진핵생물의 유전체에서도 발견됨으로써 진핵생물 사이에도 수평적 유전자 전달이 일어날 수 있음을 보여주었다. 이보다 더 흔한 형태는 RNA 중간체를 이용하여 증식하는 레트로트랜스포존(**retrotransposon**)으로 아래에 설명하였다.

Repetitive Elements

DNA 트랜스포존은 유전체 상에 여러 개의 사본을 갖고 있는 일종의 반복서열요소(repeated DNA 또는 repetitive sequence element)라고 할 수 있다. 원핵생물에서는 드물지만, 진핵생물의 유전체에는 전이효소가 없어도 전이되는 반복서열들이 상당히 많이 존재하며 전이되는 방식에 따라 직렬형(tandemly repeated) 반복서열과 산재(interspersed, 散在)형 반복서열요소로 구분된다.

직렬형 반복서열은 5′-CACACACA-3′와 같이 5′-CA-3′가 연속적으로 반복되어 있는 서열을 의미하며 다시 위성(**satellite,** 衛星**) DNA**와 소위성/극소위성(**minisatellite/microsatellite,** 小衛星/極小衛星**) DNA**로 구분된다. 위성 DNA라는 이름은 핵산염기 조성이 불균등하여 유전체의 다른 부분과 밀도 차이가 나타나기 때문에 붙여진 것이다. 인간의 유전체를 구성하는 DNA를 부력밀도경사(buoyant density gradient)가 부여된 조건에서 원심분리하면 부력밀도에 따라 4개의 층으로 구분되는데, G+C 함량이 40.3% 정도인 대부분의 DNA들이 주 층(main band)을 이루고, 이보다 밀도가 낮은 DNA들이 3개의 부수적인 층으로 구분되어 나타나게 된다. 이러한 부수적인 층들을 주 층에 딸린 위성에 비유한 것이다. 위성 DNA는 길이가 5~200bp인 반복서열요소들이며 대부분 동원체(centromere,

動原體)에 집중되어 분포하고 있다. 소위성 DNA는 양이 많거나 길이가 길지 않기 때문에, 부력밀도경사를 이용한 원심분리 후에 층으로 관찰되지는 않는다. 소위성 DNA는 25bp보다 짧은 염기서열이 반복되어 있는 20,000bp 길이의 클러스터를 의미하고, 극소위성 DNA는 일반적으로 4bp 이하의 염기서열이 반복되어 있는 150bp 길이 정도의 클러스터를 의미한다. 극소위성 DNA는 진핵생물의 유전체에 일정한 간격으로 분포하고 있는데, 인간 유전체에서는 CA가 반복되어있는 극소위성 DNA가 약 10,000bp마다 관찰되며 인간 유전체의 0.5%를 차지한다. 이외에도 AAAAA처럼 하나의 핵산염기가 연속적으로 반복되어 있는 서열이 인간 유전체의 0.3%를 차지하고 있다. 이러한 서열이 반복되어 있는 부분에서는 DNA 중합효소가 제 기능을 정확히 발휘하지 못하게 되는데, 결과적으로 개체 사이에도 극소위성 DNA의 길이가 달라지게 된다. 개체 별로 극소위성 DNA의 길이에 변이가 있다는 점이 법의학자나 친자감별을 위한 목적으로 사용되기도 한다.

진핵세포의 유전체에 존재하는 반복서열요소의 상당수는 소위성 DNA나 극소위성 DNA처럼 짧은 염기서열이 연속적으로 반복되어 클러스터를 이루는 형태가 아니라 유전체의 여러 부분에 산재해 있는 형태로 존재한다. 산재형 반복서열은 역전사전이**(retrotransposition)**를 통해 생성되는데, 역전사전이는 1) RNA 중합효소가 트랜스포존에 대한 RNA 사본을 전사하고, 2) 트랜스포존의 RNA 사본이 역전사효소(reverse transcriptase)에 의해 DNA로 변환된 후, 3) 역전사효소가 트랜스포존의 DNA 사본을 유전체의 새로운 위치에 삽입하는 과정으로 진행된다. 역전사전이 과정에 필요한 역전사효소는 진핵세포의 유전체에 정상적으로 존재하는 유전자는 아니고 AIDS를 유발하는 바이러스처럼 RNA에 유전정보를 저장하는 레트로바이러스로부터 획득된 것으로 생각된다. 포유동물의 유전체에서 흔히 발견되는 레트로포존**(retroposon)**으로는 **LINE(long interspersed nuclear elements)**과 **SINE(short interspersed nuclear elements)**이 있는데, LINE은 레트로바이러스 자신과 SINE의 증식에 필요한 역전사효소에 대한 유전자를 가지고 있다. 인간 유전체에 존재하는 L1이라는 반복서열이 LINE의 한 예로써 길이는 6,100bp이며 3,500개의 사본이 유전체에 산재해 있다. L1 반복서열은 모든 포유류 유전체의 약 5%를 차지한다. 또한 영장류나 설치류와 같은 포유동물의 각 목(order)은 고유한 종류의 SINE을 가진다. 인간 유전체에서 발견되는 *Alu* 반복서열이 SINE의 한 예로써 평균 길이는 258bp이고 1,000,000개 이상의 사본이 인간 유전체에 산재해 있다. 일부 포유동물의 유전체에서는 유전체 전체의 10%에 달하는 부분이 SINE이지만, 특정한 기능이 없는 것으로 생각되기에 junk DNA로 취급된다. 하지만 junk DNA라는 용어는 조심해서 사용해야 하는데, 나중에 기능이 밝혀지는 경우가 많기 때문이다. 그러나 생명정보학자들은 유전체 분석 알고리즘에 SINE이나

LINE과 같은 반복서열이 포함되지 않도록 하는데, 그 이유는 반복서열들은 유전자 예측이나 서열의 비교분석에 유용한 정보를 갖고 있지 않기 때문이다.

Eukaryotic Gene Density

유전체 염기서열을 완벽하게 알 수 없었던 시대에도 C-value 역설처럼 진핵생물의 유전체에는 불필요한 부분이 많을 것으로 생각되었다. 물론 근래에 들어서 완성된 인간 유전체 프로젝트 하나만으로도 이러한 사실은 충분히 증명되었다고 볼 수 있다. 인간 유전체는 3,000Mb에 달하는 전체 염기서열 중에서 3%(90Mb) 정도만이 단백질을 부호화하는 부분이고, 27%(810Mb)는 인트론, 프로모터, 위유전자(pseudogene)에 해당하는 부분들이다. 나머지 대부분인 70%(2,100Mb)는 junk DNA에 해당하는데, 이 중에서 반복서열에 해당하는 부분이 14%(420Mb)를 차지하고 있다. 인간 유전체에는 평균적으로 65,000bp마다 1개의 유전자가 위치하는데, 유전자간의 거리가 *M. genitalium* 같은 원핵생물 유전체의 10% 정도에 상응하는 길이이다. 따라서 현재의 분자생물학이나 생명정보학의 수준으로 인간의 유전체를 분석하는 것은 문맹인이 백과사전의 그림단을 이해할 수 있는 것에 비유할 수 있다. 언젠가는 이러한 문맹을 극복함으로써 유전자 사이에 존재하는 염기서열들에 대해서 그 존재의 이유를 이해할 수 있게 될 것이다.

Chapter Summary

원핵생물의 유전체는 유전자의 밀도가 높고 진핵생물의 유전체에 비해 분석이 용이하다. 통계적으로 의미 있는 길이의 ORF를 찾는 정도의 간단한 작업만으로도 원핵생물의 유전체 염기서열 중에서 유전자를 식별해 낼 수도 있다. 반면, 유전자 밀도가 낮고 훨씬 더 복잡한 진핵생물의 유전체를 대상으로 유전자에 해당하는 부분을 예측하기 위해서는 코돈 편향성, 프로모터 서열, CpG 제도, 인트론 서열 등과 같은 다양한 특징들을 고려해야 한다. 하지만 이러한 특징들은 예외가 많고 개체 또는 세포의 종류에 따라서 달라지기도 하기 때문에, 진핵생물 유전체에 대한 유전자 예측 알고리즘을 수립하기는 쉽지 않다. 현재 사용되고 있는 방법들 역시 위와 같은 특징들을 모두 고려하도록 만들어 졌지만, 정확도는 만족할 만한 수준이 아니다. 하지만 유전자 예측 알고리즘을 학습시킬 수 있는 염기서열 데이터의 양과 유형이 갈수록 증가하고 있기 때문에, 수년 내에 정확도가 크게 향상된 유전자 예측 알고리즘의 완성이 기대된다.

Readings for Greater Depth

Deciphering the evolutionary history of prokaryotic genes and genomes often requires an appreciation of their GC content such as that described in J. G. Lawrence and H. Ochman, 1998, Molecular archaeology of the *Escherichia coli* genome, *Proc. Nat. Acad. Sci. U.S.A.* **95:** 9413.

There has been much speculation regarding the minimum number of genes required for a free-living organism such as that presented in A. R. Mushegian and E. V. Koonin, 1996, A minimal gene set for cellular life derived by comparison of complete bacterial genomes, *Proc. Nat. Acad. Sci. U.S.A.* **93:** 10,268–10,273.

The process of initiation of transcription by RNA polymerase II in eukaryotes is described in careful detail in R. G. Roeder, 1996, The role of initiation factors in transcription by RNA polymerase II. *Trends Biochem. Sci.* **21:** 327–335. It is also reviewed in A. Ishihama, 2000, Functional modulation of *Escherichia coli* RNA polymerase, *Annu. Rev. Microbiol.* **54:** 499–518.

A comprehensive review of isochores and the many important features associated with them is provided by the founder of this field of research in G. Bernardi, 1995, The human genome: Organization and evolutionary history. *Ann. Rev. Genet.* **29:** 445–476.

A general review of the applications of computer-based studies in genome sequence analyses can be found in T. F. Smith, 1998, Functional genomics—Bioinformatics is ready for the challenge, *Trends Genet.* **14:** 291–293.

Determining the sequence of a genome is just the start of the process of understanding how an organism uses its information content. The first steps in the functional analysis of the yeast genome are described in S. G. Oliver, M. K. Winson, D. B. Kell, and F. Baganz, 1998, Systematic functional analysis of the yeast genome, *Trends Biotechnol.* **16:** 373–378.

Questions and Problems

* **6.1** Use Figure 6.3b to determine at how many sites within the –35 and –10 promoter regions of the Lac operon's promoter there are differences relative to the consensus sequence for σ^{70} promoters. How should those nucleotides be changed if you were interested in increasing the levels of expression of the operon within *E. coli*?

6.2 The promoter of a predicted *E. coli* gene is found to contain the following nucleotide sequence:

5'-ACTGGACCCTTGAAGGCGACGTCGGCCTACCCGATCTCCACTGTATGGATCCGGA-3'

What can you infer about the circumstances under which the gene is most likely to be expressed?

* **6.3** Suggest two different experimental strategies that might be used to generate the sequence data that would connect the two contigs illustrated in Figure 6.1 into a single, longer contig.

6.4 Find the longest stretch of nucleotides in the following single-stranded RNA sequence that would be able to form a hairpin loop such as the one shown in Figure 6.4.

5'-GGGCGCGAAUAUCCCGGAGUCCGUAUGACCCCAUGCGGACUACGGGAUAUUCA-3'

* **6.5** What three nucleotide substitutions to the nucleotide sequence in Question 6.4 would allow it to form a more stable secondary structure? Assume that G/C base pairs are more energetically stable than A/T base pairs and that the phosphodiester backbone of DNA requires at least four nucleotides to be in the "looped" portion of a hairpin loop. Explain your choices.

6.6 Assuming that all codons and nucleotides occur with the same frequency, what is the probability that a stretch of 316 codons does not contain a single stop codon simply by chance? How large does an ORF need to be to achieve a statistical significance of 1%?

* **6.7** In which prokaryotic RNA polymerase subunit would you expect to find mutations that confer resistance to antibiotic drugs that are structurally similar to nucleotides?

6.8 How do the RNA polymerases of prokaryotes and eukaryotes differ?

* **6.9** How many of the nucleotides in the following sequence of a human gene's promoter are likely to be methylated in a tissue where the gene is transcriptionally inactive? Active?

5'-GGGCGCGAATATCCCGGAGTCCGTATGACCTACATATTCATGATCGCTAGCC-3'
3'-CCCGCGCTTATAGGGCCTCAGGCATACTGGATGTATAAGTACTACGGATCGG-5'

6.10 Using the information in Table 6.5, what transcription factors are likely to bind to the promoter sequence given in Question 6.9? What can you conclude about the expression pattern of the associated gene?

* **6.11** The length of the primary transcript of the human dystrophin gene is roughly four times larger than the entire genome of some prokaryotes (i.e., *M. genitalium*). Compare the fraction of those two sequences that correspond to coding information that is actually used by ribosomes.

6.12 Into how many different mRNAs can an hnRNA be processed if it has three exons and if all its 5' splice junctions can be used with any downstream 3' splice junction? Diagram the information content of each mRNA.

* **6.13** Using the genetic code shown in Table 1.1, determine how many of the 20 amino acids could not be present at a position in a protein that corresponds to where an intron had been spliced out of an hnRNA.

6.14 Using Entrez on the NCBI home page (http://www.ncbi.nlm.nih.gov/Entrez/), find an entry that includes the sequence of one of the genes mentioned in this chapter. (*Note:* You should obtain the genomic sequence, not one that corresponds to an mRNA.) Print the corresponding GenBank file. Use the file's annotations to identify as many gene features as possible (i.e., transcriptional start site, polyadenylation signal, exons and introns) and mark those features on the sequence portion of the file. Make a scale diagram of the gene using the style shown in Figure 6.2 with open boxes being used to represent intron sequences and filled boxes to represent exons.

* **6.15** Given that *Arabidopsis thaliana* genes use the codon GUU three times more frequently than any of the three alternative codons for the amino acid valine, find the reading frame in the *A. thaliana* sequence below that is most likely to correspond to the one used by ribosomes during translation of the corresponding mRNA. Use ORF lengths and codon usage biases to explain your answer.

```
5'-GAGCGGAAGUGUUCGAUGUACUGUUCCAGUCAUGUGUUCACC-3'
```

CHAPTER

7

Protein and RNA Structure Prediction

What a piece of work is man! How noble in reason! how infinite in faculties! in form and moving, how express and admirable!

Hamlet, *Act II, scene ii*

단백질은 거의 모든 생물학적 기능을 조절하고 수행하는 분자기구(molecular machinery)라 할 수 있다. 단백질로 이루어진 모든 효소들은 소화, 대사, 면역, 생식에 관련된 모든 화학반응의 촉매역할을 한다. 물론 콜라겐(collagen)같이 신체의 조직을 연결하고 지탱하는 구조단백질(structural proteins)의 기능이나, 근육에 존재하는 마이오신(myosin)처럼 기계적 역할을 하는 단백질도 존재한다. 또한 단백질은 DNA나 RNA와 상호 작용하여 세포가 세포 내외부의 환경변화에 적절히 반응하도록 새롭게 생산될 단백질의 양을 조절하기도 한다. 유전체상에 존재하는 다양한 유전자들과 이들이 부호화하고 있는 단백질간의 관계를 이해하는 것은 분자생물학의 중요한 과제 중의 하나일 것이다.

단백질은 아미노산의 선형사슬 형태로 합성되지만, 세포 내(*in vivo*)에서는 조밀한 구형(globular)구조를 이루도록 중첩(folding, 重疊)된다. 1960년대 후반, Anfinsen은 중첩되지 않은 형태라 할 수 있는 변성된**(denatured)** 단백질은 중첩이 허락되는 조건하에서는 다시 원래의 구형구조로 중첩된다는 것을 밝혔다. 세포 내에서의 구형구조를 단백질의 자연구조**(native structure)**라 하며, 단백질은 자연구조를 이루도록 중첩되었을 때만 생물학적 활성을 갖는다. 단백질의 중첩을 유도하는 다양한 화학적 상호작용을 이해하는 것은 아마도 생화학에서 가장 어려운 문제 중의 하나일 것이다. 현재까지 단백질의 삼차원 구조를 정확히 예측할 수 있는 알고리즘은 완성되지 않았지만, 많은 학자들이 이러한 알고리즘 개발에 노력을 기울이고 있다.

Amino Acids

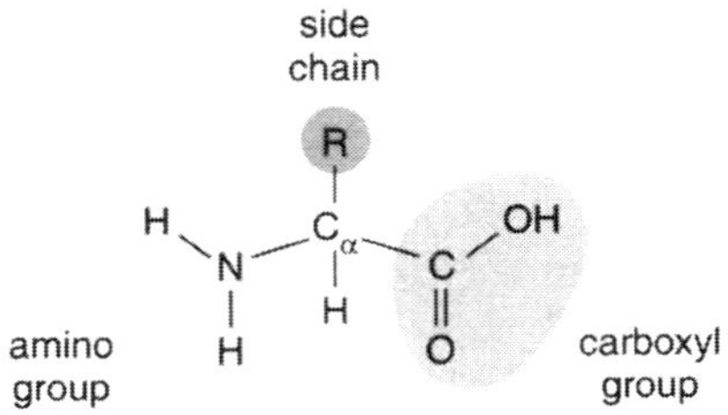

FIGURE 7.1 *The structure of an amino acid. The side chain, represented as R, distinguishes the different amino acids. The backbone atoms are constant for all 20 amino acids.*

DNA나 RNA처럼, 단백질 역시 아미노산이라는 단위체 분자들이 선형으로 연결된 고분자사슬이다. 하지만 DNA와 RNA가 4종의 핵산염기(nucleotide)로 이루어져 있는 것과는 달리, 단백질은 크기와 모양 그리고 화학적 성질이 서로 다른 20종의 아미노산으로 구성되어있다.

모든 아미노산은 아미드기($-NH_2$)와 알파탄소**(alpha carbon)**, 그리고 카르복시산($-COOH$) 또는 카르복실산 음이온(carboxylate)으로 구성된 골격**(backbone)**을 갖는다. 알파탄소에는 그림 7.1에 나타낸 것처럼 측쇄**(side chain,** 側鎖**)**가 붙어있는데, 측쇄의 종류는 아미노산마다 다르며, 다

(a)

```
DEFINITION     P.leiognathi bacteriocuprein superoxide dismutase gene, complete cds.
ACCESSION      J02658
SOURCE         P.leiognathi (ATCC 25521) DNA, clone pPhB-2.
BASE COUNT          277 a       140 c       179 g      245 t
ORIGIN         256 bp upstream of BglII site.
        1  agtaaaaatt tagcaattaa gtagtgttga tgaaatggta agagtaaaaa gtacacacgc
       61  tatgggatta atcttcttag cgaatgtttg agatattatc gataactata atcgtaaata
      121  tcagctatac ctttttgtta aaagcatgtt taatgcctgt ggaaaataaa aacaataagg
      181  ataaaatatg aacaaggcaa aaacgttact cttcaccgct ctagcttttg gtttatctca
      241  ccaagcgtta gcacaagatc tcacggttaa aatgaccgat ctacaaacag gtaagcctgt
      301  tggtacgatt gaactaagcc aaaataaata cggagtagta tttacacctg aactggcaga
      361  tttaacaccg gggatgcatg gcttccatat tcatcaaaat ggtagctgtg cttcatcaga
      421  aaaagacggc aaagttgttt taggtggcgc tgctggtgga cattacgatc ctgagcacac
      481  aaataaacac ggtttcccat ggactgatga taatcataaa ggtgatctgc cagcactgtt
      541  tgtgagtgca aatggtttag caactaaccc tgttttagcg ccacgtttaa cgttgaaaga
      601  actaaaaggt cacgcaatta tgatccatgc tggtggtgat aatcactctg atatgccaaa
      661  agcattaggt ggcggcggcg cacgtgtggc gtgtggtgtg atccaataat ttagtgagaa
      721  ccagcagcga atttgtcgct gttggtttta ttttaatcag attaagtttt ttagaaacag
      781  ccagttaatt gtaaaatatg taaaaatgtg aaattcaggt gaatttgaaa tcttctctta
      841  a
```

(b)

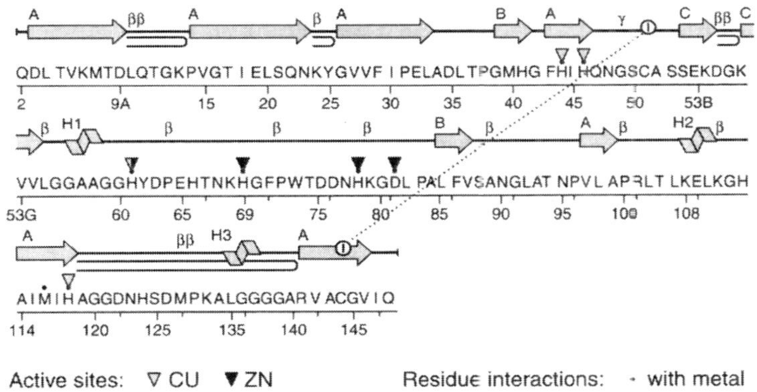

(c)

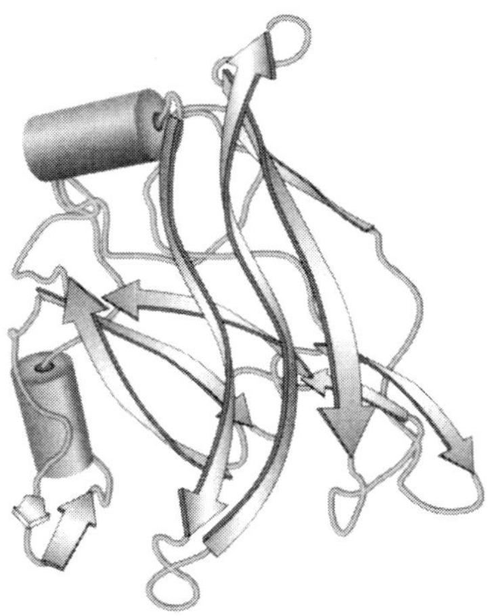

FIGURE 7.2 *(a) Excerpts from the genbank entry for the Photobacterium leiognathi bacteriocuprein superoxide dismutase gene (accession #J02658). (b) The primary and secondary structure for the corresponding protein (arrows and coils represent the positions of beta strands and helical regions, respectively. (c) The tertiary structure of the protein (PDB entry 1BZO, rendered using VMD molecular graphics software [Humphrey, W. Dalke, A. and Schulten, K., "VMD—Visual Molecular Dynamics", J. Molec. Graphics 1996, 14(1), 33–38, www.ks.uiuc.edu/Research/vmd]).*

BOX 7.1 PH, pKa, and pI

A very important concept in chemistry and biology both is that of concentration: a measure of how much of a solute is dissolved in a solvent. At the heart of the idea of concentration is the ratio of molecules of solute to solvent. The molecular weight (essentially the sum total of all the protons and neutrons of a componound) of NaCl is 58. By definition, in 58 grams of NaCl there is 1 *mole* of NaCl. The actual number of molecules in a mole is 6.02×10^{23}. As a result, the number of molecules in 58 g of NaCl is the same as the number of molecules of NaOH in 40 g (because the molecular weight of NaOH is 40). A solution that has 1 mole suspended in 1 liter is said to be 1 ***molar*** (or *M*).

It is important to remember that water is a molecule whose atoms have notably different electronegativities. Occasionally, the oxygen atoms in water actually strip away one of the hydrogen's electrons and an ionic situation results. In other words, H_2O becomes H+ and OH-. About 1 molecule in 554 million water molecules has disassociated in this way in a bottle of pure water. What concentration does that correspond to? 1×10^{-7} molar (or moles/liter of water). Although this dissociation is rare and is reversible, it is of great biological importance because the H^+ and OH^- are very reactive. As a result, the concentration of hydrogen ions has a special name and unit of measure: **pH,** where p stands for the negative of the log of the molar concentration. A solution of pure water where the concentration is 1×10^{-7} moles/liter is said to be pH 7 (or neutral).

Because living organisms are water-based systems, pH plays a role in nearly every biological reaction. Simply put, pH is a measure of the concentration of unassociated protons in a solution. When H+ ion concentrations are high, OH^- concentrations are low because free OH^- ions have more opportunities to reassociate with the abundant H^+ ions. By the same token, when H^+ ion concentrations are low, OH^- concentrations are high because free OH^- ions have fewer opportunities to reassociate with H^+ ions. Acidic solutions, which contain relatively large concentrations of free protons, have lower pH values, while basic solutions, which contain few free protons, have higher pH. The value of pH typically ranges from 0 (very acidic) to 14 (very basic). The environ-

양한 측쇄들이 아미노산의 독특한 입체화학적 성질(stereochemical properties)을 결정한다. 아미노산은 (1) 대부분 탄소와 수소만으로 이루어진 측쇄를 갖는 소수성 아미노산(**hydrophobic amino acid**), (2) 측쇄 내에 산소와 질소 모두 또는 둘 중 하나를 갖고 물과 수소결합을 쉽게 형성할 수 있는 극성 아미노산(**polar amino acid**), 그리고 (3) 세포 내의 pH에서 양전하나 음전하를 갖는 하전 아미노산(**charged amino acid**)으로 분류될 수 있다. 그림 7.2는 원핵생물 단백질의 일종인 초과산화물불균등효소(superoxide dismutase)의 아미노산 서열을 보여준다. 아

ment inside of a cell is generally close to neutral (pH = 7).

Just like water, many of the amino acid side chains have dissociable protons (essentially hydrogen atoms). For example, the carboxylic acid group of aspartic acid can exist in a protonated (OH) or deprotonated (O^-) state, depending on the pH (i.e., the availability of free H^+ ions) of its environment. The **pKa** of an amino acid is a measure of the relative ease with which it releases its dissociable protons. When the pH of the solution is equal to the pKa of an amino acid, approximately half of the residues will be protonated and half will dissociate (release their protons). At one pH unit lower than the pKa of an amino acid, that

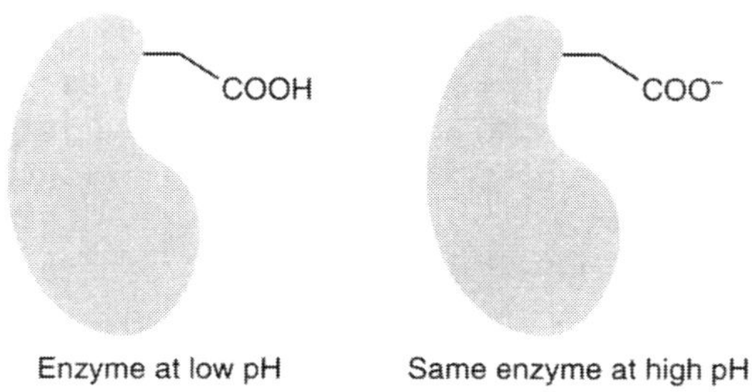

Protonation of a carboxylate group.

amino acid will be approximately 90% protonated. At two pH units lower than the pKa of an amino acid, the amino acid will be approximately 99% protonated. For example, almost all aspartic acid (pKa = 4.3) amino acids within a polypeptide are deprotonated (negatively charged) at neutral pH (7.0) but only about half have a charge associated with them at the acidic pH of 4.3.

When the protons of an amino acid's side chain become dissociated, the amino acid becomes charged, having lost a proton, but no electrons. The more deprotonated a protein becomes, the more negative charge it accumulates. Likewise, as more residues become protonated, more positive charge is accumulated. The **isoelectric point (pI)** of a protein is the pH at which the net charge of the protein is neutral. Isoelectric points can reveal some valuable general information about the amino acid composition of a protein. For example, a protein with a greater amount of acidic amino acids than basic amino acids will have a pI of much less than 7. If the opposite is true, the pI will be much greater than 7. Human pepsin, a digestive enzyme, is very rich in glutamic and aspartic acids and has a pI of 1.2.

미노산 서열(일차구조)은 단백질의 이차구조와 삼차구조를 결정하는데 중요한 역할을 한다. 아미노산과 같은 작은 분자의 성질이 궁극적으로 단백질의 구조와 생물학적 기능을 결정하기 때문에, 아미노산의 구조와 성질을 심도 있게 연구하는 것은 생물정보학자들에도 가치가 있을 것이다.

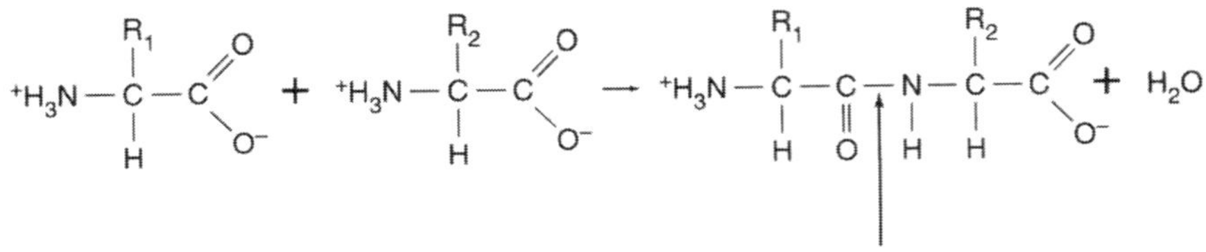

FIGURE 7.3 *Two amino acids are joined by dehydration synthesis (meaning a water molecule is released) to form a dipeptide.*

Polypeptide Composition

여러 개의 아미노산이 사슬형태를 이룬 것을 펩티드(**peptide**)라고 하며, 길이가 긴 아미노산 사슬은 폴리펩티드(**polypeptides**)나 단백질이라 한다. 두 아미노산이 공유결합으로 연결될 때, 아미노산 한 개는 아민기로부터 수소(H^+)를 잃고 다른 하나는 카르복실기로부터 수산화기(OH^-)를 잃어 카르보닐기(C = O)를 형성한다. 그 결과는 그림 7.3에 나타낸 것처럼 이펩티드(**dipeptide**, 2개 아미노산이 펩티드 결합(**peptide bond**)으로 연결된 형태)와 물 분자 하나이다. 폴리펩티드의 아미노산은 아미노산의 일부 원자가 펩티드결합을 이루면서 물 분자를 잃어버렸기 때문에, 때때로 아미노산 잔기(**residues, 殘基**)라 불리기도 한다.

DNA와 RNA 분자와 마찬가지로 폴리펩티드 역시 방향성을 갖는다. 폴리펩티드의 아미노말단(**amino or N terminus**)은 다른 아미노산과 결합되지 않은 아미노기를 갖고 카르복시말단(**carboxy or C terminus**)은 카르보닐기 대신에 카르복실산을 갖는데, 단백질 서열은 보통 N말단으로부터 시작되도록 표시한다. 아미노산 서열을 단백질의 일차구조(**primary structure**)라 한다. 단백질의 아미노산 서열이 단백질의 삼차원 구조를 결정하며 단백질의 물리화학적 성질과 궁극적으로는 생물학적인 기능도 결정하게 된다.

Secondary Structure

Backbone Flexibility, φ and ψ

폴리펩티드 사슬에서 아미노산의 측쇄 부분에 해당하지 않는 원자들은 단백질의

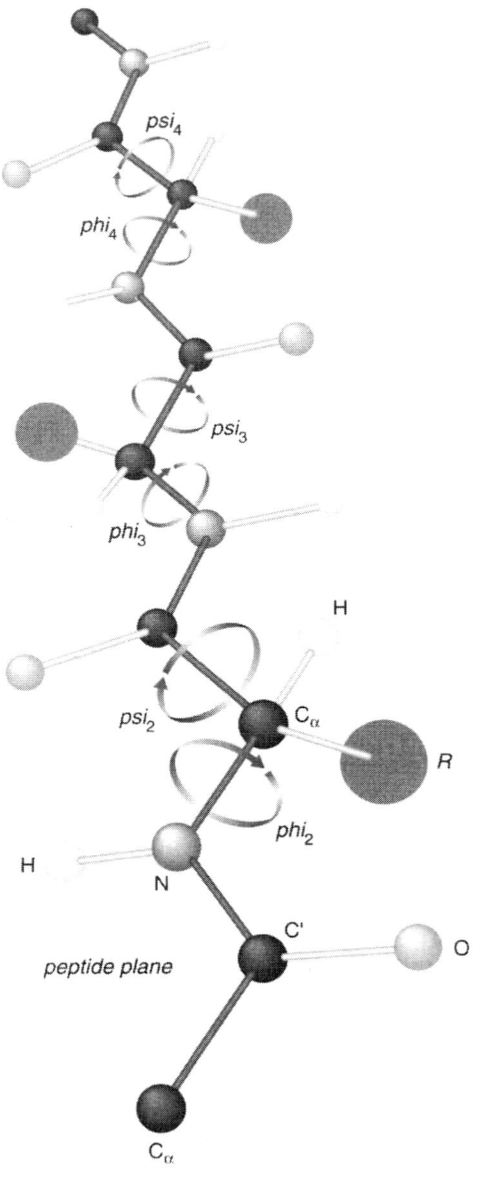

FIGURE 7.4 *Rotation about the C_α bonds are the only degrees of conformational freedom available to the protein backbone. The structure of the peptide bond forces the rest of the backbone atoms into a rigid planar configuration.*

골격**(protein backbone)**을 형성한다. 1장에서 설명한 것처럼 단백질 골격에 있는 공유결합의 결합길이와 평면 결합각도는 어느 정도 고정되어있다. 다시 말하자면 펩티드기는 편평한 형태로 단단히 고정되어 있으며, 알파탄소(C_α)와 다른 골격원자 사이의 두 결합이 단백질 골격 내에서 유일하게 회전이 가능한 두 개의 결합이라는 것이다. 따라서 단백질 골격의 모든 유동성은 이 두 결합의 회전으로부터 유도된다. 아미드질소와 알파탄소 사이의 결합에 대한 회전각도는 ϕ(phi) 라 하며, 알파탄소와 카르보닐탄소 사이의 결합에 대한 회전각도는 ψ(psi) 라고 한다. 전체 단백질의 골격은 그림 7.4에 나타낸 것처럼 아미노산의 ϕ 각도와 ψ 각도에 의해 특성 지워 질 수 있다. 일부 ϕ/ψ 각도조합은 한 잔기의 측쇄원자와 다음 잔기의 골격원자 사이의 공간적 충돌**(steric collision,** 원자에 의해 점유된 공간의 물리적인 겹침)의 결과이다. 그림 7.5에 있는 라마챤드란 도표(Ramachandran plot)는 글리신외의 잔기에서 ϕ와 ψ 각도로 허용되는 값을 나타낸다. 글리신 잔기는 수소 말고 다른 측쇄가 없기 때문에 대부분의 다른 잔기보다 ϕ와 ψ 각도가 넓은 범위에서 허용된다.

1장에서 설명했듯이, 대부분의 단백질 골격은 알파나선($\phi \approx \psi \approx -60^o$) 또는 베타사슬($\phi \approx -135^o$, $\psi \approx 135^o$)들이 모여 형성된 베타박판이라는 이차구조를 갖는다. 따라서 단백질 서열(일차구조)이 주어졌을 때, 이 단백질의 삼차원적 구조를 예측하는 첫 번째 단계는 단백질 골격의 어느 영역이 나선구조와 **회전구조(beta turns**-상반평행 베타박판에서 베타사슬이 반대방향일 때 형성되는 U턴과 같은 구조)를 형성할지를 결정하는 것이다.

Accuracy of Predictions

이차구조를 예측하는 알고리즘은 신경망(neural network), 이산모델(discrete-state model), 히든마르코프(hidden Markov) 모델, 가장 가까운 이웃 원자의 분류, 진화적 추론과 같은 다양한 연산기법을 사용한다. 가장 최신의 이차구조 예측 알고리즘은 단백질서열들을 BLAST, FASTA, CLUSTALW 같은 알고리즘을 이용하여 서열정렬(align)하고, 얻어진 정렬서열(alignment)로부터 이차구조를 예측할 표적서열**(target sequence)**에 위치한 아미노산들의 보존도(the degree of conservation)를 계산하는 것으로부터 시작한다. **PHD**와 **Predator**와 같은 알고리즘은 단백질서열과 보존도로부터 단백질의 이차구조를 정확도 70%~75%의 수준으로 예측할 수 있다. 이차구조 예측 알고리즘으로부터 얻어진 결과는 일반적으로 아래와 같다.

```
APAFSVSPASGASDGQSVSVSVAAAGETYYIAQCAPVGGQDACNPAT
------HHHHHHHH-HHHhhh--EEEEEeee--EEEEee----
```

여기서 대문자는 예측 결과가 높은 신뢰도를 갖는다는 것을 의미하며, 소문자는 예측 결과가 낮은 신뢰도를 갖는다는 것을 의미한다. H와 h는 나선구조의 예측을

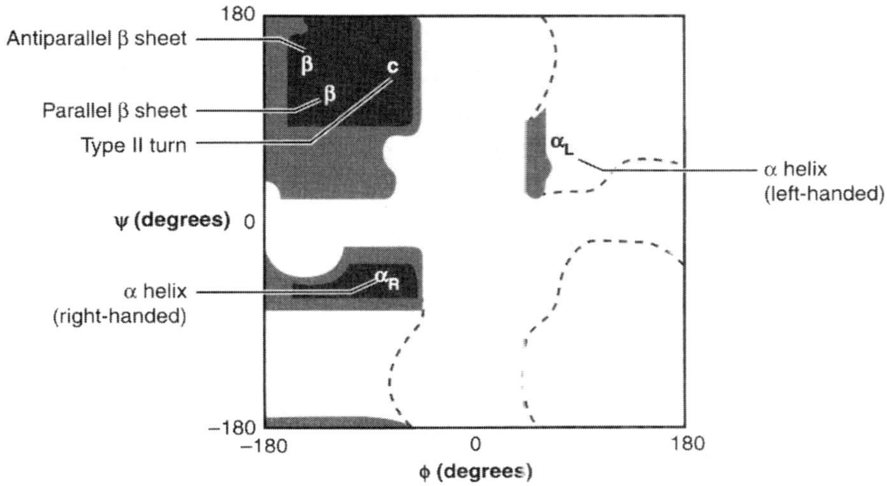

F I G U R E 7.5 *The Ramachandran plot shows the values of phi and psi that are physically realizable without causing steric clash (dark regions). Additional conformations can be achieved by glycine due to its small side chain (light regions).*

나타내며 E와 e는 베타사슬과 같은 연장구조(extended conformation)를 의미한다.

The Chou-Fasman and GOR Methods

Chou-Fasman법은 이차구조를 예측하는 통계학적인 접근법이다. 이 방법은 모든 아미노산들에 *P*(a)와 *P*(b) 그리고 *P*(turn)와 같은 구조상수**(conformational parameters)**들을 배정하는데, 이 구조상수들은 아미노산들이 알파나선과 베타박판 그리고 베타회전에 기여할 경향성을 나타내는 것이다. 구조상수는 구조가 이미 알려진 단백질들에서 관찰된 경향성에 기반을 두고 결정된 것이다. 또한 헤어핀 회전의 첫 번째, 두 번째, 세 번째, 네 번째 위치에서 관찰되는 빈도에 따라서 4개의 회전상수(turn parameter)인 $f(i)$, $f(i+1)$, $f(i+2)$, $f(i+3)$가 아미노산마다 배정되어있다. 이를 모두 **Chou-Fasman** 상수라 하며 표7.1에 나타내었다.

Chou-Fasman 상수를 이용하여 이차구조를 결정하는 알고리즘은 아래와 같다:

1. 아래와 같이 알파나선 구조를 찾는다.
  a. 6개의 연속적인 아미노산 잔기 중에서 4개의 구조상수가 $P(a) > 100$인 영역(region)을 모두 찾는다.

b. 단계 a에서 찾아낸 영역들을 4개의 연속적인 아미노산 잔기의 구조상수가 $P(a) < 100$일 때까지 양방향으로 확장한다.

c. 단계 b에서 확장된 영역들에 대해서 $\Sigma P(a)$와 $\Sigma P(b)$를 계산한다. 만약 어떤 영역이 5개 이상의 아미노산 잔기로 이루어져 있고 $\Sigma P(a)$가 $\Sigma P(b)$보다 크다면 이 영역은 알파나선 구조를 갖는 것으로 예측한다.

2. 단계 1에서와 유사한 알고리즘을 이용하여 베타박판 구조를 찾는다. 즉, 6개의 아미노산 잔기 중에서 4개의 구조상수가 $P(b) > 100$인 영역들을 모두 찾은 후, 이들을 4개의 연속적인 아미노산 잔기의 구조상수가 $P(b) < 100$일 때까지 양방향으로 확장한다. 만약 확장된 영역의 모든 아미노산 잔기의 구조상수 $P(b)$의 평균값이 100보다 크고 $\Sigma P(b) > \Sigma P(a)$이라면 이 영역은 베타사슬 구조로 예측한다.

3. 만약 단계 1에서 나선구조로 예측되었으나 단계 2에서도 베타사슬로 예측되는 영역에 대해서는, 이 영역의 $\Sigma P(a) > \Sigma P(b)$이면 나선구조로 예측하고 $\Sigma P(b) > \Sigma P(a)$이면 베타사슬로 예측한다.

TABLE 7.1 The Chou-Fasman parameters for the 20 common amino acids.

Amino acid	*P*(a)	*P*(b)	*P*(turn)	*F*(i)	*F*(i+1)	*F*(i+2)	*F*(i+3)
Alanine	142	83	66	0.06	0.076	0.035	0.058
Arginine	98	93	95	0.070	0.106	0.099	0.085
Asparagine	67	89	156	0.161	0.083	0.191	0.091
Aspartic acid	101	54	146	0.147	0.110	0.179	0.081
Cysteine	70	119	119	0.149	0.050	0.117	0.128
Glutamic acid	151	37	74	0.056	0.060	0.077	0.064
Glutamine	111	110	98	0.074	0.098	0.037	0.098
Glycine	57	75	156	0.102	0.085	0.190	0.152
Histidine	100	87	95	0.140	0.047	0.093	0.054
Isoleucine	108	160	47	0.043	0.034	0.013	0.056
Leucine	121	130	59	0.061	0.025	0.036	0.070
Lysine	114	74	101	0.055	0.115	0.072	0.095
Methionine	145	105	60	0.068	0.082	0.014	0.055
Phenylalanine	113	138	60	0.059	0.041	0.065	0.065
Proline	57	55	152	0.102	0.301	0.034	0.068
Serine	77	75	143	0.120	0.139	0.125	0.106
Threonine	83	119	96	0.086	0.108	0.065	0.079
Tryptophan	108	137	96	0.077	0.013	0.064	0.167
Tyrosine	69	147	114	0.082	0.065	0.114	0.125
Valine	106	170	50	0.062	0.048	0.028	0.053

4. 마지막으로 베타회전 부위는 다음과 같이 찾는다.

a. 아미노산 잔기(i)에 대한 회전확률인 P(t)를 계산한다(F(t) = f(i) + f(i+1) + f(i+2) + f(i+3)). 여기서 (i), (i+1), (i+2), (i+3)는 연속적으로 위치한 아미노산 잔기를 의미한다.

b. 다음의 조건을 성립시키는 위치(i)를 헤어핀 회전(U-turn)의 시작점으로 예측한다.

i. P(t) > 0.000075

ii. 위치 (i) ~ (i+3)의 4개 아미노산 잔기에 대한 평균 P(turn)값 > 100

iii. 위치 (i) ~ (i+3)의 4개 잔기에 대한 ΣP(a) < ΣP(turn) > ΣP(b)

다른 통계학적 접근법으로는 GOR(Garnier, Osguthorpe, Robson)법이 있다. GOR 법은 중심에 1개의 아미노산 잔기를 두고 N-말단과 C-말단에 각각 8개씩의 아미노산 잔기를 둔 17개의 아미노산 잔기의 길이에 해당하는 창(window)으로 이차구조를 예측한다. Chou-Fasman법에서처럼 이미 이차구조가 알려진 단백질들의 분석하여 나선구조와 박판구조 그리고 회전구조에서 관찰되는 아미노산의 잔기의 빈도를 창의 크기에 해당하는 17개의 위치에 대하여 모두 계산한 확률행렬(17 × 20)을 사용한다. 이 행렬의 값들이 목표서열의 아미노산 잔기가 나선구조, 박판구조, 회전구조에 관여할 확률을 계산 하는데 사용된다. GOR법은 정보이론에 기반을 두고 있는 방법으로 삼차원 구조를 예측하는 신뢰도는 65% 정도이다.

Tertiary and Quaternary Structure

단백질의 이차구조를 예측하는 것은 단백질의 삼차원 구조의 예측을 위한 첫 단계에 불과하다. 단백질은 고리(loop) 영역을 따라 서로 중첩되어 구형의 자연상태(globular native state)를 형성하게 되는데, 이런 방식으로 중첩되어 있는 폴리펩티드 사슬의 삼차원적인 형태를 삼차구조**(tertiary structure)**라고 한다. 그림 7.6에 삼차구조 형태의 일부를 예시하였다. 또한 많은 종류의 단백질들은 활성을 갖기 위해서 2개 이상의 폴리펩티드 단위로 이루어진 복합체를 형성하는데, 이를 단백질의 사차구조(quaternary structure)라 한다. 사차구조는 다효소복합체(multienzyme complexes)에서의 단백질-단백질 접촉뿐만 아니라 기능성 단백질을 만들기 위해 여러 폴리펩티드 사슬이 결합하였을 때 나타나는 분자간의 상호작용을 나타낸다.

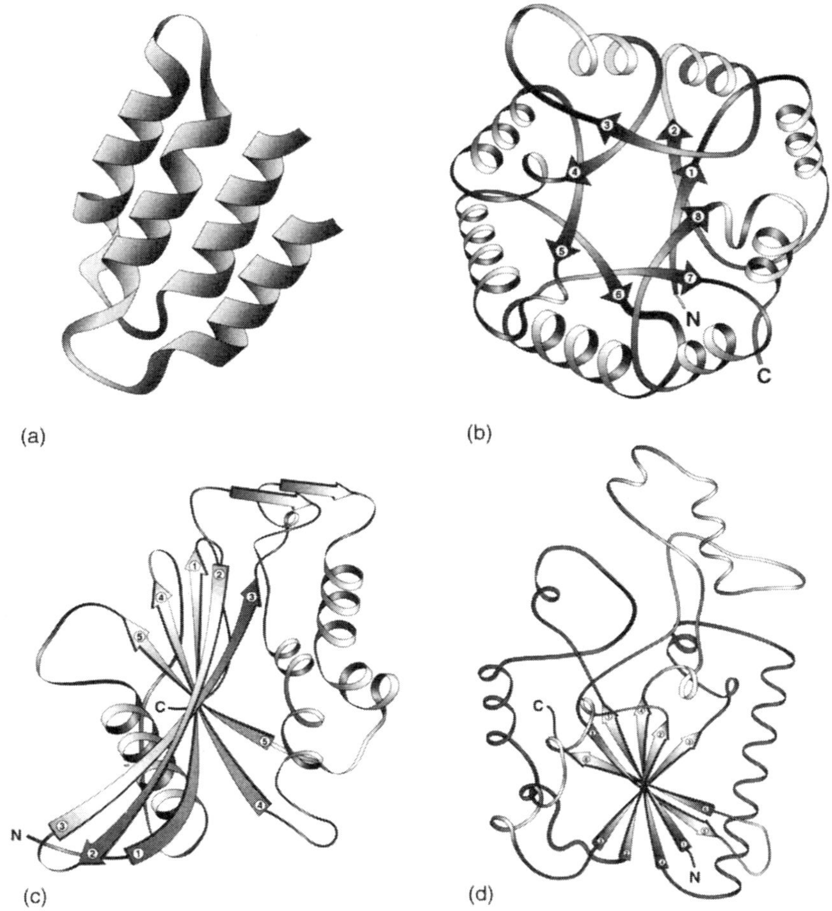

FIGURE 7.6 *Several common tertiary structure motifs: (a) a four helical bundle, (b) an alpha-beta barrel, (c) and (d) open twisted beta sheets.*

정전기적인 인력과 수소결합 그리고 반데르발스 인력을 포함하는 다양한 인력들이 모두 단백질의 중첩에 중요한 역할을 하며, 시스테인 잔기 사이의 공유결합 또한 단백질의 구조를 결정하는데 중요한 역할을 할 수 있다. 물론 샤프론(chaperonins)과 같은 특별한 부류의 단백질에 의한 작용 때문에 단백질의 구조 예측이 복잡해지기는 한다.

Hydrophobicity

소수성 효과는 단백질이 구형의 밀집된 형태가 되도록 유도하는 중요한 작용력 중의 하나이다. 대부분 단백질의 자연 상태는 수성용매로부터 격리된 곳에 소수성 아미노산 잔기들이 묻혀있는 소수성 중심(hydrophobic core)을 가지고 있다. 수성용매에 노출된 표면은 거의 대부분 극성이거나 전하를 띈 아미노산 잔기로 이뤄진다. 수성용매로부터 소수성 아미노산 잔기를 격리시키기 위해 밀집된 구조로 중첩되는 과정을 소수성 뭉침**(hydrophobic collapse)**이라고 한다. 하지만 세포막단백질(membrane-integral protein)은 이러한 법칙에서 크게 벗어나 있는 단백질이다. 세포막단백질은 주로 나선구조 형태로 세포막을 관통하는 식으로 존재하는데, 세포막은 일반적으로 소수성인 탄소와 수소원자로 이뤄져 있으므로 나선구조의 표면은 물 분자로부터 격리되어 있으며 대부분 소수성 아미노산들로 구성된다.

수성용매로부터 소수성 아미노산 잔기를 격리시키는 것의 중요성은 낫세포빈혈증(sickle-cell anemia)의 예에서 볼 수 있다. 사람의 헤모글로빈은 혈액에서 산소분자를 운반하는 단백질로 두 개의 알파글로빈과 두 개의 베타글로빈 사슬로 구성된 사합체이다. 베타글로빈 단백질의 표면에 있는 한 개의 전하를 띤 글루타민산 잔기가 소수성인 발린 잔기로 돌연변이를 일으키면, 소수성 부분이 수성용매와 접하게 되는 단백질의 표면에 존재하게 된다. 소수성 효과는 발린 잔기가 수성용매와 접촉하지 않도록 유도하기 위해서 베타글로빈 분자들을 서로 더욱 밀집되도록 하기 때문에, 적혈구세포는 정상적인 도넛 모양에서 낫 모양으로 뒤틀어지게 된다. 결과적으로 극한 조건에 있거나 심한 운동을 하는 동안처럼 산소 수준이 낮을 때, 낫세포가 좁은 혈관벽에 서로 엉키게 되어 통증, 빈혈, 나아가서는 괴저의 원인이 된다. 이 모두가 단 1개의 아미노산 차이로 일어나는 것이다.

소수성 효과가 단백질의 중첩에 얼마나 기여하는지를 계산하기는 어렵다. 그러나 대부분의 단백질 중첩을 예측하는 알고리즘은 기본적으로 분자 사이에 발생하는 작용력(molecular forces)을 계산하는 것에 바탕을 두고 있으며, 단백질의 중첩을 유도하는 중요한 힘의 하나로 소수성 중첩이 포함된다.

Disulfide Bonds

시스테인 잔기들의 황화수소(sulfhydryl, -SH) 작용기는 서로 근접하게 되면 산화되어 공유결합인 이황화결합**(disulfide bonds)**을 이루게 되는데, 교차결합

(cross-linking)을 이루는 시스테인 잔기들은 단백질의 일차구조에서는 서로 멀리 떨어져 있었던 잔기들일 수도 있다(그림 7.7). 산화된 시스테인 잔기들은 시스틴(cystine)이라 불리며 단백질의 중첩구조를 안정화시키는 효과가 크다. 따라서 변성된(denatured) 단백질을 만드는 실험이 필요하다면, β-mercaptoethanol 같은 환원제가 이황화결합을 해체하는데 사용된다. 앞에서 설명한 것처럼 Anfinsen의 실험은 단백질의 구조가 아미노산 서열에 의해 결정된다는 것을 보여주었다. 이 실험에서는 리보핵산가수분해효소(ribonuclease)를 8*M* 유레아(urea) 용액에 넣고 이황화결합이 형성되도록 하였다. 요소가 단백질의 소수성 효과를 감소시켜 자연상태 와는 다른 이황화결합을 형성시키는 역할을 한 것이다. 이렇게 부적절하게 교차 결합된 시스틴 잔기를 가진 뒤섞인(scrambled) 리보핵산가수분해효소는 자연상태의 리보핵산가수분해효소가 갖는 효소활성의 1%만을 보였다.

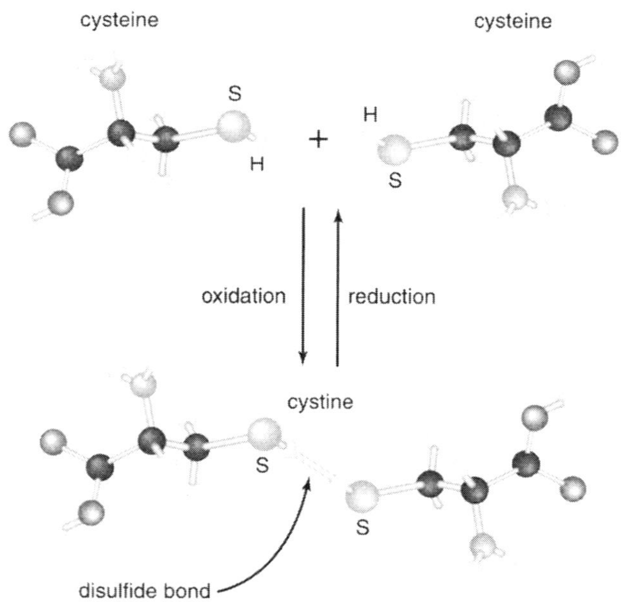

FIGURE 7.7 *The sulfhydryl groups of two cysteine residues are oxidized to form a disulfide bond. Disulfide bonds are generally the only nonbackbone covalent cross-linkages within a protein.*

Active Structures vs. Most Stable Structures

단백질이 중첩될 수 있는 형태는 매우 다양하기 때문에, 자연 상태의 단백질이 실제 열역학적으로 가장 안정적인 상태인지를 알아보기는 불가능하다. 그러나 단백질의 구조적 안정성을 감소시키는 일차구조 상의 돌연변이는 자연선택을 통해 제거되었을 것이며 활성을 갖고 안정적인 단백질만이 선택되어 왔을 것이다. 1968년 Levinthal은 단백질의 중첩은 중첩되지 않은 상태에서 보다 안정적인 중간체를 거쳐 최종적으로 자연 상태에 도달하는 연속적인 경로를 따라 이뤄진다고 하였다. 이는 레빈탈의 역설(**Levinthal paradox**)이라고 알려져 있는데, 이러한 경로가 단백질의 구조가 최소의 에너지를 갖는 곳에서 끝나는지에 대해서는 아직 논쟁의 여지가 남아있다.

Algorithms for Modeling Protein Folding

아미노산 서열이 단백질의 독특한 자연구조를 어떻게 결정하는지를 예측하기 위한 많은 알고리즘들이 개발 되었다. 물론 지금까지 개발된 알고리즘 중에서 X선 결정분석법(crystallography, 結晶分析法)과 같은 실험적 방법(8장에서 자세히 설명)이 갖는 수준의 정확도로 단백질의 구조를 파악하는 것은 없지만, 단백질의 중첩에 관한 여러 모델들은 단백질의 중첩구조와 중첩과정을 결정하는 작용력들에 대한 많은 정보들을 제공해 주었다. 단백질의 구조를 예측하는 알고리즘에 기계학습(machine learning)기법을 적용시키기도 하고, 생화학적 연구로부터 단백질 중첩의 안정성에 기여하는 다양한 작용력들에 대해 보다 많은 것을 알게 됨에 따라, 단백질 중첩을 모델링하는 알고리즘의 정확도는 지속적으로 향상되고 있다.

Lattice Models

근래에 들어서 컴퓨터의 연산처리장치(microprocessors)가 빠른 속도로 발전하였지만, 단백질 중첩에 관련된 모든 상호작용들에 대한 모의시험을 하기에는 여전히 충분치 않다. 따라서 대부분의 단백질 중첩모델들에서는 단백질의 많은 특징들을 연산이 가능한 수준으로 단순화하고 있다. 한 가지 접근법은 단백질의 골격이 가질 수 있는 공간적 자유도를 제한하는 것이다. 물리적으로 가능한 모든 공간구조 대신에 알파탄소를 2차원 또는 3차원 격자(lattice, 格子) 내에만 위치하도록 제한함으로써, 단백질이 가질 수 있는 공간구조의 수를 급격히 감소시킬 수 있다. 이를 이용하면, 작은 크기의 폴리펩티드 사슬에 대해서는 가능한 모든 공간구조들을 전부 탐색하여(exhaustive methods) 최소의 에너지를 갖는 공간구조를 찾아낼 수 있으며, 더 큰 폴리펩티드 사슬에 대해서는 가능한 모든 공간구조가 요약된 대표성을 갖는 공간구조에 대해서만 탐색하는 전략(nonexhaustive methods)을 사용하여 최소에너지를 갖는 공간구조를 추정할 수 있다.

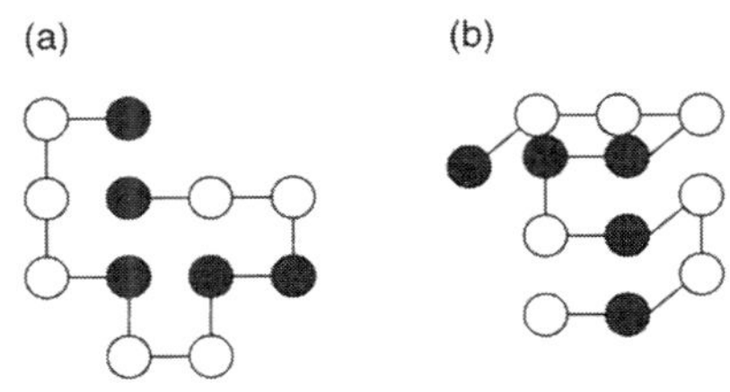

FIGURE 7.8 *(a) Two-dimensional and (b) three-dimensional H-P model representations for a 12-residue polypeptide. Hydrophobic residues are shown in black and polar residues are white.*

가장 많이 연구된 격자모델은 **HP모델(hydrophobic-polar model)**이다. HP 모델은 아미노산 잔기를 일정한 반경 내에서만 움직일 수 있는 하나의 원자로 나타냄으로써 단백질의 공간구조를 더욱 단순화시킨다. HP모델에서 공간구조에 대한 평가는 소수성 접촉에 기반을 둔 점수체계에 의해서 이루어진다. 공간구조를 평가하기 위해서는 우선 격자에서 H-H에 해당하는 접촉의 수를 계산한다. H-H 접촉은 폴리펩티드 사슬의 일차구조에서 소수성 잔기 두 개가 연달아있는 경우를 제외하고는 모두 에너지기여도(energy contribution)로 −1점을 부여한다. 일차구조에서 소수성 잔기 두 개가 연달아있는 경우가 제외되는 이유는, 모든 공간구조들이 H-H 접촉을 갖기 때문에, 이를 단순화시키기 위함이다. 최종적으로, 가장 많은 H-H 접촉을 갖는 공간구조가 최적의 공간구조로 결정된다. 가장 많은 H-H 접촉을 갖는다는 것은 P 잔기를 폴리펩티드 표면으로 보내고 소수성 중심이 가능한 많은 H 잔기를 포함하도록 이루어진 공간구조를 의미한다. 그림 7.8의 예에서는 이차원 및 삼차원 공간구조 모두 에너지 기여도가 −3점이 된다.

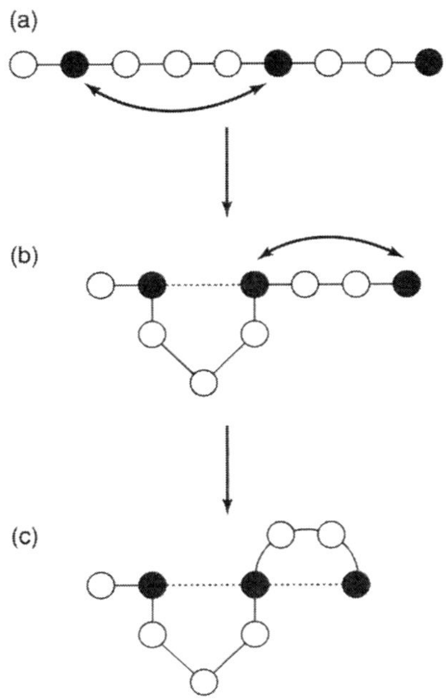

FIGURE 7.9 *The hydrophobic zipper mechanism. (a) Hydrophobic residues (shown as black filled circles) on the protein chain move together as a result of solvent interactions, causing intervening polar residues to form a loop as seen in (b). As the process is repeated (c), the basic structure of an anti-parallel beta sheet is formed.*

이차원 및 삼차원 격자의 형태로 단백질의 공간구조를 제한하는 것은, 소수성 접힘이 단백질 중첩을 결정하는 유일한 요인이라는 가정처럼, 인위적인 것임은 분명하다. 하지만 이와 같은 문제점에도 불구하고 HP모델은 단백질 중첩 메커니즘에 대한 많은 단서들을 제공해 주었는데, Dill은 다양한 폴리펩티드를 대상으로 최적 또는 거의 최적에 가까운 격자구조를 분석한 연구에서 소수성 지퍼**(hydrophobic zipper)**라는 이차구조 형성 메커니즘을 제안하기도 하였다. 또한 폴리펩티드의 사슬 길이가 증가하면 90° 격자를 사용할지라도 가능한 모든 공간구조에 대한 분석이 불가능해지기 때문에, 거의 최적에 가까운 공간구조를 찾기 위해 진화론적 계산(evolutionary computation), 모의연성화(simulated annealing), 몬테카를로(Monte Carlo)법, 분지한계법(branch and bound search), 기계학습(machine learning)법과 같은 발전된 방법이 적용되기도 한다.

격자를 이용한 단백질 중첩모델에 탐색적 알고리즘(search algorithm)을 적용할 때 고려해야 할 가장 중요한 점은 공간구조를 어떻게 표현하느냐이다. 가장 간단한 접근법은 첫 번째 잔기를 격자의 좌표 (0,0)에 놓고, 그 다음 잔기에 대해서는 단백질 사슬이 움직이는 방향으로 나타내는 것이다. 이차원 모델에서 절대방향표시**(absolute direction representation)** 체계를 사용하면, 상향, 하향, 좌향, 우향 및 후방(증가하는 Z-축 값)과 전방(감소하는 Z-축 값)을 U, D, L, R, B, F로 표시한다. 그림 7.8의 이차원 공간구조에서 이를 적용하면 (R, R, D, L, D, L, U, L, U, U, R)이 될 것이고, 삼차원 공간구조는 (R, B, U, F, L, U, R, B, L, L, F)로 나타내어진다. 또한 단백질 사슬이 향하고 있는 방향에 따라 상대적인 방향을 나타내는 상대방향표시**(relative direction representation)** 체계를 이용할 수도 있다. 이차원 격자모델의 두 번째 이후의 잔기에는 좌향(L), 우향(R), 전방(F)과 같은 3가지 방향이 가능하며, 삼차원 격자모델에서는 좌향(L), 우향(R), 전방(F), 상향(U), 하향(D)이 가능할 것이다. 상대방향표시체계는 잔기의 현재 위치와 향하고 있는 방향을 동시에 표시한다. 어떤 이차원 모델의 첫 번째 잔기가 좌표 (0,0)에 있고 우측 전방을 향하고 있다면(F), 두 번째 잔기의 좌표는 (1,0)이 된다. 따라서 그림 7.8의 이차원 공간구조는 (F, F, R, R, L, R, R, L, R, F, R)으로 나타낼 수 있다. 동일한 예에 대한 삼차원 모델의 첫 번째 잔기의 좌표는 (0, 0, 0)이고, 우측 전방(F)을 향하고 있기 때문에 삼차원 공간구조는 (F, L, U, U, R, U, U, L, L, F, L)으로 표시될 것이다.

방향표시 체계에서 나타날 수 있는 중요한 문제점은 2개의 잔기가 동일한 위치에 있을 때 발생한다. 예를 들어 이차원 공간구조를 상대방향표시 체계를 사용하여 나타낸 것이 (L, L, L, L)이라면, 2개의 잔기가 시작 위치인 좌표 (0, 0)에 있을 것이고 결과적으로 공간적 충돌(collision)이 발생될 것이다. 이러한 공간적 충돌을 피하는 가장 간단한 방법은 공간적 충돌이 발생하는 공간구조에 대해서 높은 에너지기여도를 부여하는 것이다. 탐색적 알고리즘은 낮은 에너지를 갖는 공간구조를 찾는 것이기 때문에, 공간적 충돌을 야기하는 공간구조는 탐색 대상에서 쉽게 제거 될 것이다. 하지만 이와 같은 단순한 방법은 하나의 공간적 충돌만 해결되면 낮은 에너지 상태에 있을 수도 있는 공간구조가 탐색대상에서 배제되어버릴 수 있다는 단점을 갖는다. 이러한 단점을 극복하기 위한 방안으로는 모든 방향에 대한 선호도(또는 가능성)를 포함하는 방향표시 체계를 사용하는 것이다. 공간충돌 문제를 해결할 수 있는 방향표시 체계에서 잔기가 향할 방향은 한 가지 방향으로 표시되지 않고, 선호도 순으로 가능한 모든 방향을 열거한다. 예를 들어 이차원 모델에서 한 개의 잔기에 대한 방향은 {L, F, R}과 같이 나타낼 수 있는데, 가장 선호하는 방향은 좌측이고, 만약 단백질 사슬이 좌측으로 향할 때 공간충돌이 일어난다면, 그 다음으로 선호하는 방향은 전방, 그리고 그 다음은 우측임을 나타낸다. 국부적인 공간구조를 우선적으로 탐색하고 여기에 선호도가 고려된 방향표시 체계를 사용한다면, 공간충돌이 일어나지 않는 공간구조를 예측할 수 있을 것이다.

Off-Lattice Models

탈격자(off-lattice, 脫格子) 중첩모델은 단백질의 골격에 라마챤드란 도표가 허용하는 범위의 ϕ 각도와 ψ 각도를 적용한 모델이다. 탈격자 중첩모델은 단백질 중첩이 격자에서 벗어날 수 있도록 함으로써 보다 실제에 가까운 공간구조를 예측할 수 있게 해주는데, 짧은 길이의 폴리펩티드에 대해서 실험적으로 관측된 공간구조와 아주 유사한 공간구조를 예측할 수 있었다. 탈격자 중첩모델에서의 오차는 보통 예측된 공간구조와 관찰된 공간구조 사이의 C_α RMSD(root mean squared deviation)에 의해 측정되며, C_α RMSD는 예측된 공간구조와 관찰된 공간구조에서 위치 차이를 보이는 모든 C_α 원자간의 기하학적 거리(Euclidean distance)를 제곱한 후 합산한 값이다.

실제 공간구조를 보다 정확히 예측하기 위한 단백질 중첩모델은 더욱 복잡해질 수밖에 없다. 이를 위해서는 탈격자 중첩모델에서도 변수의 대상을 알파탄소에서 모든 골격원자 또는 심지어 측쇄원자를 포함하도록 확장시켜야만 한다. 즉, 기본 모델은 단백질골격의 공간구조를 알파탄소의 ϕ 각도와 ψ 각도로부터만 예측하나, 여기에 측쇄의 유동성(flexibility)까지도 비유동적(rigid), 반유동적(semiflexible), 유동적(fully flexible)인 것으로 구분하여 고려한다는 것이다. 비유동적 측쇄의 공간구조는 아미노산 별로 X선 결정분석법을 통해 빈번히 관찰되는 공간구조들이 해당 아미노산의 측쇄가 가질 수 있는 가능한 공간구조가 된다. 반유동적 측쇄에 대해서도 이와 유사한 실험적 방법이 적용되는데, 우선 X선 결정분석법으로 관찰된 측쇄의 공간구조들을 유사도에 따라 그룹으로 분류하고, 각 그룹의 평균 공간구조라 할 수 있는 **회전체(rotamer)**를 결정한다. 아미노산 별로 빈번히 관찰되는 회전체들이 해당 아미노산의 측쇄가 가질 수 있는 가능한 공간구조가 된다. 즉, 빈번히 관찰되지 않은 공간구조들을 검색의 대상에서 제외시킴으로써 검색의 효율성을 높이는 것이다.

Energy Functions and Optimization

탈격자 모델은 HP 모델보다 더 많은 변수(골격과 측쇄)들이 사용되며 복잡한 에너지 함수가 요구된다. 단백질 중첩에 관한 에너지함수는 소수성 접촉 외에도 수소결합, 이황화결합, 정전기적 상호작용, 반데르발스 힘, 용매와의 상호작용 등을 고려해야 한다. 단백질 중첩에 대한 작용력들의 상대적 기여도는 실험을 통해서도 얻기 힘들기 때문에 작용력들을 어떻게 조합하여 에너지함수를 수식화 하는지가 중요하다.

일반적으로 두 가지 접근법이 에너지함수 구성에 사용된다. 이론적 접근법은 수소결합이나 정전기력과 같은 작용력들이 중첩된 단백질의 안정도에 기여하는 정도에 바탕을 두고 있다. 이 접근법의 목적은 최소의 에너지를 갖는 것으로 알려진 단백질들의 구조로부터 근사에너지 함수(approximated energy function) 또는 작용력장(force field)을 유도해내는 것이다. 작용력장에 대한 한 예는 아래와 같다.

$$\triangle G = \triangle G_{\text{van der Waals}} + \triangle G_{\text{H-bonds}} + \triangle G_{\text{solvent}} + \triangle G_{\text{Coulomb}}$$

위와 같이 단백질 중첩을 실제로 유도하는 물리적 작용력과 에너지에 기반을 두고 단백질중첩 모델을 만드는 근원적인(*ab initio*) 접근법이 합당하기는 하나, 다음과 같은 한계점을 갖는다. 중첩을 유도하는 작용력들과 이들 사이의 다양한 상호작용이 아직 정확히 밝혀지지 않았으며, 단백질에 있는 모든 원자들과 주위의 용매 사이에 존재하는 상호작용들을 모두 설명할 수 있는 모델은 많은 계산을 요하므로 실제 크기의 폴리펩티드를 대상으로는 적용하기 어렵기 때문이다. 이에 대한 대안으로는 실험을 통해 관찰된 단백질의 공간구조를 기반으로 하는 준 에너지 함수(pseudoenergy function)를 사용하는 방법이 있다. 준 에너지 함수를 구성하기 위해서는 X선 결정분석법을 통해 밝혀진 단백질의 공간구조에서 아미노산마다 인접 아미노산들을 조사하여 이들 사이의 상대적 위치에 따른 점수표(scoring matrix)를 만드는 것이 필요하다. 예를 들어 3.6Å 이내의 위치에 세린 잔기와 트레오닌 잔기가 존재하는 빈도가 점수표에 기입되는 식이다. 그리고 잠정적으로 결정된 공간구조에 대한 에너지(empirical energy)를 측정할 때, 모든 잔기들이 어떤 인접 잔기들을 갖는지를 조사하고 위 점수표에 따라 에너지 점수를 부여한다. 데이터베이스에서 빈번히 발견되는 국부공간구조(local conformation)들은 낮은 에너지 점수를 받게 될 것이며, 드물게 발견되는 국부공간구조는 높은 에너지 점수를 받게 된다. 만약 데이터베이스에서 세린(Ser) 잔기의 6Å 이내의 거리에 아스파라긴(Asp), 히스티딘(His), 글루타민(Glu)이 빈번히 관찰된다면, Ser은 Asp, His, Glu과 인접잔기를 이룰 때 낮은 에너지 점수를 받게 된다. 그리고 국부적으로 파악된 모든 에너지 점수를 합산하여 공간구조 전체에 대한 에너지 점수로 사용한다. 이와 같은 경험적 접근법에서는 지금까지 알려지지 않은 또는 예외적인 공간구조보다는 이미 실험을 통해 알려진 공간구조와 유사한 공간구조가 보다 더 가능성이 있는 공간구조로 선택될 것이다.

단백질의 중첩구조를 예측하는 알고리즘은 다음과 같은 과정으로 요약할 수 있다. 첫 단계는 단백질 모델을 선택하는 것이다. 추상적인 모델은 계산과정이 간단하여 가능한 모든 공간구조에 대한 평가를 할 수 있지만, 실제 공간구조를 잘 반영하지 못할 것이고, 이보다 실제 공간구조를 더 정확하게 반영할 수 있는 모델은 에너지를 측정하기 위한 계산상의 부하가 크다. 모델이 선택되면, 공간구조를 표현할 수 있는 표현방법을 결정한다. 격자모델에서는 사슬이 움직이는 방향을 부호화하는 표현방법이면 충분하다. 정확도가 더 높은 모델에서는 알파탄소의 φ 각도와 ψ 각도가 사용되기도 한다. 그리고 공간구조를 평가할 수 있는 점수표 또는 점수함수(scoring function)가 선택되며, 마지막으로 가능한 모든 공간구조 중에서 최소의 에너지 값을 갖는 공간구조를 찾는 최적화 방법을 선택한다.

Pandel은 근원적(*ab initio*) 접근법이 갖는 계산상의 부하를 줄일 수 있는 혁신적인 접근법으로 The Folding@Home 프로그램을 고안하였다. The Folding@Home은 컴퓨터의 화면보호기처럼 여분의 CPU 용량으로만 작동되는데, 단백질 중첩모델이 필요로 하는 계산과정을 부분으로 나눈 다음 인터넷을 통해 여러 컴퓨터에 분배하여 수행한다. 여러 컴퓨터로부터 얻어진 결과는 다시 서버 컴퓨터로 보내지고 서버에서는 결과를 조합하여 분석한다. Folding@Home 프로그램은 인터넷을 통해 분배 할당된 계산력을 이용함으로써, 수퍼컴퓨터 없이는 수행할 수 없었던 큰 크기의 폴리펩티드에 대해서도 근원적 접근법을 통한 공간구조 예측을 가능하게 하였다. Foliding@Home 프로젝트에 참가하기 위해서는 운영체계로 Windows, Linux, Mac를 사용하는 컴퓨터를 인터넷에 연결하기만 하면 된다. 자세한 정보는 http://foldingathome.stanford.edu에서 찾을 수 있다.

Structure Prediction

신약의 발굴이나 리간드(ligand) 디자인(8장)을 위해서는 단백질의 활성부위(active site)의 구조를 정확히 알아야 한다. 단백질과 리간드 사이의 결합은 핵심 부위의 원자 위치에 대해서 1Å보다 작은 오차가 있더라도 결합친화력(binding affinity)이 심각하게 감소되기 때문이다. 단백질 중첩 모델이 단백질 중첩과정과 단백질 중첩을 유도하는 작용력을 이해하려는 분자생물학자와 생화학자에게 많은 도움을 준건 사실이지만, X선 결정분석법과 같은 실험적인 방법으로 얻어진 골격구조의 오차(RMSD)가 3.0Å 미만이라는 점을 고려하면, 현재까지 근원적 접근법을 사용하는 어떠한 알고리즘도 큰 크기의 단백질에 대해서는 높은 정확도로 공간구조를 예측할 수 없다. 하지만 구조를 알고자 하는 표적단백질과 유사한 일차구조를 갖는 단백질들의 삼차구조가 알려져 있다면, 다음에 기술된 비교분석기법을 통해서 목표 단백질의 구조를 아주 높은 정확도로 예측할 수도 있다.

Comparative Modeling

비교모델링(comparative modeling)은 상동모델링(homology modeling)으로 불리기도 하는데, 상동(homologous)단백질간의 구조를 비교하여 표적단백질의 구조를 예측하는 방법이다. 이 방법은 단백질의 아미노산 서열이 유사하면, 단백질의 삼차구조도 유사하다는 점에 기반을 두고 있다. 따라서 자연구조의 급격한 변화가 유발되기 위해서는 우선 아미노산 서열상에 많은 변화가 축적되어야 한다는 것이다. 표적단백질의 비교모델링은 일반적으로 다음과 같이 진행된다.

1. **표적단백질과 관련된 일련의 단백질에 대한 구조 규명.** 표적단백질의 아미노산 서열(target sequence)과 유사한 서열들을 BLAST나 FASTA와 같은 서열 데이터베이스 검색도구를 이용하여 찾는다. 검색된 유사 서열들은 모델의 주형으로 사용되기 때문에 이들을 주형서열(template secuence)라 한다.

2. **주형단백질 서열과 표적단백질 서열의 서열정렬(alignment).** CLUSTALW와 같은 다중서열정렬법(multiple alignment tool)을 사용하여 정렬서열을 얻은 후, 정렬서열로부터 보존부위(conserved region)를 찾는다. 표적서열과 주형서열간의 유사도가 30% 미만일 경우에는, 얻어진 정렬서열을 수작업을 통해 편집한다. 예를 들어 이차구조를 형성하는 부위에 포함된 서열공백(gap)은 단백질의 구조를 변화시킬 가능성이 낮은 부위인 고리구조(loop)로 이동시키는 식으로 편집을 한다.

3. **모델 구축.** 가장 일반적인 방법 중의 하나는 주형단백질들의 구조를 겹쳐보아서 구조적으로 보존된 부위를 찾는 것이다. 이렇게 찾아진 보존부위들이 모델의 핵심(core)이 된다. 만약 주형단백질의 구조가 다양하다면, 목표단백질의 이차구조 예측, 아미노산 서열의 유사도 등과 같은 방법들을 이용하여 모델 구조를 교정하여야 한다. 주형구조의 다양성은 이차구조를 형성하는 부위보다는 고리구조 부위에서 나타나기 때문에, 고리구조에 대한 모델은 별도로 구축한다.

4. **고리구조에 대한 모델 구축.** 두 가지 일반적인 방법으로는 (1) 알려진 고리

구조들에 대한 데이터베이스로부터 가장 적합한 고리구조를 선택하거나, (2) 중첩 자유도를 제한하는 구조예측 방법을 이용하여 가능한 모든 구조를 탐색하고 평가해 보는 것이다. 많은 방법들이 고리구조에 대한 모델을 만드는데 사용될 수 있긴 하지만, 6개 이상의 잔기들로 이루어진 고리구조에 대한 공간구조는 얻기 힘들다.

5. **측쇄에 대한 모델 구축.** 일단 골격 모델이 만들어지면 측쇄 원자의 위치들을 결정한다. 회전체 라이브러리 검색(rotamer library search)에서부터 분자역동학(molecular dynamics)을 이용하는 방법까지 다양한 방법들이 사용될 수 있다.

6. **모델의 평가.** PROCHECK, WHAT CHECK, Verify-3D등과 같은 다양한 소프트웨어들이 단백질 구조의 질을 평가하는데 사용되지만, 이들의 공통적인 평가체계(validation algorithms)는 라마챤드란 도표에서 허용되지 않는 ϕ 각도-ψ 각도 조합의 유무, 공간적 충돌의 유무, 화학결합의 길이와 각도의 타당성 여부 등을 검토하여 구조적인 모순이 있는지를 찾는 것이다. 만약 위와 같은 구조적 모순 부위가 나타나면 수작업을 통해 이를 교정하기도 한다.

비교모델링은 많은 종류의 자동화된 연산법들을 포함하고 있기는 하지만, 단계마다 전문가에 의한 교정과 의사결정 등을 필요로 하기 때문에, 근본적으로 수작업에서 벗어나지 못한 방법이다. 물론 자동화된 비교모델링 방법들이 현재 개발되고 있지만, 리간드 디자인, 활성부위분석 등을 위한 고급 모델을 만들기 위해서는 아직도 상당한 부분에 대해서는 수작업이 요구된다. 그럼에도 불구하고 비교모델링은 구조가 알려지지 않은 단백질에 대한 고급 모델을 만들어 낼 수 있는 가장 유용한 방법이다.

Threading: Reverse Protein Folding

단백질의 삼차구조에 대한 근사모델(approximate model)은 비슷한 구조를 가질 것으로 추정되는 다른 단백질을 찾아냄으로써 쉽게 만들 수 있다. 만약 근사모델로부터 어떤 공간구조를 추정되었다면, 이 공간구조가 적절한 것인지를 판단하는데 위에서 언급한 것과 같은 평가방법을 사용할 수 있을 것이다. 이와 같이 어떤 공간구조를 먼저 가정한 후, 그것의 적합도를 평가하는 것을 **단백질 편쇄 (threading, 編鎖)**라 한다. 편쇄 과정은 중첩된 구조를 먼저 가정하고 가정된 구조를 평가하는 순서로 진행되기 때문에 단백질 중첩 알고리즘과는 진행과정이 반대가 된다.

편쇄 알고리즘은 다음에 제시된 예와 같이 주어진 단백질 서열이 어떤 중첩족(folding family)에 속하는지를 알아내기 위한 목적으로 사용된다. 예를 들어 CATH, SCOP, LPFC, Pclass, FSSP 등과 같은 계층적(hierarchical) 데이터베이스는 유사한 구조를 갖는 단백질들을 중첩족이나 상위중첩족(superfamily)과 같이 계층적으로 분류하고 있는데, 다양한 분류수준에서 유사한 중첩구조를 갖는 단백질 그룹을 찾고자 할 때 유용하게 쓰인다. 단백질이 어느 중첩족 또는 상위중첩족(superfamily)에 속하는지를 결정하기 위해서는, 이 단백질이 대상 중첩족에 속하는 모든 단백질의 구조를 대표할 수 있는 평균 공간구조를 갖는다고 가정하고 이를 평가하면 된다. 모든 중첩족에 대해서 위와 같은 평가가 이루어진 후, 이 중에서 가장 적합한 점수를 갖는 중첩족이 대상 단백질이 속하는 중첩족으로 선정된다. 단백질 서열이 속하는 중첩족을 결정함으로써 자연구조를 추정하는데 필요한 정보는 물론단백질의 기능이나 다른 단백질 또는 다른 대사경로와의 관련성에 관한 정보도 얻을 수 있다.

Predicting RNA Secondary Structures

단백질의 구조가 아미노산 서열에 의해서 결정되는 것처럼, RNA의 삼차원 구조 역시 염기서열에 의해 결정된다. 그러나 단백질에 비해 RNA의 구조는 단순하며 이차구조가 빈번히 발생하는 서열위치를 찾는 것만으로도 RNA의 삼차원 구조를 파악할 수 있다. 하지만 RNA의 이차구조는 단백질의 경우와는 매우 다르다. DNA와 마찬가지로 RNA의 상보적인 염기들도 수소결합을 형성할 수 있으나, 1개의 RNA 분자 내에서 염기쌍이 형성된다. 또한 염기쌍을 이루고 있는 줄기 **(stem)**가 형성되기 위해서는 RNA 사슬이 방향을 바꾸는 곳에서 **머리핀 회전 (hairpin turn)**이 있게 되며, 상보적이지 않은 염기쌍이 있는 부분에서는 고리구조(loop)가 만들어진다. 그림 7.10은 RNA 분자가 만들 수 있는 이차구조를 나타낸다. 고리구조에 위치한 염기들이 고리구조 밖에 있는 다른 염기와 쌍을 이룬 위결**(pseudoknot, 僞結)**은 예측하기 가장 힘든 이차구조이다. 따라서 RNA 이차구조를 예측하는 초기의 알고리즘들은 이를 전혀 고려하지 않았으며 마치 위결이 존재하지 않는 것처럼 이차구조를 예측했다.

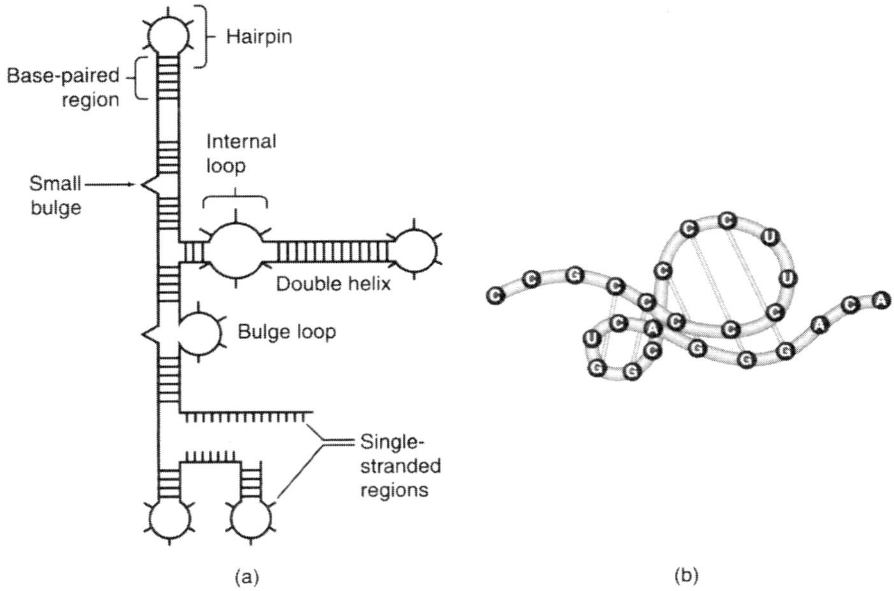

FIGURE 7.10 *RNA secondary structure elements, including (a) stems, hairpin turns, bulges/loops, and (b) pseudoknots.*

RNA의 이차구조를 예측하기 위한 다양한 접근법들이 고안되어왔다. 대부분의 방법들이 중첩된 거대분자의 자유에너지를 최소화하는 안정된 구조를 찾는 것을 기본 전략으로 하고 있다. 가장 많이 사용되는 방법 중의 하나는 최인접염기 에너지법칙**(nearest neighbor energy rules)**으로 에너지 계산을 하는 Zuker's Mfold 프로그램이다. 최인접염기 에너지법칙을 이용한 방법은 RNA 구조를 몇 개의 상호 작용하는 영역으로 나눈 후, 서로 상호작용 할 수 있는 인접염기(neighbors)들에 대해서만 에너지 계산을 하기 때문에 염기쌍을 이룬 줄기영역을 가로지르는 염기들 사이의 상호작용은 고려하지 않으며 상당히 빠른 속도로 계산을 수행한다(그림 7.11).

RNA는 DNA와 단백질 사이를 이어주는 일종의 중간언어이기 때문에, RNA의 이차구조에 대한 정확한 예측은 유전자의 조절과 단백질 발현을 이해하는데도 중요성을 갖는다. 더구나 많은 RNA는 그 자체가 촉매의 특성을 갖는 것으로 알려져 있다. 라이보자임**(ribozyme)**으로 불리는 촉매의 특성을 갖는 RNA들은, tRNA 분자의 스플라이싱(splicing), 라이보좀의 활성, 진핵생물 hnRNA의 변환을 포함한

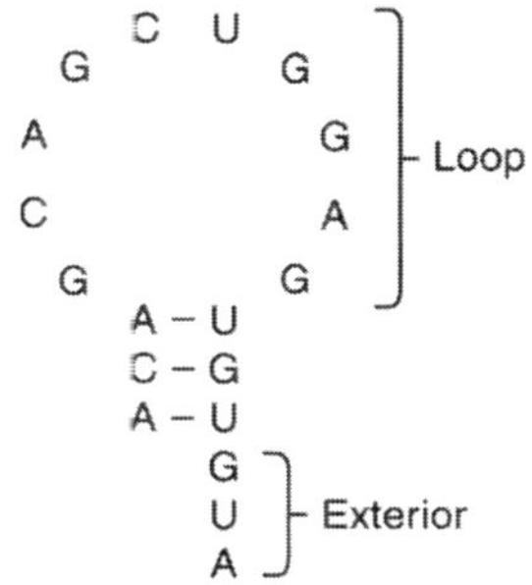

FIGURE 7.11 *Nearest neighbor energy rules: All of the nucleotides in the region labeled Loop can potentially interact, so all pairs within the loop must be considered when calculating the energy of this structure. The nucleotides in the region labeled Exterior, however, cannot pair with any of the nucleotides in the loop region without forming a pseudoknot. Thus, pairwise interactions between these bases and those in the loop are ignored by nearest neighbor energy rules.*

많은 기능과 관련이 있다. 라이보자임은 일반적으로 단백질-RNA 복합체를 이루었을 때 활성을 가지나, 단백질 없이도 촉매활성을 나타내는 경우도 있다. RNA는 DNA나 RNA, 또는 폴리펩티드 사슬을 합성하는 반응에 대한 구조적인 발판으로서의 역할을 하기도 한다. 또한 HIV와 같은 바이러스들은 RNA로 이루어진 유전체를 갖기 때문에 RNA의 이차구조를 이해하는 것은 이런 병원성 바이러스 감염을 치료할 수 있는 의약품을 개발하고 시험하는데도 도움이 될 것이다.

Chapter Summary

단백질은 다양한 삼차구조를 나타낼 수 있는 복잡한 거대분자이며, 과학자들은 단백질의 아미노산 서열이 어떻게 삼차구조를 결정하는지 이제 이해하기 시작하였다. 단백질의 이차구조는 신경네트워크나 히든마르코프 모델 등과 같은 연산기법을 이용하여 75% 이상의 높은 정확도를 갖는 수준에서 예측될 수 있다. 이에 비해 삼차구조와 사차 구조의 예측은 훨씬 어렵지만, 다양한 알고리즘들이 고안되어있다. 단백질 중첩 알고리즘, 비교 모델링, 단백질 편쇄와 같은 단백질의 구조를 예측하기 위한 알고리즘이 개발되는 동안 단백질의 중첩과정에 대한 이해와 지식을 향상시켰으며, 이를 통해 예측되는 단백질 구조의 정확성도 향상되었다. 단백질의 이차구조 예측과 마찬가지로 RNA의 이차구조를 예측하는 것도 중요하며, RNA의 이차구조는 신경네트워크와 히든마르코프 모델 등과 같은 연산기법을 이용하여 높은 정확도로 예측할 수 있다.

Readings for Greater Depth

Numerous methods are available for prediction of protein secondary structure, including PhD, Jpred, GOR, NNSP, Predator, DSC, MULPRED, and many others. The web page for Jpred provides a brief summary and link to these algorithms and others: http://jura.ebi.ac.uk:8888/refs.html.

Chou and Fasman's well-known technique for the prediction of secondary structure is described in P. Prevelige, Jr., and G. D. Fasman, 1989, Prediction of secondary structure, in G. Fasman (ed.), *Prediction of Protein Structure and the Principles of Protein Conformation*, pp. 1–91, Plenum Press, New York.

The GOR method for secondary structure prediction is described in J. Garnier, D. J. Osguthorpe, and B. Robson, 1978, *J. Mol. Biol.* **120:** 97–120, as well as in J. Garnier and B. Robson, 1989, The GOR method for predicting secondary structures in proteins, in G. Fasman (ed.), *Prediction of Protein Structure and the Principles of Protein Conformation*, pp. 417–465, Plenum Press, New York.

The famous Levinthal paradox was first described in C. Levinthal, 1968, Are there pathways for protein folding?, *J. Chem. Phys.* **65:** 44–45; which can be obtained online at http://brian.ch.cam.ac.uk/~mark/levinthal/levinthal.html.

Anfinsen's experiments on protein renaturation are described in C. B. Anfinsen, 1973, Principles that govern the folding of protein chains, *Science* **181:** 223–230.

John Moult provides a detailed comparison of the two basic methods for formulating energy functions for protein folding in J. Moult, 1997, Comparison of database potentials and molecular mechanics force fields, *Curr. Opin. Structural Biol.* **7:** 194–199.

Worthwhile summaries of secondary structure prediction methods can be found at http://cubic.bioc.columbia.edu/predictprotein and http://genamics.com/expression/strucpred.htm.

A step-by-step summary of the process of comparative structure prediction is provided at http://guitar.rockefeller.edu/~andras/watanabe.

Details of Zuker's Mfold algorithm can be found in M. Zuker, D. H. Mathews, and D. H. Turner, 1999, Algorithms and thermodynamics for RNA secondary structure prediction: A practical guide, in J. Barciszewski and B. F. C. Clark (eds.), *RNA Biochemistry and Biotechnology*, NATO ASI Series, Kluwer Academic Publishers, Boston, and at http://bioinfo.math.rpi.edu/~zukerm/seqanal.

Questions and Problems

* **7.1** The charges associated with proteins often play important roles in their biochemical separation from other proteins also found in cells. Consider a polypeptide that is found to bind tightly to a column packed with a cation-exchange resin at pH 3.5. Explain why it might be possible to wash this protein off the column by passing a buffer of pH 8 through the column.

7.2 Using the Chou-Fasman algorithm and the parameters in Table 7.1, predict the regions of alpha helices and beta strands for the following sequence:

CAENKLDHVADCCILFMTWYNDGPCIFIYDNGP

* **7.3** For the sequence in Question 7.2, use the Chou-Fasman method to predict the hairpin turns.

7.4 Assuming an energy contribution of –1 for each nonbackbone hydrophobic contact, determine the energy score for the following 2D H-P model configuration:

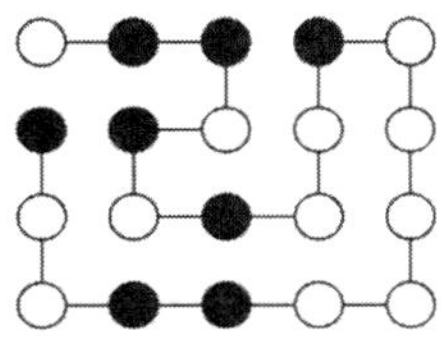

* **7.5** Draw a 2D H-P configuration for a peptide with an energy score of –7.

7.6 Assuming a relative direction representation using L = left, R = right, and F = forward, what is the representation for the 2D configuration in Question 7.4?

* **7.7** A preference ordering representation using L = left, R = right, and F = forward is used along with a 2D H-P model. Draw the conformation corresponding to the following representation (assume all residues are polar): (FLR), (RFL), (LFR), (LRF), (LFR), (LFR), (LFR), (LFR), (LRF), (LFR), (LRF), (LFR).

CHAPTER

8

Proteomics

If a little knowledge is dangerous, where is a man who has so much as to be out of danger?

Thomas Henry Huxley
(1825-1895)

유전체(genome)가 한 생명체가 갖는 유전물질 전체를 뜻하는 것처럼, **단백체 (proteome)**는 한 생명체가 갖는 단백질 전체를 뜻한다. 유전자는 비교적 단순한 화학적 구조를 가지며 자신의 사본을 만드는데 필요한 주형 역할만을 한다는 점 때문에 단백질에 비해 상대적으로 연구하기가 쉽고 자동화된 분석법들도 이미 보편화되었다. 하지만 단백질은 20개의 단위체들로 이루어져 있으며 복잡한 화학적 변형이 일어나기 때문에 유전자를 대상으로 하는 연구와는 사정이 크게 다르다. 많은 수의 유전체 염기서열 분석 프로젝트가 이미 완성되었거나 진행 중이지만, 유전체 연구로부터는 생명체가 어떻게 기능을 수행하는지에 대해서 제한된 지식만을 얻을 수 있기 때문에, 세포의 거의 모든 생명활동을 실제로 수행하는 단백질에 많은 관심이 모아졌다. 생물학은 이미 유전체 후기 시대(post-genome era)에 접어들었고, 이제 단백체를 분석하는 과업이 수평선 위에 떠올랐다고 할 수 있다. 8장에서는 단백질의 분류, 상호작용 방식, 역할 등을 설명한다.

From Genomes to Proteomes

유전자 발현의 분석만으로는 세포에 어떤 단백질들이 존재하는지, 단백질들이 무슨 일을 하는지, 그리고 어떻게 기능을 하는지에 대해서 매우 제한적인 수준의 정보만을 얻을 수 있다. 이는 일반적으로 다음과 같은 이유 때문이다. 첫째, 전사(transcription)된 mRNA의 양과 mRNA로부터 번역(translation)된 단백질의 양이 크게 달라지기 때문인데, 세포 내에서의 mRNA 양과 이에 상응하는 단백질의 양 사이의 상관계수는 보통 0.5 미만 수준이다. 둘째, 많은 단백질들은 번역된 후에 단백질 가수분해효소에 의한 절단, 당화(glycosylation), 인산화와 같은 다양한 변형 과정을 통해 크게 변화하기 때문이다. 이러한 번역 후 변형은 모두 예외 없이 단백질의 활성을 변화시키며, 조직(tissue)과 환경에 따라서 다른 종류의 변형이 일어나기도 한다. 따라서 단백질의 아미노산 서열만으로는 위와 같은 변형이 일어나기 전에 가질 수 있는 특성만을 파악할 수 있을 것이다. 셋째, 많은 단백질들은 특정한 기능을 수행하기 위해서 다른 단백질과 큰 복합체를 형성하거나, 세포 내부나 외부의 특정한 위치로 이동되어야만 하기 때문이다. 앞의 이유에서와 마찬가지로 아미노산 서열만으로는 다른 단백질 분자와 어떤 상호작용을 할 지, 또는 이동되는 최종 위치가 어디인지에 대한 힌트 정도 밖에는 얻지 못한다.

하지만 실험상의 어려움 때문에 세포 내에서 단백질의 분포와 역할을 추론하는 것은 쉬운 일이 아니다. 핵산과 단백질 모두 대부분의 분석을 위해서는 보통 동일한 분자 10억 개 이상이 사용되어야 하는데, 유전자의 경우는 PCR과 같이 유전자 자신이 주형이 되어 분석에 필요한 양 만큼의 사본을 쉽게 만들어 낼 수 있으나, 단백질 분석에 필요한 양 만큼의 단백질을 살아있는 세포로부터 추출하기 위해서는 PCR의 경우보다 훨씬 많은 노동력이 요구된다. 또한 단백질의 기능을 결정하는 삼차구조는 단백질이 처한 환경에 따라 쉽게 바뀌기 때문에 DNA보다 훨씬 조심하여 다뤄야 한다.

물론 이러한 어려움들을 고려하면 단백체 연구자들이 유전자를 연구하는 것이 더 쉽다라고 말하는 것이 당연하지만, 단백체 분석의 어떤 어려움도 극복할 수 없는 것은 없고 이미 여러 가지 해법들이 존재한다. 그리고 단백체를 이해함으로써 얻을 수 있는 가능성들은 남아있는 과제들이 얼마나 가치가 있는 것인가를 말해준다. 단백체 연구로부터 얻어진 지식들은 낭프성섬유증(cystic fibrosis)같은 질병의 이해, 세포를 이용한 분자공장의 설계, 유전공학을 통해 만들어진 생명체의 효율 향상, 신약 디자인 등과 같은 분야에 있어 이미 중대한 기여를 한 바 있다.

Protein Classification

매우 다양한 종류의 단백질들이 존재하기 때문에 단백질을 분류하는 것은 쉽지 않지만, 지금까지 여러 방법들이 제안된 바 있다. 가장 오래된 방법은 국제효소위원회(International Enzyme Commission, IEC)가 제안한 것으로 단백질을 기능에 따라 6개의 범주로 구분하는 방법이다. 이외에도 단백질을 진화적 유사성에 따라 약 1,000개의 상동족(homologous family)으로 분류하거나 구조적 유사성에 따라 분류하는 방법이 있다.

Enzyme Nomenclature

1950년대에 들어서 새롭게 발견되는 효소의 수가 급격히 증가함에 따라 효소에 대한 명명법의 필요성이 부각되었다. 1955년 국제효소위원회가 구성되기 전에는 동일한 효소가 다른 이름으로 불려지기도 했으며, 동일한 이름이 다른 종류의 효소에 사용되는 경우도 흔했다. 더구나 많은 효소의 이름들이 효소가 촉매로 작용하는 반응의 성질을 전혀 반영하지도 않았었다.

1965년 효소가 촉매로 작용하는 반응에 따라 모든 효소들을 6개의 범주로 분류하는 체계적인 분류법이 제안되었다(표 8.1). 이 분류법은 모든 효소에 3.2.1.14와

TABLE 8.1 The main enzyme classes according to the International Enzyme Commission.

Main Class	Type of Reaction Catalyzed
1. Oxidoreductases	Oxidation-reduction reactions of all types
2. Transferases	Transferring an intact group of atoms from a donor to an acceptor molecule
3. Hydrolases	Cleaving bonds hydrolytically
4. Lyases	Cleaving bonds by means other than hydrolysis or oxidation
5. Isomerases	Interconversion of various isomers
6. Ligases	bond formation due to the condensation of two different substances with energy provided by ATP

같은 숫자로 구성된 기호를 부여하는 명명체계를 사용하는데, 여기서 첫 번째 숫자는 주부류(main class)를, 그리고 두 번째와 세 번째 숫자는 각각 하위부류(subclass)와 효소가 등록된 순서를 나타낸다. 예를 들어 알코올탈수소효소(alcohol dehydrogenase)에는 1.1.1.1(주부류: 산화환원효소[oxidoreductase], 부류: 공여체[donor]의 CH-OH기에 작용함, 하위부류: NAD나 NADP를 갖는 수용체[acceptor], 일련번호: 이 범주에 속한 269개의 효소 중 첫 번째로 등록)이 부여되었으며, RNA 중합효소(DNA-directed RNA polymerase)는 2.7.7.6(주부류: 전이효소[transferase], 부류: 인산기를 전이함, 하위부류: 핵산염기 전이효소(nucleotidyl-transferase), 등록번호: 이 범주에 속한 60개 효소 중 6번째로 등록)이 부여되었다. 새로운 효소들도 위와 같은 명명체계를 이용하여 분류되고 있다. 최신의 자료는 국제효소위원회의 웹사이트(http://www.chem.qmw.ac.uk/iubmb/enzyme)에서 열람할 수 있다.

Families and Superfamilies

수많은 단백질들의 아미노산 서열에 대한 연구로부터, 현존하는 모든 단백질은 약1,000개 정도의 단백질로부터 유래되었음이 밝혀졌다. 하지만 1,000이라는 숫자는, 이 정도 숫자의 단백질만으로도 다양한 공간구조와 화학적 성질을 갖는 수많은 단백질들의 진화과정을 설명하는데 충분하기 때문에 얻어진 것인지, 아니면 이보다는 단백질 사슬이 삼차원 구조를 갖도록 중첩되는 것을 고려하지 않았기 때문에 얻어진 것인지는 불분명하다. 아마도 두 가지 이유 모두에 의한 결과일 가능성이 더 클 것이다. 단백질의 진화에 관한 가장 유력한 학설 중의 하나는

1991년 Dorit, Schoenbach, Gilber의 논문으로 발표되었는데, 모든 단백질은 1000~7000개 정도의 엑손(exon)을 다양하게 배열함으로써 생성되었다는 것이다. 따라서 2장에서 설명한 서열정렬이나 데이터베이스 검색도구를 이용하면 단백질 사이의 진화적 연관성을 찾을 수 있을 것이며, 단백질의 구조는 아미노산 서열보다도 강한 기능구속 상태에 있기 때문에 나아가서는 단백질의 구조를 예측하는데도 큰 도움이 될 것이다.

아미노산 서열의 50% 이상이 동일한 단백질들의 집합을 상동족**(family)**이라 한다. 그리고 유사도가 낮기는 하더라도 진화적으로 오랜 시간 전에 공통조상(common ancestor)을 가졌을 것으로 생각되는 정도의 유사성을 보이는 상동족들의 집합을 상위상동족**(superfamily)**이라 한다. 또한 모든 단백질들을 표 8.2에 나타낸 바와 같이 이차구조의 특징에 따라 세분하여 분류할 수도 있다. 이차구조의 특징으로는 세포막/세포표면 단백질, 알파구조, 베타구조, 알파구조와 베타구조의 교번, 알파+베타구조 등이 포함된다. SCOP(http://pdb.wehi.edu.au/scop), CATH(http://www.biochem.ucl.ac.uk/bsm/cath_new/index.html), FSSP(http://www/hgmp.mrc.ac.uk/Databases/fssp) 등과 같은 데이터베이스에는 이와 같은 방법으로 단백질을 분류하고 있다.

Folds

주요한 이차구조의 배열과 위상(topology)이 동일한 단백질들은 공통된 중첩구조**(fold)**를 갖는다고 한다. 동일한 중첩구조를 갖지만 단백질의 종류가 달라지는 이유는 이차구조와 회전부위 주변 요소의 크기와 공간구조(conformation)가 다르기

TABLE 8.2 Structural classification of proteins.

Class	Folds	Superfamilies	Families
All alpha proteins	144	231	363
All beta proteins	104	190	303
Alpha and beta proteins(α/β)	107	180	409
Alpha and beta proteins(α+β)	194	276	428
Multidomain proteins	32	32	45
Membrane and cell surface proteins	11	17	28
Small proteins	56	81	123
Total	648	1,007	1,699

Note: According to the October 2001 release of the SCOP Database (v. 1.57). A total of 14,729 protein database entries (http://www.rcsb.org/pdb) were analyzed and divided into 35,685 domains.

때문이다. 중첩구조라는 용어는 구조발원요소(structural motif)와 같은 뜻으로 사용되기도 하지만, 일반적으로 구조발원요소보다는 더 많은 이차구조들이 포함된 조합을 의미한다. 실제로 어떤 경우에는 중첩구조가 단백질 전체 구조의 절반이 되기도 한다.

동일한 중첩구조 범주에 속한 단백질들의 진화적 기원이 다를 수도 있다. 물론 이와 같은 사실은 유전자의 기능 부위에 해당하는 엑손을 재조합하여 새로운 기능의 단백질을 만드는 엑손셔플링**(exon shuffling)**의 결과 때문이라고 할 수도 있지만, 단백질의 구조적 유사성은 단백질이 중첩되는 형태와 위상을 결정하는 물리화학적 요인에 크게 의존하고 있다는 점을 간과해서는 안 될 것이다.

Experimental Techniques

유전체 분석의 경우처럼 단백체 분석 역시 현재의 기술 수준으로 실현 가능한 방법을 통해서만 수행되지만, 단백체 분석법은 간단하지도 않을뿐더러 아니라 유전체 분석에서 사용되는 방법에 비해 정확도가 훨씬 떨어진다. 하지만 분석법의 발전이 단백체학을 진보하게 하는 원동력이 된다는 점에서 생명정보학자들은 단백체학에서 사용되는 분석법의 장단점들을 인지하고 있어야 할 것이다.

2D Electrophoresis

단백체학을 연구하는 연구실에서 빈번히 쓰이는 기법 중의 하나는 이차원전기영동법(two-dimensional gel electrophoresis)이다. 이 기법은 그림 8.1에 나타낸 것처럼, 두 단계의 전기영동으로 분리된 단백질들이 x, y 좌표상에 분포하도록 하는 방법이다. 첫 단계의 분리과정은 단백질의 등전점이동**(isoelectric focusing, IF)**을 이용한다. 이 과정은 단백질이 갖는 pI 값(분자의 전하가 0이 되는 pH)의 차이를 이용하며, 극히 세밀한 수준의 pI 값($\approx$0.0025 pH unit) 차이로 단백질을 분리한다. 최근에는 pH 경사가 고정된(immobilized pH gradient, IPG) 젤 스트립을 사용하여 첫 단계의 일차원적 분리과정을 표준화하였으나, 과거에는 매번 수작업으로 pH 경사를 만들어야 했으므로 실험마다 오차가 발생될 소지가 있었다. 첫 단계의 분리과정이 끝나면 단백질 분자들을 분자량에 따라 분리시키기 위해서 SDS(sodium dodecyl sulfate)-PAGE(polyacrylamide gel electrophoresis)를 실시한다. 젤에 존재하는 SDS는 계면활성제의 일종으로 모든 단백질에 균일하게 결합하

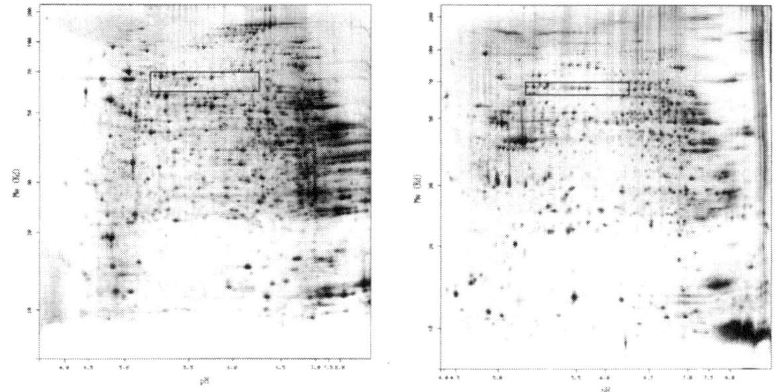

(a) (b)

FIGURE 8.1 *2D gels of proteins in two different types of human cells. Each spot corresponds to a single different protein present in cell extracts from each type of tissue. (a) A 2D gel generated from human liver cells and (b) 2D gel generated from human kidney cells.*

여 단백질이 음전하를 띄게 함으로써 분자량에 따라 전기영동 될 수 있도록 해준다. IF-SDS 기법의 해상력은 매우 뛰어나며, 실험결과는 그림 8.1에서 보이는 것과 같은 자가방사선감광영상(autoradiogram)으로 나타난다. 인간의 신장(그림 8.1a)과 간(그림 8.1b)에 존재하는 단백질들의 분포 차이를 쉽게 식별해 낼 수 있으며, 단백질에 대한 상대적인 농도 차이는 감광 정도를 정량화하여 결정할 수 있다. 이와 같은 차이점들을 질병의 진행 정도와 관련 지어 분석할 수도 있고, 발생단계(developmental stage)에 따라 분석할 수도 있을 것이다. 심도 있게 분석된 이차원전기영동 결과들을 보려면 인터넷 웹사이트 http://us.expasy.org/ch2d을 참고하기 바란다. 그리고 한 시료의 단백질은 ^{15}N으로, 다른 시료의 단백질은 ^{14}C로 표지(labeling)시키는 분별표지법(differential labeling)을 사용하여 한번의 이차원전기영동 결과에서 두 시료를 직접 비교해 볼 수도 있다. 분별표지법을 쓰지 않더라도 다른 실험으로부터 얻어진 영상들에 있는 감광점들을 대응되는 단백질이 일치하도록 정렬하고, 감광점들에 대한 감광 정도를 적분해 주는 소프트웨어들을 사용할 수도 있다. 대표적인 예가 Amersham Pharmacia Biotech의 ImageMaster와 Compugen의 Z3이다.

이차원전기영동법이 단백체를 비교분석에 사용될 수 있는 완벽한 방법이라고 생각될 수도 있을 것이다. 하지만 이차원전기영동법은 생명체의 유전체는 과도하게 많은(인간은 10,000 종 이상) 단백질을 부호화하고 있다는 점, 세포막단백질은 시료의 준비과정과 젤에서의 낮은 용해도 때문에 적게 나타난다는 점, 그리고 감광 정도를 측정하는 방법의 감도가 좋지 않다는 점 등이 단점으로 작용한다. 하지만 무엇보다도 이차원전기영동법이 갖는 가장 큰 문제점은 감광점에 나타난 단백질이 무엇인지 정확하게 동정할 수 없다는 것이다. 이를 위해서는 아래에 설명한 질량분광분석법(mass spectrometry)을 사용하여야만 한다.

Mass Spectrometry

단백체학 발전의 원동력은 2D-젤의 감광점들에 해당하는 단백질을 동정할 수 있는 질량분석법에 있다고 할 수 있다. 질량분석법을 이용한 단백질의 동정 과정은 1) 2D-젤에서 단백질들의 분리, 2) 감광점의 추출, 3) 트립신(trypsin) 같은 단백질 가수분해 효소를 사용하여 감광점에 존재하는 단백질을 펩타이드 조각으로 효소분해, 4) **MALDI**(matrix assisted laser desorption ionization) 반응의 순으로 이루어진다. MALDI 반응 대신에 전자분사이온화(electrospray ionization, **ESI**) 반응을 이용한 방법을 사용할 수도 있으며, 두 방법 모두 다양한 범위의 단백질을 동정하고 정량화하는데 사용될 수 있다.

질량분석법 자체는 분석화학자들이 일반적으로 사용하는 기술이나, 단백체학 연구에 적용하기 위해서 다음과 같은 기법들과 결합되었다. 단백질 조각은

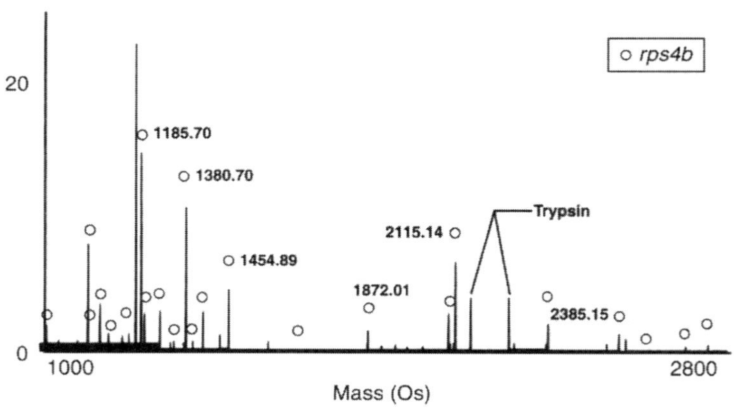

F I G U R E 8.2 *MALDI spectrum of the proteolytic products from a tryptic digest of a 30-kDa 2D gel protein spot. Open circles indicate peaks that match with masses of the theoretical tryptic fragments of* rps4b. *Trypsin (the proteolytic enzyme that was used to digest the original spot) self-digestion products are labeled "Trypsin." (Derived from Figure 2 in Zhang and Chait, 2000.)*

MALDI나 ESI 반응에 의해 양전하를 띈(positively charged) 이온이 된 후, 하전열(charged array)을 통해 가속되어 분석관(analyzing tube)으로 보내진다. 여기서 단백질 조각의 이동경로는 자기장에 의해 굽어지게 되는데, 작은 분자량을 갖는 단백질 조각일수록 많이 굴절되어 분석관의 벽에 충돌하게 되며, 높은 운동량(momentum)을 갖는 이온은 분석관을 빠른 속도로 통과해 나간다. 양성전하를 띈 이온들이 분석관을 통과한 다음 분석관의 끝에 위치한 수집기(collector)에 충돌하게 되면 전류를 발생시키게 되는데, 수집기에서 발생된 전류를 탐지하여 일련의 신호로 나타낸 것을 펩티드 질량지문**(peptide mass fingerprint)**이라 한다(그림 8.2). 펩티드 질량지문을 유전체 데이터베이스의 염기서열을 번역하여 얻어진 단백질들로부터 이론적으로 생성된 펩티드 지문들과 비교해 봄으로써 단백질의 동정이 완료된다. 따라서 유전체 염기서열이 아직 밝혀지지 않은 생명체의 단백질을 동정하려 할 때는 문제가 될 수도 있다. 위와 같은 질량지문 검색을 위한 소프트웨어의 예로는 ProFound(http://prowl.rockefeller.edu/cgi-bin/ProFound)가 있다.

Protein Microarrays

유전자 마이크로어레이(microarray)가 전사체(transcriptome)의 분석에 혁신적인 기여를 했던 것처럼, 단백질 마이크로어레이 역시 대량의 단백질을 분석할 수 있는 잠재적 가능성 때문에 널리 주목을 받기 시작했다. 단백질 마이크로어레이의 개념은 유전자 마이크로어레이의 개념과 매우 비슷하다. 세포로부터 추출된 단백질들을 형광물질로 표지(label)한 다음, 탐침자(probe)들이 고밀도의 미세배열 형태로 공유 결합되어 있는 실리카(유리) 표면에 위치시킨다. 그리고 유전자 마이크로어레이와 마찬가지로 탐침자에 결합된 단백질의 양은 레이저로 형광표지물질을 여기(excitation) 시킴으로써 측정된다. 탐침자로 단백질을 사용하면 단백질간의 상호작용을 연구하는데 사용될 수 있는 것처럼, 연구 목적에 따라 다양한 물질이 탐침자로 사용될 수 있다. 예를 들어 단백질들에 대한 항체(antibody)를 탐침자로 사용한다면 단백질의 상대적인 발현양상을 관찰하는데 사용될 수도 있을 것이다. 하지만 단백질 마이크로어레이에는 아직 여러 가지 장애요인들이 있다. 먼저, 염기쌍 형성과정에 의해서 DNA와 탐침 사이의 특이적인 결합이 이루어지는 DNA 마이크로어레이와는 달리, 단백질과 탐침자 사이에는 다양한 상호작용이 있게 된다. 또한 탐침자마다 결합반응속도(binding kinetics)에서 미묘한 차이가 있을 수 있고 이에 따른 결합친화력의 변화는 단백질 마이크로어레이에서의 신호차이로 나타나게 된다. 마지막으로, 단백질은 표면과 접하는 환경의 화학조성에 극히 민감하기 때문에, 세포 추출물과 탐침자 모두 예상했던 것과는 다른 결과를 보일 수도 있다.

당분간은 단백체보다는 일부 단백질에만 초점을 맞추는 식으로 연구가 진행될 것으로 생각된다. 그리고 대상 단백질의 선정에는 DNA 마이크로어레이가 사용될 것이다. 최근의 한 연구에서는 1개의 유리 슬라이드에 만개이상의 단백질들을 고정화하는 방법을 개발한 바 있고, 이렇게 만들어진 단백질 마이크로어레이가 단백질의 효소활성도를 연구하는데 사용될 수 있음을 보여주었다(*Science*, 2000; **289**: 1760-1763). 이 연구가 주목 받고 있는 이유는 마이크로어레이를 통해 약물 같은 작은 분자가 특정한 단백질에 결합하는 것을 검출할 수 있었기 때문이다.

Inhibitors and Drug Design

생명정보학의 중요한 응용분야 중의 하나는 인간의 질병을 예방하고 치료하는 효과적인 약물을 탐색하는 것이다. 신약 개발과 시험에는 많은 비용과 시간이 소요된다. 15년 이상의 시간 동안 7억불이상의 비용을 투자하는 경우도 흔한데, 기능유전체학과 구조단백체학 그리고 생명정보학적 지식을 이용하여 신약개발 과정을 보다 효율적으로 개선할 수 있다. 신약개발 과정은 개발(discovery)과 시험(testing) 두 단계로 나눠볼 수 있다. 시험단계의 효율 향상에는 생명정보학적 분석이 크게 기여할 여지가 없으나, 개발 단계는 노동 집약적이고 큰 비용이 들뿐더러 생명정보학적 지식과 분석법이 큰 도움을 줄 수 있다.

개발 단계는 다시 표적결정(target identification), 선도물질 발견 및 최적화, 독성학(toxicology)적 분석 및 약물생체반응학(pharmacokinetics)적 분석과정 등으로 구분해 볼 수 있다. 표적결정 과정의 목적은 특정한 질병을 유발하는 요인 또는 **병원균(pathogen)**의 생존과 증식에 필수적인 생물학적 분자들을 규명하여 약물의 표적으로 삼기 위함이다. 그리고 이후에 이루어지는 신약디자인 과정의 목적은 표적에 결합하거나 표적의 활성을 억제하는 분자를 개발하는 것이다. 표적물질의 기능은 병원균의 생장에 필수적이기 때문에, 표적물질을 제어함으로써 병원균의 증식을 멈추게 하거나 사멸시킬 수 있을 것이다. 약물이 표적으로 삼는 물질은 대부분 단백질이기 때문에 단백질의 구조와 기능을 이해하는 것은 신약개발에 있어서 아주 중요한 요소이다.

예를 들어 후천성면역결핍증(AIDS)을 유발하는 바이러스인 HIV(Human immunodeficiency virus)의 단백질 가수분해효소(protease)는 인간 숙주세포 안에서 HIV에 의해 생성되는 단백질이다. HIV의 단백질 가수분해효소는 HIV의 증식에 필수적이기 때문에, 이 단백질을 효과적으로 제어하게 되면 HIV는 인간 세포를 추가적으로 감염시킬 수 없게 되고 이에 따라 AIDS가 진전되는 것이 멈추게 될 것이 다. 그렇다면 어떻게 약물 분자가 HIV의 단백질 가수분해효소 같은 효소를 억제할 수 있을까? 단백질 가수분해효소는 DNA를 절단하는 제한효소처럼 다른 단백질을 분해하는 단백질이며, 다른 효소들처럼 HIV 가수분해효소 역시 다른 분자에 결합하고 활성을 발휘하는 **활성자리(active site)**를 갖는다. 따라서 HIV가 정상적으로 기능하지 못하도록 HIV 단백질 가수분해 효소의 활성자리에 결합할 분자를 발견하고 정제하는 것이 HIV에 대한 신약디자인의 목적이 될 것이다.

Ligand Screening

특정한 단백질에 대한 억제제를 찾기 위한 첫 번째 단계는 표적 단백질의 활성자리에 결합할 수 있는 **선도물질(lead compounds)**을 찾는 것이다. 선도물질에 대한 탐색과정은 억제효과를 갖는 화합물들이 발견될 때까지 다양한 생화학적 시험분석법을 통해 수많은 화합물들을 검사하는 시행착오적인 과정이었다. 최근에는 고효율선별법(high-throughput screening, HTS)을 이용하여 탐색과정을 훨씬 효율적으로 만들기는 하였으나, 기본적으로 많은 화합물을 대상으로 잠재적 선도물질들을 모두 검사하는 것임에는 변함이 없다. 따라서 리간드 결합과 데이터베이스 검색법과 같은 방법을 통해, 시험관을 이용한 실험적 탐색법을 컴퓨터상에서 수행함으로써 선도물질의 탐색과정을 능률적으로 발전시키고자 하는 연구가 이루어져 왔다. 선도물질의 확보에 가장 많은 비용과 시간이 소요되기 때문에 신약개발과정에 가장 기여할 수 있는 방법은 선도물질을 탐색하는 것과 관련된 인간의 노력과 시간을 줄이는 것이다.

Ligand Docking

많은 경우에 있어서 단백질과 리간드의 삼차구조는 개별적으로는 알려져 있으나, 단백질과 리간드가 형성한 복합체의 구조는 알려져 있지 않다. 따라서 컴퓨터상에서 두 분자가 결합하는 도킹(docking)을 예측하는 작업의 목적은 구조가 알려진 두 분자가 어떻게 상호 작용하는지를 밝히기 위한 것과 같다. 신약 디자인의 경우, 신약 선도물질이 어떻게 표적에 결합할 것이고, 결합낭(binding pocket)을 만들기 위해 어떻게 상호작용 할 것인지를 파악하기 위함이다.

분자간의 도킹 알고리즘은 단백질 중첩에 관한 알고리즘과 공통되는 면이 많다. 두 알고리즘 모두 특정한 분자형태에 대한 에너지를 계산하고 자유에너지를 최소화시키는 결합(또는 중첩)구조를 탐색하는 것을 포함한다. 따라서 단백질 중첩의 경우에서처럼 가능한 모든 결합구조를 검색 대상으로 하기에는 고려해야 할 결합형태의 수가 너무 많기 때문에, 최적의 해법이 보장되지는 않더라도 최선의 해법을 제공해 주는 접근법인 **발견적 학습법(heuristics)**을 이용한 탐색 알고리즘을 통해 최소의 에너지를 갖는 결합형태를 찾아야 한다.

단백질 중첩과 마찬가지로 분자간의 도킹 알고리즘을 고안하기 위해서는 다음과 같은 내용을 고려해야 한다. 가장 중요한 것은 복합체의 에너지를 평가할 수 있는 수식 화된 에너지 함수가 있어야 하다는 것이다. 탐색 알고리즘이 수식 화된 에너지 함수를 이용하여 결합구조들에 대한 에너지를 계산하고, 이들 중에서 최소한의 에너지 갖는 결합구조를 찾아내기 위함이다. 도킹 알고리즘의 디자인에 있어 또 다른 중요한 고려사항은 단백질과 이 단백질의 잠정적 리간드 사이의 결합에 어느 정도의 유연성(flexibility)을 부여할 것인지에 관한 것이다. 한 가지 대표적인 예는 단백질의 견고한 구조에 리간드의 유연성을 갖는 구조가 도킹한다고 가정하는 **경쇄접근법(Lock and key approaches)**이다. 이 접근법은 단백질과 리간드의 구조 모두가 유연성을 갖는다고 가정하는 **유도적합(induced fit)**법보다 계산상의 부하가 적다는 점 때문에 훨씬 더 선호되는 방법이다. 유도적합법은 단백질에 어느 정도의 유연성을 허락할 것인가에 따라 다양한 변형들이 있으나, 단백질의 골격은 부동성인 것으로 간주하고 리간드 결합부위의 측쇄에만 유연성을 허락하는 것이 일반적이다.

AutoDock(http://www.scrips.edu/pub/olson-web/doc/autodock)은 잘 알려진 리간드 결합구조 예측법 중의 하나로 안정적인 정전기적 상호작용의 형성, 형성된 수소결합의 수, 반데르발스 상호작용력 등과 같은 요인들을 기반으로 복합체의 에너지 점수를 계산하기 위해 격자 화된 작용력장(grid-based force field)을 이용한다. AutoDock은 리간드의 구조에 무작위적인 변화를 일으켜 에너지가 보다 적은 결합구조가 얻어지면 다음 단계의 변화를 계속 일으키는 식의 몬테카를로 시뮬레이션(Monte Carlo simulation)을 이용하여 자유에너지를 최소화하는 결합구조를 찾는 알고리즘으로 구성되어있다. 일반적인 알고리즘에서는 앞 단계보다 더 높은 에너지를 갖는 결합구조들은 허용되지 않기에 더 이상의 변화를 주지 않지만, 최소의 에너지를 갖는 리간드 구조로 발전되는 과정 중에 어떤 에너지 장벽이 있을 수도 있기 때문에 때로는 전 단계의 결합구조보다 높은 에너지를 갖는 결합구조들이 허용되는 알고리즘도 있다. 하지만 더 높은 에너지를 갖는 결합구

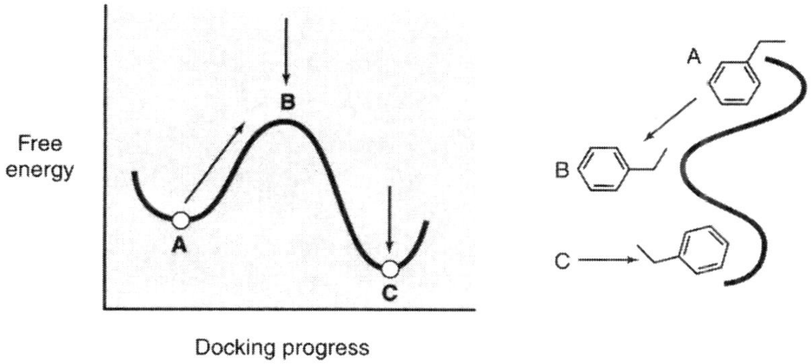

FIGURE 8.3 *Sometimes a docking algorithm must accept a move that results in an unfavorable energy state in order to find a global minimum.*

조가 허용되는 빈도는 알고리즘 초기에 비교적 높고 알고리즘이 반복됨에 따라 천천히 감소하게 된다. 이는 온도와 관련된 요인 때문인 것으로 생각되고 있으며, 이러한 과정을 금속을 가열한 후 서서히 식히는 열처리법인 연화(anneal)법에 비유하여 모의연화법(simulated annealing)이라고 부르기도 한다. 최신의 발전된 형태의 AutoDock은 동등한 수준의 가능성을 갖는 여러 경쟁 구조들에 대한 자연선택 과정을 컴퓨터상에서 구현하는 유전학적 알고리즘을 사용하여 에너지가 최소화된 결합구조를 찾는다.

물론 AutoDock은 생체분자간의 도킹 형태를 예측하는 수많은 알고리즘 중의 하나이며, 단백질-단백질 도킹 형태만을 예측하는 FTDock (http://www.bmm.icnet.uk/docking)과 같은 컴퓨터 프로그램도 존재한다. MultiDock은 FTDock의 동반 프로그램으로써 FTDock에 의해서 예측된 결합구조를 다듬어 주기 위해서 사용된다. 이외에도 HEX, DOCK, Hammerhead, GOLD, FLEXX(http://cartan.gmd.de/flexx) 등과 같은 알고리즘들이 있다.

Database Screening

리간드 도킹 알고리즘을 디자인 하는데 있어서 중요한 점은 가능한 모든 리간드 형태에 대한 완벽한 탐색을 하는 것과 이로 인해 발생하는 계산부하가 적절한 균형을 이루도록 하는 것이다. 완벽한 결과를 도출하는 도킹 알고리즘의 수행에 수년의 계산시간이 소요된다면 결코 유용하지 않을 것이다. 더구나 약물로 사용될 가능성이 있는 수 천종의 물질들을 수록하고 있는 데이터베이스로부터 신약의 가능성이 있는 물질을 선별하기 위해서는 표적 단백질의 활성부위에 가능한 모든 리간드들을 도킹시켜봐야 한다는 점을 고려하면 계산상의 능률이 높은 알고리즘이 필요하다.

리간드 데이터베이스를 검색하는 일반적인 접근법으로는 결합친화력을 예측하는 지표로 에너지 점수를 사용하고 계산부하가 적은 Hammerhead, FLEXX, HEX 등과 같은 알고리즘이 사용된다. 하지만 이러한 접근법도 수십만 개의 선도물질을 포함하고 있는 방대한 데이터베이스에 대해서는 한 개의 표적 단백질에 대해서도 수백일 이상이 소요될 수 있기에 실용적인 방법이 되지 못한다.

따라서 데이터베이스 검색을 위한 목적으로 SLIDE 알고리즘과 같은 방법이 고안되었다. SLIDE 알고리즘은 도킹 구조를 예측하기 전에 표적 부위에 잘 결합하지 않을 것으로 예상되는 선도물질을 선별하여 대상 물질의 수를 줄여주는 데이터베이스 색인 기법이라고 할 수 있다. SLIDE는 수소결합이 형성될 가능성이 있는 위치와 소수성 상호작용이 일어날 가능성이 있는 위치에 따라 표적 단백질의 활성부위와 리간드의 구조를 특징화하고 이에 대한 일련의 색인을 만드는 것으로부터 시작한다. 그리고 표적 단백질의 활성자리를 주형(template)으로 간주하고 그림 8.4에 제시된 과정과 같이 주형보다 너무 크거나 너무 작은 물질들은 리간드로 적절하지 않은 것으로 판단하여 도킹 알고리즘에 사용되지 않도록 배제시킨다. 이러한 방법으로 도킹 알고리즘에 가해지는 계산부하를 줄여줌으로써 수개월이 소요되는 데이터베이스 검색과정을 수일에서 수 시간 정도로 단축시킬 수 있다.

X-Ray Crystal Structures

도킹형태의 예측, 리간드 데이터베이스의 검색, 단백질 중첩을 예측하는데 필요한 에너지 함수의 작성과 같은 생명정보학 기법들도 실질적으로는 실험을 통해 관찰된 삼차원 구조를 바탕으로 하고 있다. 단백질의 삼차원 구조를 관찰하는 가장 유용한 도구는 X선 결정분석법(crystallography, 結晶分析法)으로써, 다음과 같은 역사적 배경을 갖고 있다. 1895년 Roentgen에 의해서 X-선이 발견된 후, 1912년에는 Laue라는 학자가 분자들의 규칙적인 배열로 형성된 고형구조인 결정**(crystals, 結晶)**이 X선을 규칙적이고 예측 가능한 양상으로 회절(diffraction, 回折)시키는 것을 발견하였다. 이어서 1950년대 초기에 Hodgkin를 비롯한 여러 학자들이 복잡한 구조의 유기분자 결정이 X-선을 어떻게 회절 시키는지를 살펴봄으로써 그 구

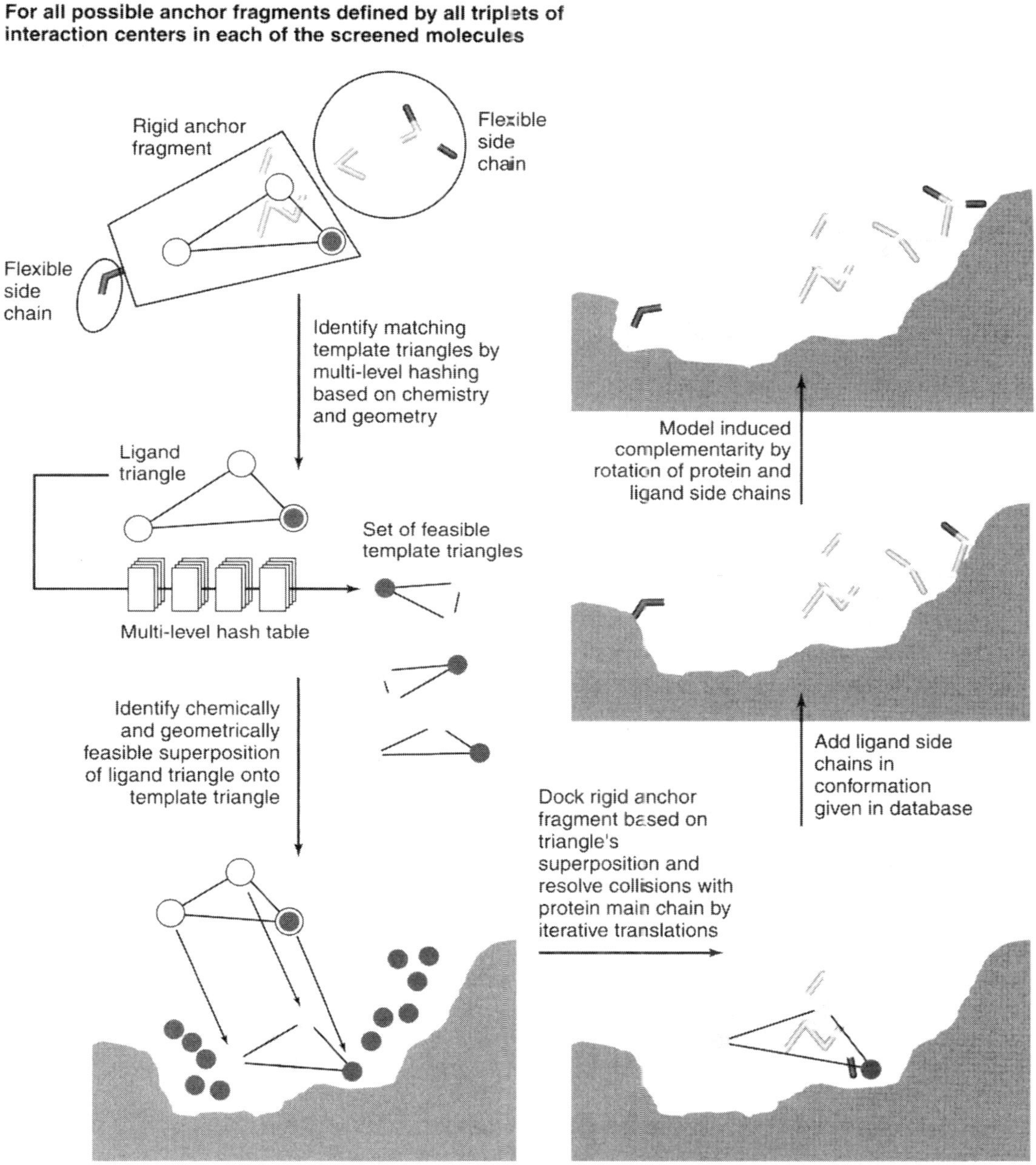

FIGURE 8.4 *The steps involved in finding potential ligands in SLIDE. Ligands are characterized by hydrogen bond donor and acceptor positions and by hydrophobic interaction points. Each triangle composed of three such points is indexed in a set of hash tables according to the length of the longest side, the perimeter distance, and other features. The hash tables allow ligands that will not fit into the active site to be eliminated before the computationally expensive docking steps begin.*

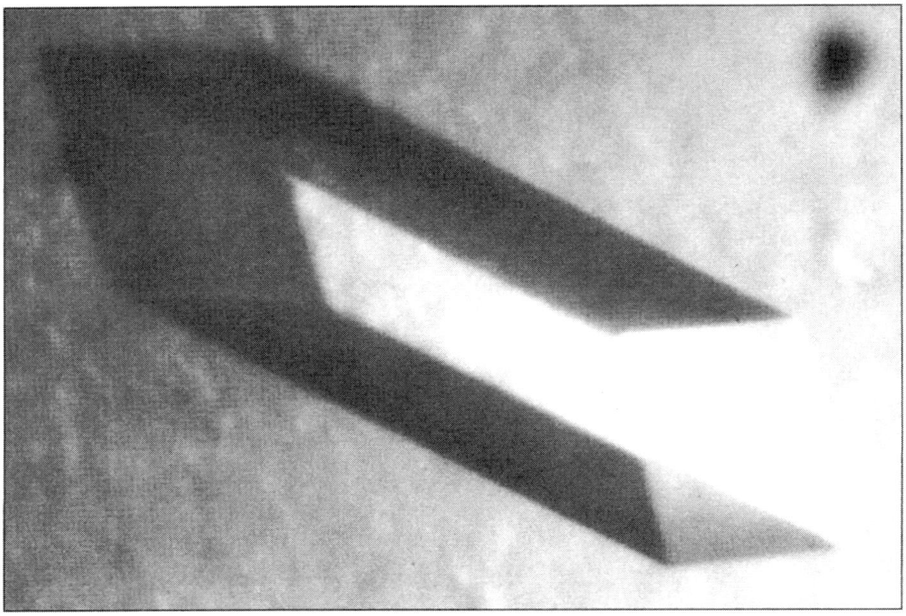

FIGURE 8.5 *A protein crystal.*

조를 파악 할 수 있다는 것을 알게 되었다. 위와 같은 연구결과들은 오늘날의 X선 결정분석법이 완성되는 기반이 되었으며, X선 결정분석법으로 약 15,000 종의 단백질에 대한 구조가 밝혀지게 되었다.

X선 결정분석법의 첫 단계는 단백질의 결정을 성장시키는 것이다. 이 과정은 결정분석법의 민감한 부분에 해당되지만 기본 개념은 간단하다. 쉽게 말하자면, 설탕 용액을 증발시켜 설탕 결정을 키울 수 있는 것처럼 단백질 용액을 증발시켜 단백질 결정은 키우는 과정이라고 할 수 있다. 물론 단백질 결정(그림 8.5)은 크기가 0.3~1.5mm 이하이며 수분함량이 70% 정도이기 때문에 설탕 결정보다는 젤라틴에 더 가까운 형태이다. 간단해 보이기는 하지만 위와 같이 단백질 결정을 성장시키는 과정은 여러 가지 조건들을 섬세하게 조절해야만 하기 때문에, 실험 조건을 파악하는 것만 하여도 수개월에서 심지어 수년이 걸리기도 한다. 단백질 결정이 얻어지면 이를 모세관 내부에 적재하고 X선에 노출시켜 단백질 결정이 X선을 회절 시키도록 한다(그림 8.6). 초창기의 결정분석법에서는 X선 회절양상을 X선 필름으로 포착하였으나, 근래의 결정분석 장비는 X선 검출기를 이용하여 회절양상을 컴퓨터로 직접 전달해주는 방식을 채택하고 있다. 그림 8.7에 X선 회절양상의 한 예를 나타내었다.

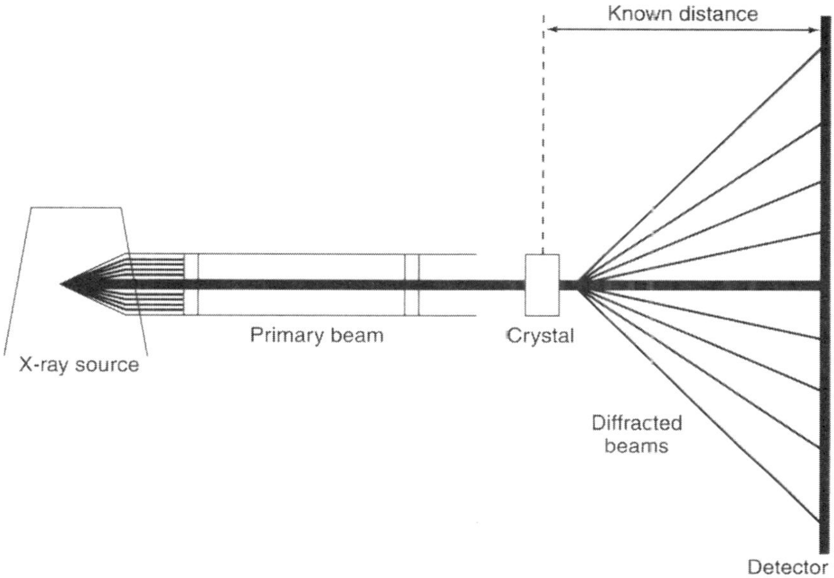

FIGURE 8.6 *In X-ray crystallography, X-ray radiation is directed at a protein crystal. The electrons in the protein diffract the X-rays, producing a diffraction pattern that is captured by the detector.*

FIGURE 8.7 *An X-ray diffraction pattern.*

회절 데이터가 얻어진 후에는 역 Fourier 변환(reverse Fourier transformation)과 단백질 구조 예측기법 등을 이용하여 단백질의 삼차구조를 결정하게 된다. X선 결정분석법으로 얻어진 단백질 구조는 단백질은행(Protein Data Bank, http://www.rcsb.org)이라 불리는 데이터베이스에 수록되어 있는데, 이 데이터베이스는 핵자기공명**(nuclear magnetic resonance, NMR)**법과 같은 방법으로 얻어진 데이터들도 포함하고 있다. 단백질은행은 단백질 구조 데이터를 두 가지 다른 양식으로 수록하고 있다. 일반적으로 가장 많이 사용되는 양식은 문자 데이터를 소프트웨어의 입력 파일(PDB 파일)로 사용될 수 있도록 단백질의 구조를 문자형식으로 수록하는 방법이다. PDB 파일은 단백질 원자 1개에 대한 Å (angstrom, 10^{-10}m) 단위의 X, Y, Z 좌표와 기타 부가정보를 한 줄씩 표시하는 식으로 구성되어있다. 또한 PDB 파일의 이름은 XXXX.pdb나 pdbXXXX.ent로 표시하는데, 여기서 XXXX는 2APR과 같이 단백질 별로 부여된 4자리 기호를 뜻한다.

1990년 국제 결정분석학 연구자 연합(International Union of Crystallographers, IUCr)은 mmCIF(macromolecular crystallographic information file)을 표준 양식으로 채택했는데, 이는 원래의 PDB 파일 양식에 보다 많은 부가정보가 수록될 수 있도록 고안된 양식이다. 더 상세한 내용은 http://www.rcsb.org에 설명되어있다.

PDB 파일에 기록된 삼차원 좌표만을 보아서는 단백질의 삼차원 구조를 인간이 직접 추상해내기는 거의 불가능하기 때문에 삼차원 좌표로부터 단백질의 구조를 가시화해 줄 수 있는 분자 그래픽 도구가 필요하다. 가장 손쉽게 설치하고 사용할 수 있는 분자 그래픽 도구는 RasMol과 RasWin(http://www.bernstein-plus-sons.com/software/rasmol)으로 Windows, Mac 또는 UNIX 기반 운영체계에서 작동된다. 이외에도 Swiss PDB viewer, VMD, Spock, Protein explorer, DINO 등과 같은 다양한 분자 그래픽 도구들이 있으며 상세한 내용은 PDB의 웹사이트(http://www.rcsb.org/pdb/software-list.html#Graphics)에 설명되어있다.

결정분석법으로 파악된 단백질의 구조는 본질적으로 단백질 결정을 구성하고 있는 한 종류의 단백질 분자에 대한 다수의 사본들로부터 얻어진 구조를 평균한 것이라고 볼 수 있다. 그리고 단백질 결정 내에 있는 단백질 분자들이 완벽하게 고정되어 있는 상태가 아니기 때문에 원자들의 움직임만으로도 X선 회절의 결과로 얻어지는 상이 흐려(blur)질 수 있다. 더구나 단백질 결정 내에 존재하는 물 분자로부터 발생한 회절신호를 단백질 분자로부터 발생한 회절신호와 구분하기가 어렵기 때문에 물 분자로부터 발생한 회절신호가 배경신호(noise)로 처리되지 않고 PDB 파일에 포함되는 경우도 있다. 하지만 이와 같은 어려움에도 불구하고 단백질 결정분석법은 단백질의 구조를 원자 수준의 해상도로 보여주는 주요한 방법으로 사용되고 있다.

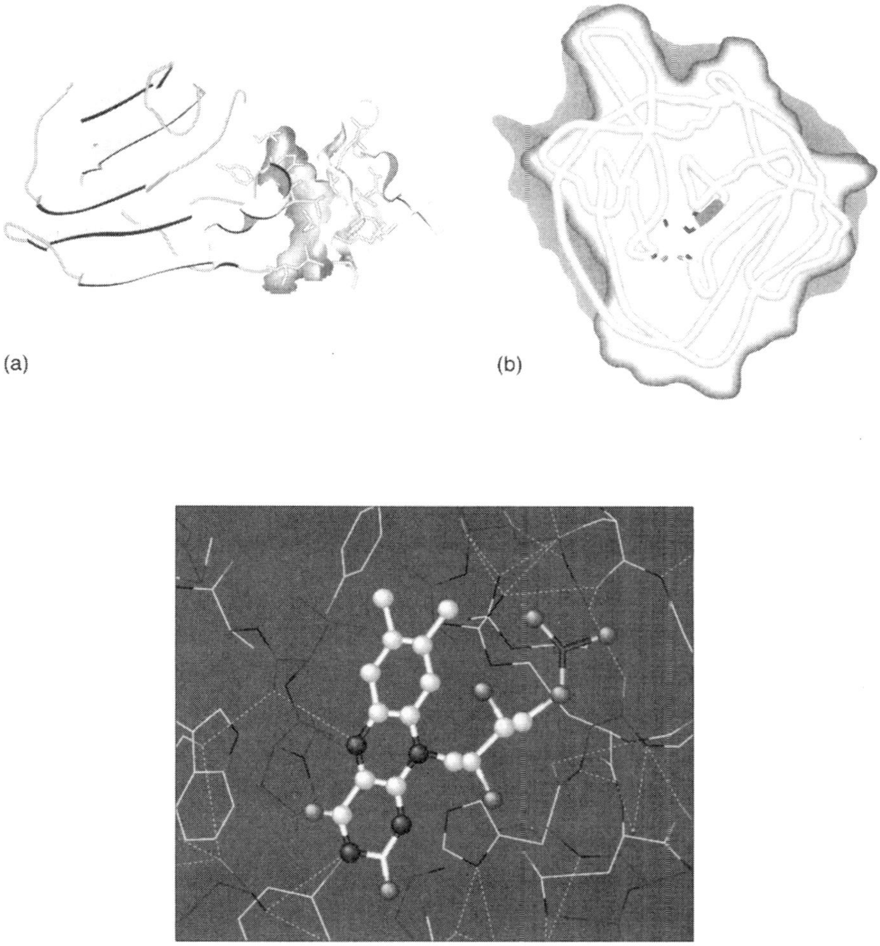

(a) (b) (c)

F I G U R E 8.8 *Several molecular graphics representations of proteins. (a) The cartoon method highlights regions of secondary structure. (b) Molecular surface representations reveal the overall shape of the protein. (c) The wireframe and ball-and-stick representations illustrate specific molecular interactions.*

NMR Structures

핵자기공명분광법(NMR spectroscopy)은 거대분자의 구조를 결정하는 또 다른 방법이다. NMR 기술의 핵심은 어떤 분자를 고정된 자기장(static magnetic field)에 위치시킨 후 진동하는 자기장(oscillating magnetic filed)에 노출시키면, 이 분자를 구성하고 있는 원소의 원자핵이 공명(resonance)한다는 것에 있다. 여기서의 공명이란 외부 자기장을 따라 배향(配向)하려는 원자핵 자기장의 진동을 의미하며, NMR 스펙트럼의 형식으로 감지될 수 있다. 이러한 원자핵 자기장의 공명은 인접해 있는 다른 원자에 의해 영향을 받게 되는데, 예를 들어 어떤 아미노산 잔기에 있는 원자는 공간적으로 가까운 잔기의 원자에 의해 보다 많은 영향을 받게 된다. 즉, NMR실험의 결과는 거대분자구조에서 거리에 따른 원자간의 간섭효과를 모아 놓은 것이라 할 수 있으며 이러한 간섭효과들로부터 단백질의 구조를 추정하는 것이다. 하지만 NMR 결과의 해석 과정은 X선 결정분석법학 사용되었던 역 Fourier 변환과 같은 복잡한 절차로 이루어져 있기 때문에, 보통 200개 이상의 아미노산으로 이루어진 큰 단백질에 대해서는 NMR법을 적용하기가 힘들 수도 있다. NMR기법의 가장 큰 장점은 단백질의 결정을 얻을 필요가 없다는 것이다. 막단백질처럼 결정화하기 힘든 단백질에 대해서는 결정분석법을 적용하기 어려우므로 NMR 결과가 삼차원 구조를 밝히는데 매우 중요하게 사용된다.

Empirical Methods and Prediction Techniques

단백질의 삼차구조로부터 이 단백질의 어떤 잔기가 단백질-단백질 상호작용에 관여하는지를 예측하는 모델을 수립한다고 가정하자. 이는 많은 단백질이 다른 단백질과 상호 작용하여 다효소 복합체를 이루어 활성을 띄기 때문에 중요한 문제가 될 것이다. 단백질의 삼차원 좌표만을 가지고 위와 같은 예측을 하는 알고리즘을 어떻게 고안해 낼 수 있을까? 경험적(empirical) 알고리즘은 단백질-단백질 상호작용에 관여하는 또는 관여하지 않는다고 알려진 잔기들의 성질을 관찰하는 것으로부터 알고리즘이 이루어진다. PDB에 수록되어 있는 구조 데이터로부터 두 개 이상의 단백질들이 서로 복합체를 이루고 있는 일련의 구조를 찾아내면, 두 단백질이 접촉하고 있는 표면에 위치한 계면 잔기들과 단백질-단백질 계면 근처에 위치하지 않는 비계면 잔기들을 구분할 수 있을 것이다. 그 다음, 우리는 잔기로부터 측정 가능한 일련의 특징들을 선택할 수 있다. 잔기 별로 인접해 있는 다른 종류 잔기들의 수를 측정하는 것이 한 예가 될 것이다. 이외의 특징들로는 주변 잔기의 전하, 소수성, 수소결합 가능성 등이 포함될 수 있다. 일단 위와 같은 특징들이 측정되면, 잔기는 표지된 특징 벡터(**labeled feature vector**)로 표현된다. 표지란 계면 잔기인지 아닌지를 나타내는 것이고, 특징 벡터는 잔기에 대한 특징 값의 목록에 해당한다. 이들 벡터들이 그림 8.9에 예시된 것처럼 예측 알고리즘을 학습시키는 자료의 역할을 하며, 학습된 예측 알고리즘을 통해 어느 잔기가 계면 잔기 또는 비계면 잔기가 될 지를 예측할 수 있을 것이다. 위와 같은 과정은 단백질의 이차구조, 삼차구조, 리간드 결합구조 등을 예측하는 알고리즘 개발에도 사용되는 전형적인 방법이다.

Post-Translational Modification Prediction

단백질의 구조와 기능이 다양한 이유 중의 하나는 단백질이 RNA로부터 번역된 이후 다양한 변형과정을 겪기 때문이다. 이러한 변형과정에는 단백질의 일부분이 제거되거나 당(sugar) 또는 작용기 등이 공유결합 되는 것 그리고 이황화결합을 통해 아미노산 잔기들이 교차결합 되는 것 등이 포함된다. 모두 대상 단백질의 표면 잔기를 식별할 수 있는 다른 종류의 단백질에 의해서 수행된 것이며, 어떤 신호에 의해서 단백질 변형효소가 특정 잔기에 작용하게 되는지를 아는 것이 단백질의 기능과 이동 및 조절과정을 이해하는데 중요하다.

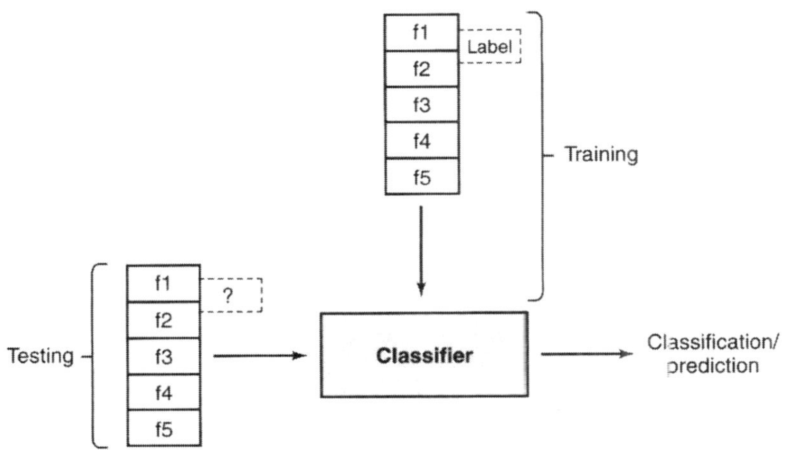

FIGURE 8.9 *During training, labeled feature vectors are provided to the classification algorithm. After it has learned the feature values that distinguish each class, the algorithm is presented with an unlabeled feature vector to classify.*

Protein Sorting

진핵세포의 가장 중요한 특징은 세포 내부에 막(membrane)으로 둘러싸인 구획이 존재한다는 것인데, 구획간의 화학적 환경에는 큰 차이가 있어서 구획 별로 내부에 존재하는 단백질의 분포가 달라진다. 따라서 세포 내부의 단백질이 열역학적으로 안정된 상태에서 기능을 수행하기 위해서는 적절한 구획으로 이동되어야만 한다. 예를 들어 염색질(chromatin)과 결합하는 일종의 DNA 결합단백질인 히스톤(histone)은 염색체가 격리되어있는 세포핵 내에서만 기능을 발휘할 수 있다. 또한 퍼옥시좀(peroxisome) 내부에서만 존재하는 단백질 가수분해효소는 세포의 다른 부분에 위치하게 되면 세포에 해를 주기도 한다.

진핵세포의 단백질들은 막과의 연관성 여부에 따라 두 종류로 구분할 수 있다(그림 8.10). 첫 번째 부류는 세포질(cytoplasm)에서 부유(suspended)하고 있는 상태로 존재하는 라이보좀에 의해서만 번역된 단백질들이다. 이들은 번역 후, 종류에 따라 세포질에 남거나 핵, 미토콘드리아, 엽록체, 퍼옥시솜 등과 같은 적절한 위치로 이동된다. 세포질에 남는 단백질은 세포질이 최종 정착지이기 때문인데, 핵, 미토콘드리아, 엽록체, 퍼옥시좀 등의 다른 위치로 운반되는 단백질은 표 8.3과 같이 이동될 위치 별로 국부화 신호(localization signal)를 가져야 한다. 히스톤과 전사요소와 같은 핵단백질들은 라이신(lysine)이나 아르기닌(arginine)이 주를 이루는 7~41개의 연속된 아미노산 서열을 세포핵 국부화서열**(nuclear localization sequence)**로 사용한다. 미토콘드리이아에 위치할 단백질들은 모두 미토콘드리아 신호서열**(mitochondrial signal sequence)**로 N 말단에 12~30개의 아미노산으로 이루어진 양친매성(amphipathic, 兩親媒性) 나선구조를 갖는데, 미토콘드리아 표면에 있는 수용체가 이 신호서열을 인식함으로써 해당 단백질은 미토콘드리아로 이동된다. 경우에 따라서는 미토콘드리아에서 단백질의 활성화를 위해 신호서열이 제거되기도 한다. 세포핵 유전자에 부호화되어 있는 엽록체 단백질이 엽록체 표면에 존재하는 수용체 단백질에 의해서 인식되도록 해주는 엽록체 수송서열**(chloroplast transit sequence)**은 N말단에 위치한 25개의 하전된 아미노산들로 이루어져 있다. 앞서의 예들과 마찬가지로 퍼옥시좀으로 이동되어야 하는 단백질 역시 퍼옥시좀 표적신호**(peroxisomal targeting signals)**를 갖는다.

두 번째 부류는 망상구조(網狀構造)를 갖는 소포체**(endoplasmic reticulum, ER)**의 막에 결합되어있는 라이보좀에 의해서 번역된 단백질들이다. 실제로는 소포체 라이보좀에 의해 번역이 완성되는 단백질들은 모두 세포질에 있는 부유성 라이보좀에 의해서 번역이 시작된다. 일단 신호서열에 해당하는 처음 15~30개의 아미노산 서열이 만들어지면 신호인식입자(signal recognition particle)가 신호서열

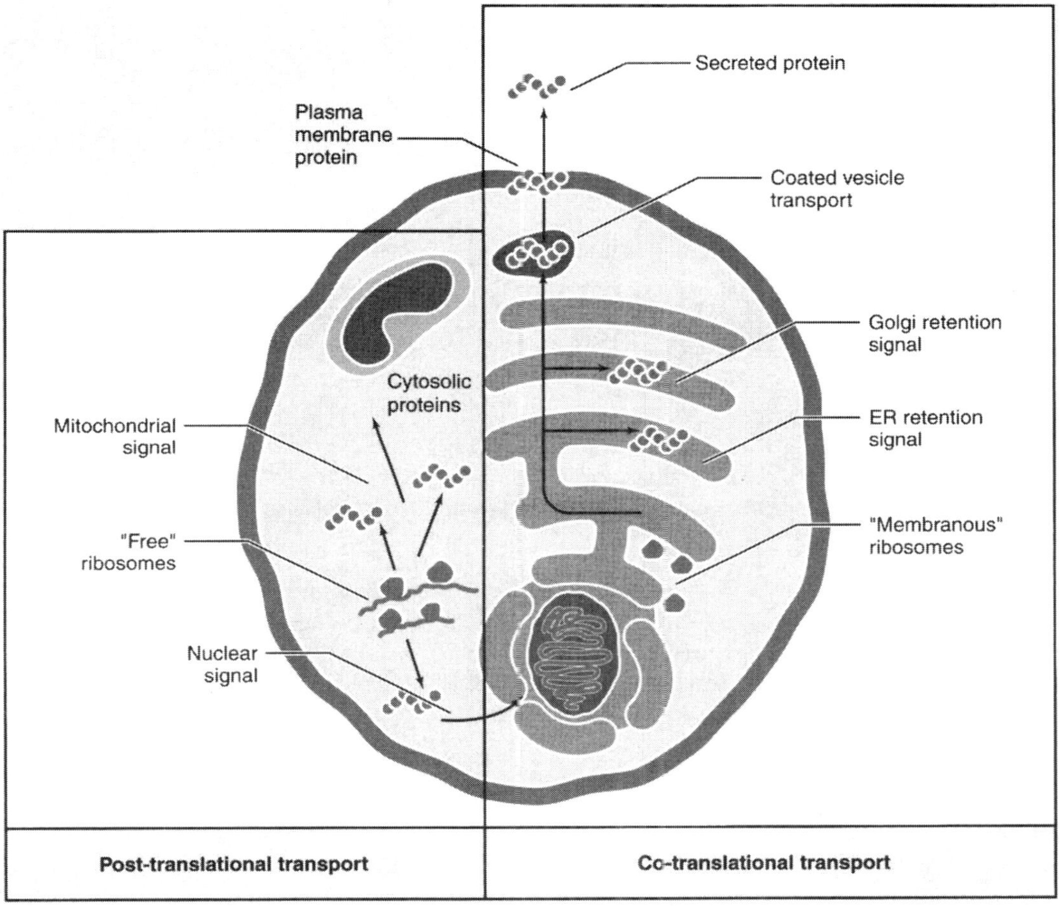

FIGURE 8.10 *Proteins released into the cytosol by free ribosomes may depend on various protein sorting signals to determine their cellular destination, or they may remain in the cytoplasm. Proteins synthesized by membrane-bound ribosomes in the ER move to the Golgi apparatus and then through the plasma membrane unless they contain specific localization signals to determine their final destination.*

에 결합하여 라이보좀과 mRNA가 소포체로 이동되기 전까지 번역을 정지시킨다. 위 과정에 사용되는 신호서열들에 대한 일치서열(consensus sequence)은 없지만, 거의 모든 경우 10~15개의 소수성 잔기가 연속되고 1개 이상의 양성하전된 잔기로 끝나는 서열이 신호서열로 사용된다. 번역이 재개될 때, 새로운 폴리펩티드는

TABLE 8.3 Several protein localization signals used by all eukaryotic cells.

Organelle	Signal location	Type	Signal length
Mitochondria	N terminus	Amphipathic helix	12-30
Chloroplasts	N terminus	Charged	Roughly 25
Nucleus	Internal	Basic	7-41
Peroxisome	C terminus	SKL	3

소포체의 막을 통과하여 소포체의 내강(lumen, inner space)으로 이동된다. 그리고 막에 결합하여 기능을 하는 단백질이 아닌 경우에 대해서는 **신호단백질 가수분해효소(signal peptidase)**가 단백질의 N-말단에 위치한 표적서열을 제거한다.

단백질이 국부화되는 위치를 예측할 수 있는 다양한 방법들이 있는데, 이 중에서 PSORT(http://psort.nibb.ac.jp)라는 소프트웨어는 **인접신호분류법(nearest neighbor classifier)**을 사용한다. 인접신호분류법은 서열간의 유사도를 이용하는 통계학적 방법으로써 신호펩티드의 데이터베이스 검색을 통해 국부화 위치를 예측한다. 국부화 위치를 알고자 하는 단백질의 신호서열에 대한 인접서열이라 할 수 있는 유사한 신호펩티드 서열들을 데이터베이스로부터 찾은 후, 검색된 신호펩티드들의 대부분이 지시하는 위치를 이 단백질의 국부화 위치로 예측한다. 이외에도 신경네트워크를 이용하는 SignalP(http://www.cbs.dtu.dk/services/SignalP) 등이 사용된다.

Proteolytic Cleavage

원핵생물과 진핵생물 모두 단백질을 절단하거나 분해할 수 있는 여러 종류의 단백질가수분해효소를 가지고 있다. 단백질 가수분해효소가 단백질을 절단하는 방식으로는, 거의 모든 폴리펩티드의 시작부분에 존재하는 메티오닌 잔기를 제거하는 것에서부터 바로 앞 절에서 설명하였던 신호단백질의 제거에 이르기까지 다양한 방식들이 있다. 단백질가수분해효소의 대부분은 특정한 아미노산 서열을 절단신호로 인식한다. 페닐알라닌(phenylalanine) 같은 분자 크기가 큰 방향족 잔기의 C-말단 펩티드 결합을 절단하는 키모트립신(chymotrypsin), 아르기닌(arginine)과 리신(lysine)잔기의 C-말단 펩티드 결합을 절단하는 트립신(trypsin), 그리고 글리신(glycine)과 알라닌과 같은 작은 잔기의 C-말단 펩티드 결합을 절단하는 엘라스틴가수분해효소(elastase)와 같이 절단신호가 단 1개의 잔기로 이루어진 경우도 있으나, 대부분은 이보다 길고 명백하게 구별될 수 있는 절단신호를 갖고 있다. 단백질의 분해와 면역반응에 관여하는 다효소체계(multienzyme system)인 프로테아솜(**Proteasome**)의 단백질 절단부위는 신경네트워크를 이용한 방법(http://www.paproc.de)을 통해 높은 정확도(> 98%)로 예측할 수 있다.

Glycosylation

단백질의 당화(glycosylation, 糖化)는 단백질 표면에 위치한 잔기의 측쇄에 소당류(**oligosaccharide, 少糖類**)가 공유 결합하는 과정을 의미하며, 당화된 아미노산 잔기는 단백질의 중첩, 이동, 활성은 물론 다른 단백질과의 상호작용에서도 중요한 역할을 한다. 진핵세포에서 일어나는 당화반응에는 여러 종류가 있는데, 가장 중요한 두 가지는 N-연결 당화반응과 O-연결 당화반응이다.

N-연결 당화반응(N-linked glycosylation)은 단백질이 번역되는 동안 아스파라긴(asparagine, Asn) 잔기에 소당류가 결합하는 반응이다. 아스파라긴 잔기가 당화되도록 하는 신호에 대한 일치서열은 Asn-X-Ser 또는 Asn-X-Thr이고 X는 프롤린(proline)을 제외한 나머지 잔기를 의미하지만, 어떤 서열(Asn-X-Ser/Thr)에서는 당화되지 않은 아르파라긴 잔기가 발견되기도 하기 때문에 아미노산 서열만으로 당화되는 잔기를 결정하기는 힘들다. N-연결 당화반응이 일어나는 위치의 예측에는 신경네트워크를 이용한 방법이 사용되는데, 약 75%의 정확도를 보인다. **O-연결 당화반응(O-linked glycosylation)**은 단백질이 번역된 후 N-아세틸글루코사민전이효소(N-acetylglucosaminyl transferase)가 세린이나 트레오닌 잔기의 산소원자에 소당류를 결합시키는 반응이다. N-연결 당화반응과는 달리 프롤린이나 발린 근처의 세린이나 트레오닌이 당화된다는 것 말고는 O-연결 당화반응에 대한 신호는 알려진 바가 없다. 하지만 국부 서열 또는 표면 접근성에 대해 학습시킨 신경네트워크를 이용한 예측 알고리즘로 O-연결 당화반응이 일어나는 위치를 >85%의 정확도를 가지고 예측할 수 있다.

Phosphorylation

표면 잔기에 인산기를 결합시키는 인산화는 아마도 동물 단백질에서 가장 일반적인 번역 후 변형과정이다. 인산화효소(**kinases**)는 인산화를 일으키는 효소로 넓은 범위의 신호전달과 조절경로에 사용된다. 인산화는 주로 효소를 활성화시키는 신호 역할을 하기 때문에 단백질의 인산화는 일시적인 경우가 대부분이고, 인산화된 잔기에서 인산기를 제거하는 기능은 인산가수분해효소(**phosphatases**)에 의해서 수행된다.

많은 경우에 있어서 인산화효소 자체도 인산화에 의해서 활성화되기 때문에, 인산화효소의 활성화는 일련의 연속적인 인산화반응의 결과라고 볼 수 있다. 이를 폭포에 비유하여 다단계 연속반응(cascade reaction)이라 하기도 하는데, 이러한 연속신호**(cascade signal)**들 중에서 가장 잘 연구된 것이 cAMP(cyclic AMP)에 관한 것이다. 포도당으로 이루어진 중합체이며 에너지 저장물질로 사용되는 글리코겐(glycogen)의 합성과 분해는 글루카곤(glucagons), 인슐린(insulin), 에피네프린(ehpnephrine)과 같은 수많은 호르몬(hormone)에 의해서 조절되는데, cAMP 연속반응이 위 과정에 관여한다. 아드레날린 수질부(adrenal medulla)에 의해서 에피네프린이 분비되면 단백질인산화효소(protein kinase A, PKA)를 활성화시키는 cAMP 농도를 증가시키게 된다. 이에 따라 PKA가 활성화되면 가인산분해효소-인산화효소(phosphorylase kinase)를 인산화시키고, 활성화된 가인산분해효소-인산화효소는 다시 가인산분해효소를 활성화시켜 글리코겐을 분해하도록 한다.

다양한 생화학적 경로에 관여하는 효소들의 타이로신(tyrosin), 세린(serine), 트레오닌(threonine) 잔기들에 대한 인산화가 조절 메커니즘으로서의 역할을 하기 때문에, 다양한 종류의 인산화효소들은 특정한 효소를 인식하는데 높은 특이성을 가져야만 한다. 때문에 인산화의 표적으로 사용되는 공통적인 아미노산 서열을 찾기는 불가능하지만, 공통되는 서열양상(sequence pattern)으로부터 인산화의 표적이 되는 위치를 예측할 수 있다. NetPhos와 같은 신경 네트워크에 기반한 접근법들이 그 예라고 할 수 있는데, 표적 단백질의 아미노산 서열과 구조로부터 인산화 표적 부위를 70% 이상의 정확도로 예측할 수 있다.

Chapter Summary

유전체학은 하나의 성숙된 연구영역으로 자리를 잡았지만, 단백체학의 수준은 이제서야 단백질의 다양한 상호작용을 규명하려는 단계에 불과하다고 할 수 있다. 하지만 단백체를 이해하여야만 유전체 연구로부터 얻어진 지식과 유전자 발현에 의한 생리학적 결과를 연결시킬 수 있을 것이다. 효소기능, 아미노산 서열의 유사성, 삼차원 구조 등에 따라 단백질을 분류하는 방법들이 만들어졌으며, 단백질을 상동족, 상위상동족, 중첩족 등의 체계로 분류한 데이터베이스 역시 구축되었다. 이러한 단백질 분류 데이터베이스와 더불어 이차원 전기영동법, 펩티드 질량지문법, 질량분광법 등과 같은 실험적 방법을 이용하여 다양한 종류의 단백질들을 분리, 정제하고 동정할 수 있게 되었다. 단백체학 연구 결과가 활용되는 중요한 분야 중의 하나는 신약 개발 분야라고 할 수 있는데, X선 결정분석법 등으로부터 얻어진 단백질 구조에 관한 지식은 신약 개발과정에 필수적인 단백질 리간드의 선별과 도킹에 대한 연산기법을 가능하게 해주었다. 물론 단백질의 삼차구조가 단백질의 기능은 물론 단백질과의 상호작용을 이해하기 위한 연구의 초석이 되기는 하였지만, 단백질의 아미노산 서열로부터 얻어지는 정보 역시 중요하다. 단백질의 번역 후 변형과정이나 국부화와 관련된 신호들은 그 예가 될 것이다.

Readings for Greater Depth

A summary of the means by which proteins can be grouped into families and superfamilies on the basis of their evolutionary history can be found in C. Chothia, 1992, Proteins, one thousand families for the molecular biologist, *Nature* **357**: 543–544.

The idea of exons being regions that code for portions of proteins with distinct functionalities is well described in R. L. Dorit, L. Schoenback, and W. Gilbert, 1991, How big is the universe of exons? *Science*, **253**: 677–680.

The integration of fast database searching techniques and Bayesian statistics for protein identification from mass spectra data is spelled out in W. Zhang and B. T. Chait, 2000, ProFound—An expert system for protein identification using mass spectrometric peptide mapping information, *Analyt. Chem.* **72**: 2482–2489.

The AutoDock algorithm, one of the first methods for completely automated molecular docking, was first described in D. S. Goodsell and A. J. Olson, 1990, Automated docking of substrates to proteins by simulated annealing, *Proteins: Structure, Function, and Genetics*, **8**: 195–202. The most recent version of AutoDock, version 3.0, is described in G. M. Morris, D. S. Goodsell, R. S. Halliday, R. Huey, W. E. Hart, R. K. Belew, and A. J. Olson, 1998, Automated docking using a lamarckian genetic algorithm and an empirical binding free energy function, *J. Computational Chem.* **19**: 1639–1662.

The Fourier transform-based methods of FTDock are described in E. Katchalski-Katzir, I. Shariv, M. Eisenstein, A. A. Friesem, C. Aflalo, and I. A. Vakser, 1992. Molecular surface recognition: Determination of geometric fit between proteins and their ligands by correlation techniques, *Proc. Nat. Acad. Sci. U.S.A.* **89**: 2195–2199.

The speedy HEX docking program is detailed in D. W Ritchie and G. J. L. Kemp, 2000, Protein docking using spherical polar Fourier correlations, *Proteins: Structure, Function, and Genetics*, **39**: 178–194.

SLIDE, an algorithm for screening large databases for protein ligands, is described in V. Schnecke and L. A. Kuhn, 1999, Database screening for HIV protease ligands: The influence of binding-site conformation and representation on ligand selectivity, *Proc. Seventh Int. Conf. Intelligent Systems for Molecular Biology*, pp. 242–251.

NetPHOS, a neural network-based method for predicting phosphorylation sites, is discussed in N. Blom, S. Gammeltoft, and Sùren Brunak, 1999, Sequence and structure-based prediction of eukaryotic protein phosphorylation sites, *J. Molecular Biol.* **94**: 1351–1362.

More information on neural networks, nearest neighbor classification, and other computational pattern recognition methods can be found in R. Duda and P. Hart, 1973, *Pattern Classification and Scene Analysis*, John Wiley & Sons, New York.

Many of the computational prediction algorithms referenced in this chapter can be found at the Center for Biological Sequence Analysis, Technical University of Denmark's web page: http://www.cbs.dtu.dk, and at the ExPASy tools page: http://www.expasy.ch/tools.

Questions and Problems

* **8.1** Briefly describe how the cAMP cascade allows a rapid response to the release of epinephrine.

8.2 Modify the Perl code in Example 8 of Appendix 3 to find the centroid of a protein by finding the average *X*, *Y*, and *Z* values of all the ATOM records in a PDB file.

* **8.3** Starting with your solution for Question 8.2, add some Perl code to find and print the atoms closest to and furthest from the centroid.

8.4 Briefly describe the key difference between ligand docking and ligand screening algorithms. What trade-offs must be considered when designing a ligand screening algorithm?

* **8.5** Describe in detail how one might go about designing an empirical algorithm to predict whether or not a particular cysteine residue will form a disulfide bond, based on crystallographic structures from the PDB.

8.6 Given that glycosylation typically takes place within the Golgi apparatus, how likely is it that nuclear proteins like histones and transcription factors will be normally glycosylated within eukaryotic cells? Why?

* **8.7** Assuming that all amino acids are utilized with the same frequency and that there are a total of approximately 1,000 unique destinations for a protein within a eukaryotic cell, what is the minimum length that a signal sequence must be to ensure that its associated protein will be delivered appropriately?

8.8 Why might it be advantageous for receptor proteins such as those on the surface of the mitochondria and chloroplasts to cleave off signal sequences as proteins are delivered to their final destination?

Glossary

1*s* orbital Spherical orbital closest to the nucleus of an atom, where electrons with the lowest energy are found.

2*p* orbital A set of three dumbell-shaped orbitals in the second sublevel of electron orbitals.

2*s* orbital Lowest energy, spherically shaped orbital in the second sublevel of electron orbitals.

50% majority-rule consensus A consensus tree in which any internal node that is supported by at least half of the trees being summarized is portrayed as a simple bifurcation, and those nodes where less than half of the trees agree are shown as multifurcations.

A Adenine. One of two purines that are used as nitrogenous bases.

absolute direction representation A representation for protein configurations in which the position of each residue is specified according to the direction moved from the previous position. In absolute representation, the previous move's direction is not considered. For example, in a two-dimensional model, the possible values for each position are: up, down, left, and right.

activation energy (E_{act}) The amount of energy required to excite a molecule or molecules into a reactive state that allows new molecules to be made.

activator Any substance that increases the velocity of an enzyme-catalyzed reaction.

active site The region on the three-dimensional surface of a protein where catalysis occurs.

additive Term applied to a scaled tree if the physical length of the branches connecting any two nodes is an accurate representation of their accumulated differences.

alignment A pairing of two homologous nucleotide or protein sequences for the purpose of identifying the location of accumulated changes since they last shared a common ancestor. *See also* global and local alignment.

alleles Different versions of any given gene within a species of organism.

alpha carbon The central carbon atom in an amino acid to which side chains (R-groups) are bound.

alternative splicing The production of two or more mRNA molecules from a single hnRNA by using different splice junctions.

amino terminus (N-terminal) In a polypeptide, the end of the molecule that has an unbound amide group (NH_2) and corresponds to the 5' end of a gene.

anti-parallel Showing opposite orientation; in the case of double-stranded DNA, this means that if one strand is 5' to 3', its complementary strand will be in the opposite, 3' to 5' orientation.

arguments *See* parameters.

aromatic Compounds that have molecular structures based on the six-carbon ring of benzene.

array Variables that can store multiple values. Each value is retrieved using an integer index.

backbone (of an amino acid) Consists of an amide, an alpha carbon, and a carboxylic acid, or carboxylate group.

basal promoter A set of nucleotide sequences such as the "TATA-box" that serves as a minimal promoter within eukaryotes and to which basal transcription factors bind.

basal transcription factor Proteins such as the TATA-binding protein that are needed for RNA polymerase assembly around promoter regions of eukaryotic genes.

base pair (1) The interaction between purines and pyrimidines (specifically between A and T and between G and C) in double-stranded DNA.

(2) The smallest unit of measure of double-stranded DNA length.

beta turns U-turn-like structures within proteins formed when a beta strand reverses direction in an anti-parallel beta sheet.

bifurcating Refers to a point in a phylogenetic tree in which an ancestral taxon splits into two independent lineages.

binding operator In Perl, the =~ operator, which matches a string to a regular expression.

block A set of statements enclosed in curly braces.

blotting and hybridization The transfer of molecules (often nucleic acids) from a gel onto a membrane followed by washing with a labelled probe that binds specifically to a molecule of interest.

blunt end End of a double-stranded DNA molecule that has no single-stranded overhang.

bootstrap test Test that allows for a rough quantification of confidence levels.

branch and bound method A clever and efficient means of streamlining the search for trees of maximum parsimony. Consists of two steps: First, determine an upper bound to the length of the most parsimonious tree for the data set and, second, incrementally grow a tree by adding branches one at a time to a tree that describes the relationship of just a few of the sequences being considered.

branch swapping Pruning and regrafting of branches from phylogenetic trees.

branches In a phylogenetic tree, the graphical representation of an evolutionary relationship between two (bifurcating) or more (multifurcating) lineages arising from a single ancestral node.

bump A steric collision.

C Cytosine. One of two pyrimidines that are used as nitrogenous bases in DNA and RNA molecules.

CAAT box A short segment of many eukaryotic promoters that is typically located approximately 80 nucleotides upstream of the transcriptional start site. A variety of factors bind to this segment that contains the bases C-A-A-T.

capping Refers to a set of chemical alterations, including the addition of a terminal G and methylation, at the 5' end of all hnRNAs.

carboxy terminus In a polypeptide, the end of the molecule that has a carboxylic acid group (—COOH) and corresponds to the 3' end of a gene.

cDNA Complementary DNA. DNA synthesized from an RNA template by a reverse transcriptase enzyme.

cDNA library A collection of DNA sequences generated from mRNA sequences. This type of library contains only protein-coding DNA (genes).

central dogma Process by which information is extracted from the nucleotide sequence of a gene and then used to make a protein (DNA→RNA→protein).

chain-termination method The basis of most DNA sequencing strategies. Dideoxy-nucleotides (missing both the 2' and 3' OH) prevent the addition of any additional nucleotides.

character In a phylogenetic tree, a well-defined feature that can exist in a limited number of different states.

charged amino acid Amino acid that carries a positive or negative charge at biological pH.

chloroplast transit sequence A string of roughly 25 charged amino acids at the N-terminus of a protein destined for delivery to a chloroplast.

Chou-Fasman parameter A set of numeric parameters indicating the empirically observed tendency of an amino acid to be involved in an alpha helix, a beta strand, and in each position of a hairpin turn.

chromatin The roughly equal mixture by mass of DNA and closely associated histones within eukaryotic nuclei.

chromosome In prokaryotes, the DNA molecule containing a cell's genome. In eukaryotes, a linear DNA molecule complexed with proteins that contains a large amount of genetic information.

cladist An evolutionary biologist who is generally more interested in the evolutionary path taken by organisms since they last shared a common ancestor than their relative placement on phylogenetic trees.

cladogram A graphical representation that conveys the evolutionary relationship between organisms.

cloning Insertion of specific DNA fragments into chromosome-like carriers that allow their maintenance and replication within living cells.

codon Group of three nucleotides in an RNA copy of the coding portion of a gene, corresponding to a specific amino acid.

comment In computer programming, nonexecutable notes in a computer program that describe a function; comments make long, complex programs easier to understand.

compiler A computer program that translates a symbolic programming language into machine language so that the instructions can be executed by the computer.

complementary (1) The pairing of specific nucleotides (G and C; A and T; A and U) through hydrogen bonding. (2) The antiparallel pairing of strands of nucleotides.

conceptual translation Using the universal genetic code to convert the nucleotide sequence of the open reading frame of a gene into its corresponding amino acid sequence.

conditional code Code that will only be executed if a test performed on a conditional statement is true.

conditional execution Execution of a program block that may or may not occur, depending on the result of a particular test. For example, the "if" statement allows conditional execution in Perl.

conditional (if) statement Statements that are only executed if certain conditions are met.

conformational parameter Numeric values representing the empirically observed tendency of a particular amino acid to be found in a specific conformation (alpha helix, beta sheet, or turn).

consensus sequence A sequence that represents the most common nucleotide or amino acid at each position in two or more homologous sequences.

consensus tree A single tree that summarizes the graphical representations of a set of trees.

constitutive A gene or operon that is expressed continuously.

contig A set of clones whose sequences can be assembled into an array that is longer than what can be obtained from any single sequencing reaction.

convergent evolution The independent evolution of similar genetic or phenotypic traits. For example, eyes evolved independently in a variety of organisms such as mammals, molluscs, and insects and are not homologous structures.

cot equation An equation that relates the fraction of single-stranded DNA remaining as a function of time (with genomic complexity and concentration as the only variables) in genomic renaturation experiments. The time required for half of a genome to reassociate ($cot_{1/2}$) is a useful measure of genomic complexity.

covalent bonding The sharing of electrons in overlapping orbitals.

CpG island A stretch of 500 to 3,000 bp in which the dinucleotide CpG is found at higher than normal levels relative to the rest of a mammalian genome. Usually associated with the promoters of eukaryotic housekeeping genes.

crystal Solid structure formed by a regular array of molecules.

C value Measure of a cell's total DNA content.

C-value paradox The absence of a perfect correlation between organismal complexity and genome size.

declaring (a variable) Most computer programs require the programmer to list at the start of a program all variables that will be used within the program; this is the process of declaring a variable.

degeneracy The ability of some amino acids to be coded for by more than one triplet codon.

deleterious mutation A mutation that has an adverse effect on the fitness of an organism.

denatured protein A protein that has lost its normal tertiary and quaternary structure usually because of exposure to heat or chemicals such as detergents or urea.

deoxyribonucleic acid (DNA) A usually double-stranded biopolymer of linked nucleotides in which the sugar residue is deoxyribose. The molecular basis of heredity.

dipeptide Two amino acids joined by a peptide bond.

dissociation constant (K_I) A measure of an enzyme's affinity for an inhibitor.

distance In a phylogenetic tree, a measure of the overall, pairwise difference between two data sets.

disulfide bond Cross-linking residues that are far removed from one another in the primary structure of a protein.

DNA *See* deoxyribonucleic acid.

dot plot A graphical method of comparing two sequences. A series of diagonal lines within the graph correspond to regions of sequence similarity.

dynamic programming Program that allows computers to efficiently explore all possible solutions to certain types of complex problems; it breaks a problem apart into reasonably sized subproblems and uses these parts to compute the final answer.

electronegativity Measure of an atom's need to acquire or to donate atoms to fill or empty its outermost shell of orbitals.

element Something that cannot be further reduced by chemical reactions.

endergonic reaction Chemical reaction that requires a net input of energy to convert reactants into products; has a positive Gibbs free energy.

endoplasmic reticulum (ER) A web-like network of membranes that is intimately associated with the Golgi apparatus.

enhanceosomes An assembly of transcription factors bound to the promoter of a eukaryotic gene.

enhancer Any of a number of DNA sequences to which eukaryotic transcription factors can specifically bind. Enhancer sequences function in either orientation and act cumulatively to increase transcription levels.

enzyme A biological catalyst (usually a protein) that causes a specific chemical reaction to proceed more quickly by lowering its activation energy.

equilibrium constant (K_{eq}) The point in a reversible chemical reaction at which reactants are converted to products at the same rate that products are converted to reactants.

escape sequence Multi-character sequence that allows programmers to insert special characters (such as newlines and tabs) into strings. In Perl, escape sequences start with the backslash (\) character.

ESI Electrospray ionization.

EST Expressed sequence tags; short DNA sequences obtained from either the 5' or 3' ends of cDNAs.

euchromatin Open chromatin characterized by high levels of histone methylation and low levels of DNA methylation in eukaryotes.

evaluate In Perl, to replace a variable name with the contents of the variable.

exergonic reaction Chemical reaction that releases energy; has a negative Gibbs free energy.

exhaustive search An evaluation of all possible problem solutions.

exon Parts of an hnRNA molecule spliced together to form mRNA.

exon shuffling The creation of proteins with new functions by the process of recombining exons corresponding to functional domains of existing genes at the level of DNA. Strictly, exon duplication and insertion.

family Consists of proteins that are more than 50% identical in amino acid sequence across their entire length.

file pointer A special type of Perl variable that indicates a file to read from or write to.

fixation A condition in which an allele's frequency within a population reaches 100%.

fold Often used synonymously with the term "structural motif" but typically used to connote large regions of similar secondary structure found in two or more proteins.

fourfold degenerate site Codon position where changing a nucleotide to any of the three alternatives has no effect on the amino acid that ribosomes insert into protein.

four-point condition A situation in which two pairs of taxa are grouped together on a tree with four terminal branches in a way that the distances separating the paired taxa are shorter than both alternatives.

function A subroutine that returns a value.

functional constraint The tendency in particularly important genes to accumulate changes very slowly over the course of evolution.

G Guanine. One of two purines that are used as a nitrogenous base.

gap penalty A reduction in the score for an alignment that is invoked to minimize the introduction of gaps.

gaps A dash or series of dashes introduced to an alignment to reflect the occurrence of an indel in one of two aligned sequences since they last shared a common ancestor.

GC content The measure of the abundance of G and C nucleotides relative to A and T nucleotides within DNA sequences.

gel electrophoresis Process in which an electric field is used to pull charged molecules through a polyacrylamide, starch, or agarose gel to separate them by their size and or charge.

gene A specific sequence of nucleotides in DNA or RNA that is essential for a specific function; the functional unit of inheritance controlling the transmission and expression of one or more traits.

gene expression Process of using the information stored in DNA to make an RNA molecule and then a corresponding protein.

gene tree Phylogenetic tree based on the divergence observed within a single set of homologous genes.

genome The sum total of an organism's genetic material.

genomic equivalent The amount of DNA that corresponds to the size of an organism's complete set of genetic instructions.

genomic library A set of clones containing genomic DNA inserts.

genotype All or part of the genetic constitution of an individual or group.

global alignment A sequence alignment method that provides a score for aligning two sequences in their entirety.

global variable A variable that is active throughout an entire program; contrast with *local variable*.

GU-AG rule Associated with eukaryotic protein-coding genes, this rule states that the first two nucleotides at the 5' end of the RNA sequence of introns are invariably 5'-GU-3' and the last two at the 3' end of the intron are always 5'-AG-3'.

hairpin turn Place in an RNA chain where it reverses to allow intramolecular base pairing.

hash A Perl variable that can store multiple values. Unlike an array where values are retrieved using integer indices, a hash can use any type of value (including strings) as an index.

Henri–Michaelis–Menten equation A mathematical model that uses changes in the initial velocity of an enzyme catalyzed reaction when substrate concentration is varied to determine the enzyme's V_{max} and K_m.

heterochromatin Transcriptionally inactive, densely packed chromatin; associated with high levels of DNA methylation and low levels of histone methylation.

heuristic methods Trial-and-error, self-educating techniques for parsing a tree.

hnRNA Heterogeneous RNA; primary RNA polymerase II transcripts in eukaryotes, converted to mRNAs after capping, splicing, and polyadenylation.

homologs Sequences that share a common ancestor.

homoplasies Character states that have arisen in several taxa independently and not from a common ancestor.

horizontal gene transfer The process of passing genes from one species to another. The mechanism for this movement of genes is unknown, though pathogens and transposons are often suspected as the cause.

housekeeping gene Gene that is expressed at a high level in all tissues and at all times in development.

H-P (hydrophobic-polar) model Simple lattice model that represents each amino acid residue in a protein as a single atom of fixed radius.

hydrogen bonding Interaction between molecules resulting from the slight separation of charges that results from polar covalent bonds.

hydrophilic Easily dissolved in a watery solution; literally, "water friendly."

hydrophobic Having limited interaction with water molecules; literally, "afraid of water."

hydrophobic amino acid Amino acid having an R-group composed mostly or entirely of carbon and hydrogen, it is unlikely to form hydrogen bonds with water molecules.

hydrophobic collapse The process of folding a polypeptide into a compact conformation that isolates hydrophobic residues from solvent.

hydrophobic zipper A theoretical mechanism for the formation of secondary structure in proteins. According to the theory, alpha helix and beta sheet formation is largely driven by the mutual attraction of hydrophobic residues.

if statement *See* conditional (if) statement.

indel event An insertion/deletion event.

index The number of a particular array element.

induced fit docking Changing shape of a receptor's surface as it specifically interacts with a ligand.

inferred ancestor In a phylogenetic tree, an ancestor for which empirical data are no longer available.

inferred tree A depiction of the phylogenetic relationship of three or more homologous sequences that is a close approximation of their true relationship.

informative Diagnostic position for a parsimony analysis; contrast with *uninformative*.

ingroup A species or set of species that is not the most divergent of a set of species; contrast with *outgroup*.

inhibitor Any substance that decreases the velocity of an enzyme-catalyzed reaction.

initiation complex A set of transcription factors interacting with themselves and the promoter region of a gene that facilitates the initiation of transcription.

initiator (Inr) sequence The nucleotides associated with the transcriptional start site of eukaryotic genes that are necessary and essential; the consensus sequence within humans is: 5'-44CARR-3'.

insertion sequence A transposable element containing no information content beyond what is needed for its own transposition; when inserted into a gene, it disrupts the normal structure and function of that gene.

internal node In a phylogenetic tree, a node for which no actual data have been collected; graphical representation of a common ancestor that gave rise to two or more independent lineages at some point in the past.

intractable A problem for which all algorithms require an unacceptable amount of computation time as the problem size grows large.

intrinsic terminator A specific signal for the termination of transcription in prokaryotes; a string of nucleotides in a newly transcribed RNA capable of forming a secondary structure followed by a run of uracils.

intron Internal sequence excised in splicing; present in the primary transcripts (hnRNAs) of eukaryotic genes but not in their mRNAs.

invariant A position within a sequence alignment in which all sequences contain the same character.

isochores Long regions of homogeneous base composition within eukaryotic genomes.

isoelectric focusing The process by which differences in the pI values of proteins are exploited to allow their separation.

isoelectric point (pI) The pH at which a protein has no net charge.

junk DNA Disposable DNA sequences; sequences for which no function is currently known.

kinase Enzymes that catalyze phosphorylation reactions.

labeled feature vector A representation for the examples used to train a pattern recognition algorithm. A labeled feature vector consists of a list of feature values for the example, along with a label indicating the correct classification of the example.

lead compound A molecule that is a viable candidate for use as a drug.

length (of a tree) The total number of substitutions required at both informative and uninformative sites.

length penalty Used by sequence alignment algorithms to penalize the introduction of long gaps.

Levinthal paradox Observation that the number of potential three-dimensional conformations for even a small protein is so large that an exhaustive comparison of them all cannot be accomplished by nature during protein-folding.

ligase Enzyme that catalyzes the formation of a phosphodiester bond between two DNA molecules.

LINE Long interspersed nuclear element.

local alignment A sequence alignment method that searches for subsequences that align well.

local variable A variable that exists only inside a specific subroutine; that is, it is not active throughout the entire program; contrast with *global variable*.

lock and key approach A docking approach in which the conformations of the two docked molecules are rigid and fixed; contrast with *induced fit docking*.

log odds matrix Matrix in which the entries are based on the log of the substitution probability for each amino acid.

loop statement Statement that allows a computer program to repeat a block of code either a certain number of times or until a certain condition is met.

machine language The set of symbolic instruction codes, usually in binary form, that is used to represent operations and data in a computer.

MALDI Matrix assisted laser desorption ionization; a method of mass spectrometric analysis.

match score The amount of credit given by an algorithm to an alignment for each aligned pair of identical residues.

Maxam-Gilbert method An early DNA sequencing strategy that relies on chemical degradation to generate the DNA subfragments.

maximum likelihood approach Phylogenetic approach in which probabilities are considered for every individual nucleotide substitution in a set of sequence alignments; a purely statistically based method of phylogenetic reconstruction.

methylation The attachment of a methyl group ($—CH_3$) to either a nucleotide's nitrogenous base or to a protein.

microarray An ordered grid of DNA probes fixed at known positions on a solid substrate.

microsatellite A region in the genome where relatively short nucleotide sequences such as 5'-CA-3' are tandemly repeated; typically highly variable between individuals.

minisatellite A region in the genome where nucleotide sequences ranging in size from 5 base pairs to a few tens of base pairs long occur multiple times in a tandem array; likely to be highly variable between individuals.

mismatch score The penalty assigned by an algorithm when nonidentical residues are aligned in an alignment.

mitochondrial signal sequence A string of amino acids (specifically an amphipathic helix 12 to 30 amino acids long) that causes a eukaryotic protein to be delivered to a cell's mitochondria.

mixed inhibitor An inhibitor that displays aspects of both noncompetitive and competitive inhibition.

molar A measure of the concentration of solute dissolved in a solvent; i.e., a one molar solution contains one mole of solute in one liter of solvent.

molecular clock A controversial hypothesis that, for a given DNA sequence, mutations accumulate at a constant rate in all evolutionary lineages.

molecular clones Numerous identical copies of a DNA sequence, typically associated with a vector such as a plasmid or virus that allows their maintenance and propagation in bacterial cultures.

Monte Carlo algorithm A method that samples possible solutions to a complex problem such as energy minimization as a means of estimating a general solution.

multifurcating A graphical representation of an unknown branching order involving three or more species in a phylogenetic tree.

multiple sequence alignment An alignment of three or more homologous sequences.

mutation Change in a nucleotide sequence that occurs due to mistakes in DNA replication or repair processes. Strictly, changes prior to passage through the filter of selection.

native structure Unique structure into which a particular protein is usually folded within a living cell.

natural selection (selection) Differential success between individuals in passing on genes to subsequent generations due to differences in fitness; leads to changes in allele frequencies (evolution).

nearest neighbor classifier A statistical method that classifies objects or concepts according to similarity of their features.

nearest neighbor energy rules In computing the energy of an RNA structure, rules that only consider base pairs that can potentially interact. The use of nearest neighbor rules can significantly reduce the computation time required to determine the energy of a particular conformation of an RNA molecule.

negative regulation The binding of a regulatory protein that prevents transcription from occurring.

neighbor-joining method Phylogenetic approach that starts with a star-like tree in which all species come off of a single central node regardless of their number. Neighbors are then sequentially found that minimize the total length of the branches on the tree.

neighborliness approach Phylogenetic approach that considers all possible pairwise arrangements of four species and determines which arrangement satisfies the four-point condition.

neighbors In a phylogenetic tree, the pairs of species that are separated from each other by just one internal node; sister taxa.

nested block A block of code embedded within another block. For example, nested "if" blocks can be used to enforce multiple conditions.

neural network A computer program that learns by emulating the function of a small set of neurons;

can be used to predict specific properties of data sets based on statistical similarity.

neutral mutation A mutation that has no effect on the fitness of an organism.

Newick format In a computer program, the format in which basic information about the structure of a phylogenetic tree is conveyed in a series of nested parentheses. For example, (A, (B,C)) means that taxa B and C are more like each other than either are to taxa A.

N-linked glycosylation The addition of an oligosaccharide to asparagine residues during post-translational modification of proteins within the Golgi apparatus.

NMR Nuclear magnetic resonance; technique for resolving protein structures.

nodes In a phylogenetic tree, a distinct taxonomic unit.

nondegenerate site Codon position where mutations always result in substitutions within the amino acid sequence of a protein.

nonsynonymous substitution Any nucleotide substitution that alters a codon to one for a different amino acid.

nuclear localization sequence A string of amino acids (specifically 7 to 41 basic residues) that cause a eukaryotic protein to be delivered to a cell's nucleus.

oligosaccharide A short chain of sugars.

O-linked glycosylation A post-translational process in which the enzyme *N*-acetylglucosaminyl-transferase attaches an oligosaccharide to the oxygen atom of a serine or threonine residue of a protein.

open reading frame (ORF) Any nucleotide sequence that contains a string of codons that is uninterrupted by the presence of a stop codon in the same reading frame.

operator sequence Nucleotide sequence, associated with the promoter of a gene, to which prokaryotic regulatory proteins bind.

operon A group of closely linked genes that produces a single mRNA molecule in transcription and that consists of structural genes and regulating elements.

origination penalty Penalty assessed as a result of starting a new series of gaps; part of the gap penalty.

orthologs Sequences that share similarity because of a speciation event that allowed them to evolve independently from an ancestral sequence.

outgroup A species or set of species that is least related to a group of organisms.

PAM unit A unit of evolution; specifically, the amount of evolutionary time required for an average of one substitution per 100 residues to be observed.

paralogs Sequences that share similarity because they are descendants of a duplicated ancestral gene.

parameters In computer programming, the values on which a subroutine will operate; also referred to as arguments.

parsimony The process of attaching preference to one evolutionary pathway over another on the basis of which pathway requires the invocation of the smallest number of mutational events.

pathogen A disease-causing agent.

peptide A chain of several amino acids.

peptide bond The covalent chemical bond between carbon and nitrogen in a peptide linkage.

peptide mass fingerprint A representation of the sizes of peptide fragments obtained when a specific protein is digested to completion by a protease.

Perl interpreter The program that reads and executes Perl code.

Perl script A text file that contains a list of Perl commands.

peroxisomal targeting signal A string of amino acids (specifically Ser-Lys-Leu at the carboxy-terminus) that causes a eukaryotic protein to be delivered to a peroxisome.

pH Unit of measure used to indicate concentration of hydrogen ions in a solution; specifically, the negative log of the molar concentration of H^+.

pharmacogenomics Field that uses information about an individual's genetic makeup to maximize the efficacy of treatments, while at the same time minimizing the unwanted side effects.

pheneticist Someone who studies the relationships among a group of organisms or sequences on the basis of the degree of similarity between them.

phenotype The visible properties of an organism that are produced by the interaction of its genotype and environment.

phosphatase Enzyme responsible for removing phosphate groups from phosphorylated residues.

phosphodiester bond The covalent chemical bond that connects the phosphate group of one nucleotide to the deoxyribose sugar of another.

phylogenetic tree A graphical representation of the evolutionary relationship among three or more genes or organisms.

pKa Unit of measure of the relative ease with which an amino acid releases its dissociable protons.

point accepted mutation (PAM) A mutation that has been "accepted" by natural selection in the sense that organisms bearing the mutation have survived.

polar amino acid Amino acid that often contains oxygen and/or nitrogen in its side chain and readily forms hydrogen bonds with water.

polar bond Interaction between a molecule with a full positive charge and another with a full negative charge.

polyadenylation The process of replacing the 3' end of a eukaryotic hnRNA with a stretch of approximately 250 A's that are not spelled out in the nucleotide sequence of a gene.

polycistronic Containing the genetic information of a number of genes (cistrons).

polymerase chain reaction An *in vitro* technique for rapidly synthesizing large quantities of a given DNA segment that involves separating the DNA into its two complementary strands, using DNA polymerase to synthesize double-stranded DNA from each single strand, and repeating the process.

polynucleotide A polymeric chain of nucleotides; DNA or RNA molecules.

polypeptide A polymeric chain of amino acids; protein.

position-specific scoring matrix A matrix of values that represent the frequency with which a particular amino acid type occupies a certain position in a set of aligned homologous sequences.

positive regulation When the binding of a regulatory protein makes it easier for an RNA polymerase to initiate transcription.

primary structure Sequence in which the various amino acids are assembled into a protein.

probe A piece of labeled DNA or RNA or an antibody that can specifically interact with a molecule of interest.

program control The ability to tell a computer to execute one set of instructions if a certain condition is true and another set of instructions otherwise.

promoter sequence Sequences that are recognized by RNA polymerases as being associated with a gene.

proteasome A multiprotein structure involved in protein degradation and immune response.

protein backbone The non-side-chain atoms in a polypeptide chain.

protein electrophoresis Method of using an electric field to separate and compare related proteins on the basis of superficial features such as size and charge.

protein sequencing Determining the order in which amino acids are linked together to make a given protein; often obtained by the Edman procedure in which amino acids are removed one at a time from a polypeptide's carboxy-terminus.

protein threading A process by which the conformation of a polypeptide is assumed, and then the energy of the resulting structure is calculated. By calculating the energy for a variety of known structures, the conformation that best "fits" a particular protein sequence can be determined. Because the structure is assumed rather than calculated, threading is sometimes referred to as "reverse protein folding."

proteome The sum total of an organism's proteins.

pseudogene A gene that acquires mutations that make it nonfunctional and transcriptionally inactive.

pseudoknot Created when bases involved in a loop pair with other bases outside of the loop; the most difficult type of RNA structure to predict.

purine Nucleotides whose nitrogenous bases have a two-ring structure; usually guanine and adenine.

pyrimidine Nucleotides whose nitrogenous bases have a one-ring structure; usually cytosine, thymine, and uracil.

quantifier In regular expressions, a special character that specifies the count for a specific character or character class. For example, in the regular expression /A*/, which matches zero or more A characters, the * character is a quantifier for A.

quaternary structure The intermolecular interactions that occur when multiple polypeptides associate; overall structure formed by interacting proteins.

$R_0/t_{1/2}$ value A measure of the time required for half of an organism's RNA polymerase II transcripts to hybridize to complementary sequences; a measure of transcriptome complexity.

reading frame Linear sequence of codons in a protein-coding gene starting with the start codon and ending with a stop codon.

regulatory Allowing or preventing the expression of genes under particular circumstances; contrast with *constitutive.*

relative direction representation A representation for a protein conformation in which the position of each successive residue is encoded relative to the position and direction of the previous two residues. In a two-dimensional square lattice, the possible directions for such a representation are forward (F), left (L) and right (R).

relative mutability A measure of the number of times an amino acid was substituted by any other amino acid within an alignment of homologous protein sequences.

relative rate test A check for the constancy of the rate of nucleotide substitutions in different lineages; see also *molecular clock.*

residue The portion of an amino acid that remains as a part of a polypeptide chain. In the context of a peptide or protein, amino acids are generally referred to as residues.

restriction enzymes Proteins that introduce double-stranded breaks in DNA molecules whenever they encounter a specific string of nucleotides.

restriction mapping Using simultaneous digestions with two or more restriction enzymes to determine the relative positions of restriction enzyme recognition sequences within a DNA molecule.

restriction site String of nucleotides recognized by a restriction enzyme; restriction enzyme recognition site.

retroposon A transposable element that is propagated by an RNA-intermediate but not as part of a virus and does not have terminally redundant sequences.

retrotransposition Transposition that involves an RNA-intermediate.

reverse transcriptase A special enzyme used to convert RNA to DNA.

reversible reaction Chemical reaction in which the products can be converted back into the reactants.

ribosome Complex of proteins and rRNA that are responsible for catalyzing translation.

ribozyme RNA molecules that are capable of catalyzing specific chemical reactions such as self-cleavage.

RNA polymerase Enzyme responsible for transcription; converts the information in DNA molecules into RNA molecules.

rooted tree Phylogenetic tree in which a single node is designated as a common ancestor and a unique path leads from it through evolutionary time to any other node.

rotamer A commonly observed conformation of an amino acid side chain.

satellite DNA Eukaryotic DNA fragments with unusual densities and little information storage capacity relative to other genomic data.

saturation mutagenesis The process of making all possible changes to the nucleotide sequence of a gene to determine which alter the gene's function.

scalar variable A variable that can hold only one value.

scaled tree Phylogenetic tree in which branch lengths are proportional to the differences between pairs of neighboring nodes.

scoring matrix Matrix used to score each nongap position in the alignment.

secondary structure Structural features such as alpha helices and beta sheets of a protein that arise from primary structure.

selectively neutral See *neutral mutation.*

semiglobal alignment A sequence alignment in which gaps at the start or end of the sequences do not contribute to the alignment score.

sequence (1) The linear order of nucleotides in a DNA or RNA molecule or the order of amino acids in a protein. (2) The act of determining the linear order of nucleotides or amino acids in a molecule.

serial analysis of gene expression (SAGE) An experimental technique used to assess gene expression levels.

Shine–Delgarno sequence A ribosome loading site on prokaryotic mRNAs; specifically, a string of nucleotides whose consensus sequence is 5'-AGGAGGU-3' that is complementary to a short sequence at the 3' end of the 16S rRNA found in the 30S ribosomal subunit.

side chain A short chain or group of atoms attached to the central carbon of an amino acid that confers a distinctive chemistry.

signal cascade A signal amplification strategy used by many biological systems in which an event causes one protein to interact with and activate the next in the cascade and so on until a large number of the final proteins in the cascade have been activated.

signal peptidase An enzyme that specifically removes the signal polypeptide (sequence) of a eukaryotic protein.

signal sequence (polypeptide) A string of 15 to 30 amino acids at the amino-terminus of a eukaryotic protein that causes it to be translated by a ribosome associated with the endoplasmic reticulum.

SINE Short interspersed nuclear element.

species tree Phylogenetic tree based on the divergence observed in multiple genes.

spliceosomes Enzyme complexes responsible for splicing in eukaryotes.

splicing Process of excising internal sequences of eukaryotic hnRNAs, introns, and rejoining the exons that flank them.

start codon Triplet codon (specifically, AUG) at which both prokaryotic and eukaryotic ribosomes begin to translate an mRNA.

statement Basic unit of execution in Perl; represents one instruction and is generally terminated with a semicolon.

stem A region of intramolecular base pairing in an RNA molecule.

steric collision (bump) The physical impossibility of two or more atoms occupying the same space at the same time.

sticky ends Single-stranded DNA at the cleaved end of a double-stranded fragment.

stop codon One of three codons (specifically UGA, UAG and UAA) that does not instruct ribosome to insert a specific amino acid and, thereby causes translation of an mRNA to stop.

strict consensus tree A consensus tree in which all disagreements are treated equally even if only one alternative tree is not consistent with hundreds of others that are in agreement regarding a particular branching point.

structural protein A term used to describe proteins generally involved with maintaining a cell or tissue's shape such as those that provide rigidity and support in bones and connective tissues.

structured programming A method of computer programming in which consistent indentation, liberal comments, and the use of subroutines are employed to create readable code.

subroutine A re-usable portion of a computer program. Subroutines are usually supplied with one or more values ("arguments", or "parameters") from the calling routine. Subroutines that return a value to the calling routine are often called functions.

substitution Mutation that has passed through the filter of selection on at least some level.

superfamily Groups of protein families that are related by detectable levels of sequence similarity that are reflective of an ancient evolutionary relationship.

synapomorphies Informative sites that support the internal branches in an inferred tree; a derived state that is shared by several taxa.

synonymous substitution Change at the nucleotide level of coding sequences that does not change the amino acid sequence of the protein.

T Thymine. One of two pyrimidines that are used as a nitrogenous base in DNA molecules.

target identification The process of identifying biological molecules essential for the survival or proliferation of a particular pathogen.

taxonomist One who studies the general principles of scientific classification including the naming and placement of taxonomic groups.

terminal node In a phylogenetic tree, a node at the tip of a branch for which data have been collected.

tertiary structure The overall three-dimensional shape of a folded polypeptide chain.

thermodynamically favorable A chemical reaction that has a large negative Gibbs free energy value is said to be thermodynamically favorable and can therefore occur without an input of energy.

topology The topographical features of a molecule; its configuration.

transcription The first step in the process of gene expression; making an RNA copy of a gene.

transcriptome The complete set of an organism's RNA sequences.

transformed distance method A distance-based method of phylogenetic reconstruction that takes the different rates of evolution within different lineages into account.

transition Mutation in which a purine (A or G) is replaced with another purine or in which a pyrimidine (C or T) is replaced by another pyrimidine.

transition state theory Theory that states that products are formed only after reactants have (1) collided in an appropriate spacial orientation and (2) acquired enough activation energy to reach a transition state.

translation Process of converting the information from the nucleotide sequences in RNA to the amino acid sequences that make a protein.

transliteration Replacement of one or more of a set of characters with corresponding characters from another set as performed by the tr operator in Perl.

transversion Mutation in which a purine (G or A) is replaced with a pyrimidine (C or T) or vice versa.

triplet code A set of three nucleotides that can be used to specify a particular amino acid during translation by ribosomes.

turnover number The number of substrate molecules converted to product by a single enzyme in a unit of time (usually seconds or minutes).

twofold degenerate site Codon position where two different nucleotides result in the translation of the same amino acid, but the two other nucleotides code for a different amino acid.

uninformative In a parsimony analysis, a position within a sequence alignment that does not allow alternative trees to be differentiated on the basis of the number of mutations they invoke; contrast with *informative*.

unrooted tree Phylogenetic tree that specifies the relationship among nodes, but does not make any representation about the direction in which evolution occurred.

unscaled tree Phylogenetic tree that conveys information about the relative kinship of terminal nodes, but does not make any representation regarding the relative number of changes that separate them.

unweighted-pair-group method with arithmetic mean (UPGMA) The simplest method of tree reconstruction, it employs a sequential clustering algorithm to build trees in a stepwise manner.

UPGMA *See* unweighted-pair-group method with arithmetic mean.

upstream promoter element Nucleotide sequences associated with the promoters of eukaryotic genes to which proteins other than RNA polymerase bind.

valence The number of unpaired electrons in an atom's outermost orbital.

vector An agent, such as a virus or a plasmid, that carries a modified or foreign gene. When used in gene therapy, a vector delivers the desired gene to a target cell.

word In sequence searching, a subsequence of fixed length. Some database search algorithms divide a query sequence into fixed-sized words, and then search for instances of these words in a sequence database.

Solutions to Odd-Numbered Questions and Problems

Chapter 1

1.1 The structure of deoxyribose is shown in Figure 1.1 while the structure of ribose shown in Figure 1.2.

1.3 See Figure 1.4.

1.5 The hydrophilic (or polar) amino acids all have either oxygen, nitrogen, or sulfur in their R groups, while the hydrophobic (non-polar) amino acids generally do not (methionine with its internal sulfur and tryptophan with its internal nitrogen are slight exceptions).

1.7 The answer to this question is the smallest value for *n* that satisfies this equation: $3{,}000{,}000{,}000 < 4^n$. That value is 16.

1.9 Using the genetic code provided in Table 1.1, the nucleotide sequence would be translated into the following string of amino acids: Met-Gly-Cys-Arg-Arg-Asn. Changing the sequence to 5'-UGG GAU GUC GCC GAA ACA-3' would cause it to code for the following string of amino acids: Trp-Asp-Val-Ala-Glu-Thr.

1.11 cDNA libraries contain clones that each contain a DNA copy of an mRNA from a cell. Since intergenic sequences and most promoter sequences are usually not transcribed by RNA polymerase (and since introns are removed from eukaryotic RNA polymerase II transcripts) sequences that correspond to those regions are not usually found in cDNA libraries. Genomic libraries are a group of clones that contain portions of an organism's genomic DNA.

Chapter 2

2.1 A pairwise sequence alignment might be useful in determining whether genetic sequences from two species are evolutionarily related. Pairwise alignments are also a useful step in database searching, since the alignment scores provide a measure of similarity between sequences. Likewise, pairwise alignment scores can be used as a distance metric for constructing phylogenetic trees (see Chapters 4 and 5). Multiple sequence alignments are useful for identifying regions of conserved sequence between more than two nucleotide or amino acid sequences. They are useful in constructing phylogenies, protein modeling, understanding substitution rates and tendencies, etc. Sequence database searches are useful for finding sequences similar to a particular target sequence. Database searches can be invaluable in identifying the functional role of a new genetic sequence, or inferring the structure of a new protein sequence.

2.3 A region of strong identity is revealed starting at position 3 of each sequence, and continuing until nearly the end of the two sequences. The region of similarity is much more clearly identified than in the previous plot.

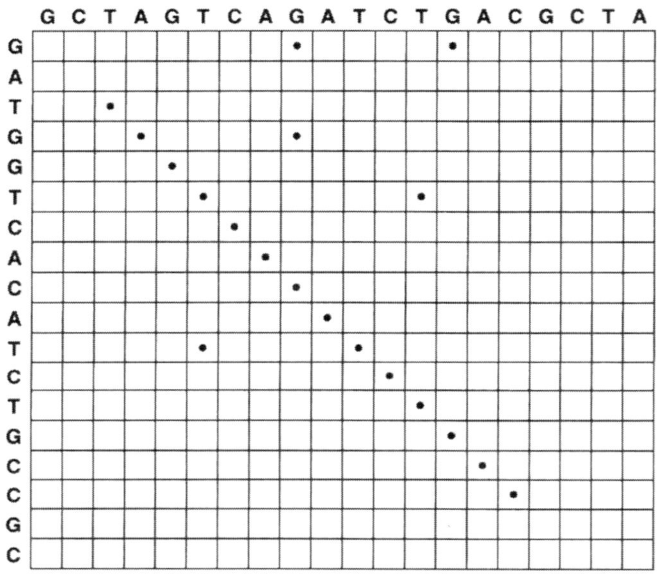

2.5

		A	C	A	G	T	C	G	A	A	C	G
	0	−1	−2	−3	−4	−5	−6	−7	−8	−9	−10	−11
A	−1	1	0	−1	−2	−3	−4	−5	−6	−7	−8	−9
C	−2	0	2	1	0	−1	−2	−3	−4	−5	−6	−7
C	−3	−1	1	2	1	0	0	−1	−2	−3	−4	−5
G	−4	−2	0	1	3	2	1	1	0	−1	−2	−3
T	−5	−3	−1	0	2	4	3	2	1	0	−1	−2
C	−6	−4	−2	−1	1	3	5	4	3	2	1	0
C	−7	−5	−3	−2	0	2	4	5	4	3	3	2
G	−8	−6	−4	−3	−1	1	3	5	5	4	3	4

One of the optimal alignments is:

```
ACAGTCGAACG
ACCGTC---CG
```

As there are multiple paths from the lower right to the upper left corners of the partial scores table, other optimal alignments are also possible.

2.7 Assuming the same match, mismatch, and gap scores as in problem 2.5, the partial alignment scores table would be:

		A	C	G	T	A	T	C	G	C	G	T	A	T	A
	0	−1	−2	−3	−4	−5	−6	−7	−8	−9	−10	−11	−12	−13	−14
G	−1	0	0	0	0	0	0	0	0	0	0	0	0	0	0
A	−2	0	0	0	0	1	0	0	0	0	0	0	1	0	1
T	−3	0	0	0	1	0	2	1	0	0	0	1	0	2	1
G	−4	0	0	1	0	1	1	2	2	1	1	0	1	1	2
C	−5	0	1	0	1	0	1	2	2	3	2	1	0	1	1
T	−6	0	0	1	1	1	1	1	2	2	3	3	2	1	1
C	−7	0	1	0	1	1	1	2	1	3	2	3	3	2	1
T	−8	0	0	1	1	1	2	1	2	2	3	3	3	4	3
C	−9	0	1	0	1	1	1	3	2	3	2	3	3	3	4
G	−10	0	0	2	1	1	1	2	4	3	4	3	3	3	3
G	−11	0	0	1	2	1	1	1	3	4	4	4	3	3	3
A	−12	0	0	0	1	3	2	1	2	3	4	4	5	4	4
A	−13	0	0	0	0	2	3	2	1	2	3	4	5	5	5
A	−14	0	0	0	0	1	2	3	2	1	2	3	5	5	6

The highest value in this table is 6, in the lower right. Following this value back towards the upper left until we reach a 0 value, we can obtain the following local alignment:

```
TCGCGTATA
TCTCGGAAA
```

Chapter 3

3.1 The mean time for fixation for a new neutral mutation is equal to $4N$ generations. For this question, $N = 6{,}000{,}000{,}000$ and the generation time is 30 years, so the fixation time for a neutral mutation would be (4)(6,000,000,000)(30 years) = 72,000,000,000 years (more than 20 times longer than the current age of our solar system and over 2,000 times longer than the age of our species).

3.3 93.3% of all possible substitutions (126/135) at the first position will be nonsynonymous (so about 7% will be synonymous), 100% of all possible substitutions at the second position will be nonsynonymous, and 25.2% of all possible substitutions at the third position will be nonsynonymous (75% will be synonymous). Based on these calculations, the second position is likely to be the most highly conserved position, as any change at this position will result in a nonsynonymous substitution.

3.5 The substitution rate is calculated from the simple formula $r = K/2T$ where K is the estimated frequency of substitutions and T is the amount of time the two sequences have been diverging independently (in this case 100 million years). Here, r = (0.13 substitutions/site)/[2(100 million years)] or 0.065 substitutions per site per 100 million years.

3.7 The rate at which a sequence accumulates mutations is always greater than the rate at which it acquires substitutions. Substitutions are a subset of mutations—those that have passed through the filter of selection.

Chapter 4

4.1 Molecular data is less likely to suffer from problems associated with convergent evolution. It is also generally easier to find molecular characters for the purpose of comparison in distantly related or morphologically simple organisms. Randomly chosen nucleotide sequences are less likely to be subject to natural selection than morphological characters.

4.3

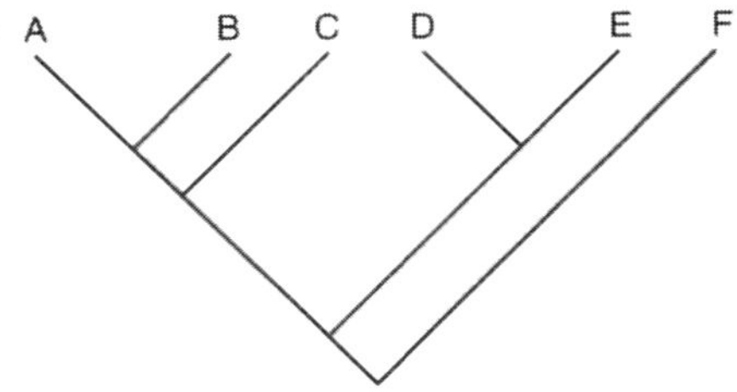

4.5 A total of 135,135 different rooted trees describe the possible relationships between eight organisms, so the chances of choosing the correct one randomly are 1 in 135,135. A total of 10,395 unrooted trees are possible for the same set of species so the chances of randomly choosing the correct unrooted tree are 13 times better than randomly choosing the correct rooted tree.

4.7 Three numbers are shown in each cell below. The first corresponds to the pairwise number of transitions, the second to the number of transversions, and the third to a weighted number of substitutions.

Species	A	B	C	D
B	9, 0, 9	—	—	—
C	6, 2, 10	8, 2, 12	—	—
D	12, 0, 12	15, 0, 15	9, 2, 13	—
E	14, 1, 16	17, 1, 19	10, 3, 16	4, 1, 6

Note that the distance between C and D is now further than the distance between A and C when this weighting scheme is applied.

4.9 A and B are closest so (A,B) and:

Species	A	B	C
B	9	—	—
C	8	11	—
DE	13.5	16.5	11.5

Now (A,B) is closest to C so ((A,B),C) and:

Species	B	AC
AC	10	—
DE	16.5	12.5

Here ((A,B),C) and D are closest so ((A,B),C),D) and then ((((A,B),C),D),E).

4.11 $x = (d_{AB} + d_{AC} - d_{BC})/2$

$y = (d_{AC} + d_{BC} - d_{AB})/2$

$z = (d_{AB} + d_{BC} - d_{AC})/2$

Chapter 5

5.1 Informative sites have at least two different nucleotides, and each of these nucleotides has to be present at least twice. They are underlined in the following alignment:

```
1   GAATGCTGAT  ATTCCATAAG  TCACGAGTCA  AAAGTACTCG
2   GGATGGTGAT  ACTTCGTAAG  TCCCGAGTCG  AAAGTACTCG
3   GGATGATGAT  ACTTCATAAG  TCTCAAATCA  AAGGTACTTG
4   GGATGCTGAC  ACTTCATAAG  TCGCGAGTCA  AAAGTACTTG
5   GGATGCTGAC  ACTCCGTAAG  TCCCGAGTCA  AATGTACTCG
```

5.3 Only one tree invokes just one substitution. The remaining two trees both invoke a minimum of two substitutions.

5.5 Strict consensus tree for six taxa:

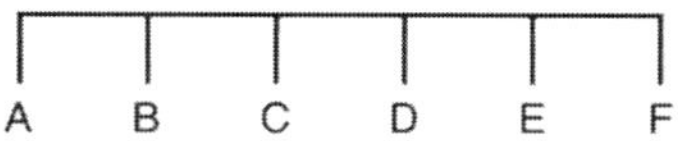

Chapter 6

6.1 The –35 and –10 sequences of the lactose operon's promoter are 5'-TTTACA-3' and 5'-TATGTT-3', respectively. The consensus sequence for promoters recognized by prokaryotic RNA polymerases containing the σ^{70} σ-factor at –35 is 5'-TTgACA-3' and at –10 is 5'-TATaaT-3'. The three differences are shown in lower case letters. Changing the nucleotides in the lactose operon so that they more closely match those consensus sequences would increase the expression levels of this operon.

6.3 Primers could be designed based on the sequences flanking the gap and then used with PCR to amplify and then clone the intervening sequence. Probing a library with sequences based on the ends of either of the two flanking clones could yield new clones that bridge the gap. A third, much less efficient alternative would simply involve the random sequencing of additional clones in the hopes of eventually finding one that yields the required sequence information.

6.5 The three substitutions that would stabilize the formation of a secondary structure would be to replace the mismatching nucleotides within the inverted repeats and to extend the region capable of base pairing.

6.7 The beta (β) subunit of prokaryotic RNA polymerase is responsible for binding to nucleotides and linking them together. As a result, the beta subunit would need to be mutated in order to be able to distinguish between nucleotides and their analogs (probably at the cost of making the enzyme significantly slower).

6.9 The C's of 5'-CG-3' dinucleotides (on both strands) are methylated in transcriptionally inactive regions of eukaryotic genomes but not in transcriptionally active regions. Therefore, 10 nucleotides would be methylated in a transcriptionally inactive region and none would be methylated in a transcriptionally active region.

6.11 Only 11,057 of roughly 2,400,000 nucleotides (<0.5%) in the primary transcript of the human dystrophin gene correspond to coding information. 85 to 88% of the nucleotides of prokaryotic genomes are associated with the coding regions of genes.

6.13 From the consensus sequences shown in Figure 6.6, it can be seen that most of the nucleotides scrutinized by spliceosomes during splicing are within the introns. The only nucleotides within exons that are scrutinized to some extent by spliceosomes during splicing are the last two nucleotides (AG) at the 3' end of an exon. The only triplet codons that contain the dinucleotide 5'-AG-3' are: the two codons for serine (AGU and AGC); two of the six codons for arginine (AGA and AGG); one of the three stop codons (UAG); one of the two codons for glutamine (CAG); one of the two codons for lysine (AAG); and one of the two codons for glutamic acid (GAG). Taken all together, the only amino acid that is not likely to be found at the end of a eukaryotic exon is serine—and, that is only if the 5' splice junction is a very good match to the consensus for that feature.

6.15 Open reading frames do not have to begin with a start codon. By definition, they are simply long runs of triplet codons that are not interrupted by a stop codon (UAG, UAA or UGA). The longest ORF in the sequence provided is 13 codons long and has two occurrences of the GUU codon within it. It is underlined in the sequence below:

```
5'-GAGCGGAAGUGUUCGAUGUACUGUUCCAGUCAUGUGUUCACC-3'
```

Chapter 7

7.1 At a low pH, such as 3.5, the side chains of the polypeptide are likely to be protonated, resulting in a net positive charge. At pH 8, more of the side chains will be deprotonated, resulting in a more negative overall charge. This change can result in a reduced binding affinity between the polypeptide and the column, allowing the protein to be eluted.

7.3 Since the calculations for this problem are extensive, it is easiest to write a short Perl script or use a spreadsheet to determine the values of P(t), etc. for each residue in the sequence. The following table shows the value of P(t) at each position, as well as the average P(turn), P(a), and P(b) values for the four consecutive residues starting at each position. The final column shows the predicted turn positions, where P(t) > 0.000075, and the average P(turn) value is greater than the average P(a) and average P(b) values:

Res	P(t)	Avg P(turn)	Avg P(a)	Avg P(b)	Turn
C	7.9E-05	103.75	107.5	82	
A	6.5E-05	99.25	118.5	70.75	
E	2.3E-05	97.5	113.25	82.5	
N	5.4E-05	115.5	100.75	86.75	
K	1.3E-05	100.25	109	86.25	
L	3.3E-05	87.5	107	110.25	
D	1.1E-05	89.25	112.25	98.5	
H	1.9E-05	89.25	112.25	98.5	
V	1.1E-04	95.25	104.75	106.5	
A	9.9E-05	112.5	95.75	93.75	T
D	4.8E-05	107.75	87.25	113	
C	6.8E-06	86	92.25	132	
C	1.2E-05	71.25	103	136.75	
I	3.8E-06	56.5	121.75	133.25	
L	2.8E-06	68.75	115.5	123	
F	5.3E-05	78	112.25	124.75	
M	5.9E-05	91.5	101.25	127	
T	1.2E-05	115.5	81.75	123	
W	7.7E-05	128	86.25	106.75	T
Y	1.9E-04	143	73.5	91.25	T
N	2.3E-04	152.5	70.5	68.25	T
D	5.4E-05	143.25	71.25	75.75	
G	2.0E-05	118.5	73	102.25	T
P	4.3E-06	94.5	87	118	
C	1.8E-05	68.25	99.75	144.25	
I	2.9E-06	67	99.5	151.25	
F	1.9E-05	91.75	97.75	124.75	
I	4.6E-05	115.75	86.25	112.5	
Y	2.6E-04	143	73.5	91.25	T
D	1.6E-04	152.5	70.5	68.25	T
N	#N/A	#N/A	#N/A	#N/A	#N/A
G	#N/A	#N/A	#N/A	#N/A	#N/A
P	#N/A	#N/A	#N/A	#N/A	#N/A

7.5 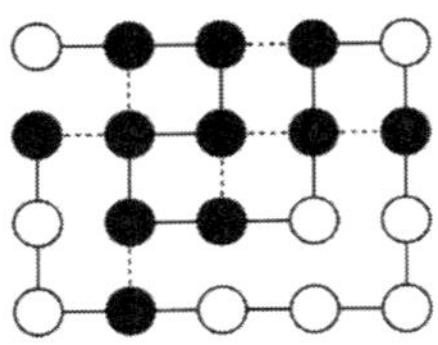

7.7 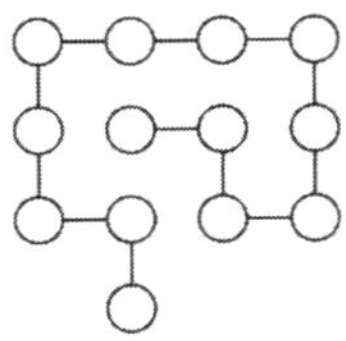

Chapter 8

8.1 cAMP activates protein kinase A. Protein kinase A (PKA) then phosphorylates and activates phosphorylase kinase, which, in turn, phosphorylates and activates phosphorylase—the enzyme responsible for glycogen breakdown. PKA simultaneously phosphorylates and *deactivates* glycogen synthase, the enzyme responsible for glycogen synthesis. Since each PKA molecule can activate multiple phosphorylase kinase molecules, the rate at which phosphorylase kinase is activated is faster than the rate at which PKA is activated. Likewise, each phosphorylase kinase can activate multiple phosphorylase molecules, so phosphorylase is activated at an even higher rate. This increase in activation velocity at each step in the cascade allows a rapid response to increased cAMP levels.

8.3 The following solution includes the entire program from Example 8, Appendix 3. Boldfaced regions have been modified from the example program:

```
#!/usr/local/bin/perl

# Example program 8. Given the name of a PDB file, read
# the file and locate all ATOM locations. For each atom,
# count the number of neighboring atoms within a threshold
# distance. As PDB files can contain thousands of atoms,
# we want to do this as efficiently as possible.

# Define some constants that will be needed later. Define
# the threshold as the square of the value we want (in
# angstroms). This way, when we compute Euclidean
# distance, we don't have to use the square root function
# on EVERY pair of distances, cutting down on computation
# time.

$threshold    = 3.6 ** 2;
$atom_keyword = "ATOM";
$atom_start   = 0;
$label_start  = 6;
$label_length = 5;
```

```
$x_start       = 30;
$x_length      = 8;
$y_start       = 38;
$y_length      = 8;
$z_start       = 46;
$z_length      = 8;
$atom_count    = 0;
$sum_x         = 0;
$sum_y         = 0;
$sum_z         = 0;

# Retrieve and check the command line parameter.
$inputfile = @ARGV[0];

if ( @ARGV == 0)
{
  die( "$0: Place the PDB file name on the command"
     . " line.\n\n");
} # if

printf( "Input file: $inputfile\n\n");

unless( open( PDB, "$inputfile"))
{
  die( "$0: Cannot open PDB file $inputfile.\n\n");
} # if

while ( <PDB>)
{
  $input = $_;
  chop( $input);
  if ( index( $input, $atom_keyword) == $atom_start)
  {
    $label[$records] = substr( $input, $label_start,
                               $label_length);
    $x[$records] = substr( $input, $x_start, $x_length);
    $y[$records] = substr( $input, $y_start, $y_length);
    $z[$records] = substr( $input, $z_start, $z_length);
    $records++;
    $atom_count++;
    $sum_x += $x[$records];
    $sum_y += $y[$records];
    $sum_z += $z[$records];
  } # if
} # while

for ( $i = 0; $i < $records; $i++)
{
  for ( $j = $i+1; $j < $records; $j++)
  {
```

```
    $distance = ( $x[$i]-$x[$j]) ** 2
              + ( $y[$i]-$y[$j]) ** 2
              + ( $z[$i]-$z[$j]) ** 2;
    if ( $distance < $threshold)
    {
      $count[$i]++;
      $count[$j]++;
    } # if
  } # for j
} # for i

# Sort the labels and counts in order by count, from
# highest to lowest. Note that we cannot simply use 'sort'
# here, since the information resides in two different
# arrays. The method presented here is a simple bubble
# sort: check each pair of counts, swapping them (and the
# labels) if the later one has a larger value.

printf( "Atom # Count\n");
printf( "------ -----\n");
for ( $i = 0; $i < $records-1; $i++)
{
  for ( $j = $i+1; $j < $records; $j++)
  {
    if ( $count[$i] < $count[$j])
    {
      ($count[$i], $count[$j]) = ($count[$j], $count[$i]);
      ($label[$i], $label[$j]) = ($label[$j], $label[$i]);
    } # if
  } # for j
  # Print out each record as it becomes sorted.
  printf( "%6s %5d\n", $label[$i], $count[$i]);
} # for i

# Print out the final record, which was skipped by the
# for i loop going only up to $records-1.
printf( "%6s %5d\n", $label[$i], $count[$i]);

# Compute the centroid position
$centroid_x = $sum_x / $atom_count;
$centroid_y = $sum_y / $atom_count;
$centroid_z = $sum_z / $atom_count;

# Keep track of the closest and furthest atoms
# from the centroid
$closest_dist = Infinity;
$furthest_dist = -1;
```

```
# Loop through the list of atoms again, finding the atoms
# closest to and furthest from the centroid
for ( $i = 0; $i < $records; $i++)
{
    # Compute the distance from the current atom to the
    # centroid:
    $distance = ( $x[$i] - $centroid_x ) ** 2
          + ( $y[$i] - $centroid_y ) ** 2
          + ( $z[$i] - $centroid_z ) ** 2;
    # Keep track of the closest and furthest
    if ($distance < $closest_dist) {
        $closest_dist = $distance;
        $closest_atom = $i;
    }
    if ($distance > $furthest_dist) {
        $furthest_dist = $distance;
        $furthest_atom = $i;
    }
}
# Print the centroid position, and the closest and
furthest atoms from the centroid:
printf ("Centroid position: (%f, %f, %f)\n", $centroid_x,
     $centroid_y, $centroid_z);
printf("Closest atom to centroid is atom %d",
     $label[$closest_atom]);
printf("at position (%f, %f, %f)\n", $x[$closest_atom],
     $y[$closest_atom], $z[$closest_atom]);
printf("Furthest atom from centroid is atom %d",
     $label[$furthest_atom]);
printf("at position (%f, %f, %f)\n", $x[$furthest_atom],
     $y[$furthest_atom], $z[$furthest_atom]);
```

8.5 First, one would need a database of cysteine residues to serve as a training and testing example for the empirical algorithm. To obtain this database, one might select high-resolution structures from the PDB, and identify both a set of cysteine residues involved in disulfide bridges and another set of cysteine residues not involved in disulfide bridges. Next, one would identify and measure features of each cysteine residue in each set. Potential features might include sequence features (neighboring residues, overall hydrophobicity over a window, and so on), and structural features (number of neighboring atoms, number of neighboring water molecules, surface exposure, local hydrophobicity, local charge, and so on). Finally, one would select a classifier algorithm, and train it using a subset of the examples from each class (disulfide and non-disulfide cysteines). Possible classifiers include neural networks, nearest neighbor methods, Bayesian methods, decision trees, and many others. Once the classifier is trained, the accuracy can be measured using the cysteine residues from the database that were not used to train the classifier.

8.7 A signal peptide of length 5 would have $4^5 = 1024$ possible variations, insuring that there is a unique sequence for each possible destination within the cell.

Index